くらべてわかる

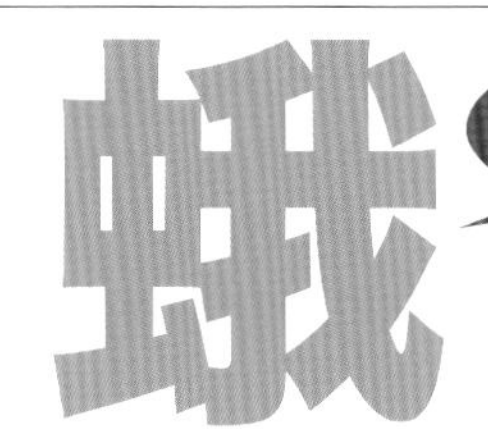

1704種

監修・写真―横田光邦
写真・文―諸岡範澄 筒井学 阿部浩志

山と溪谷社

目　次

成虫ページ

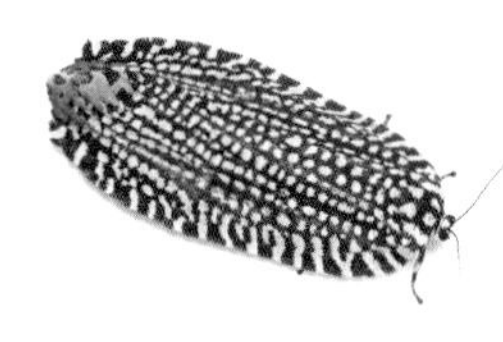

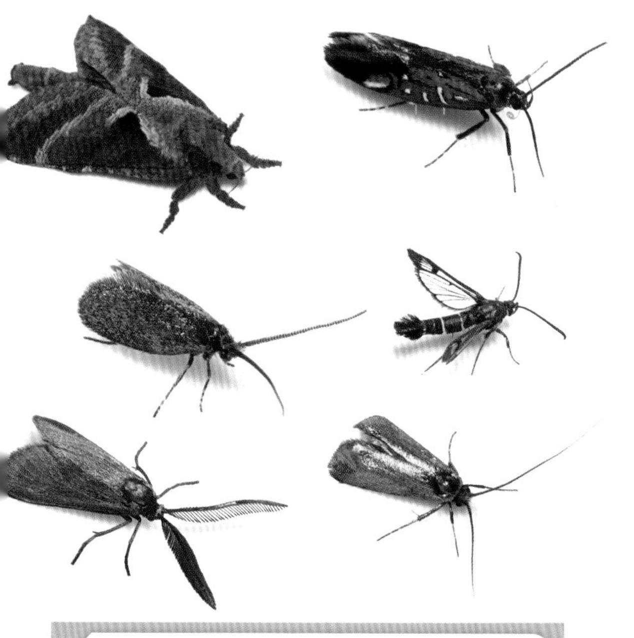

幼虫ページ

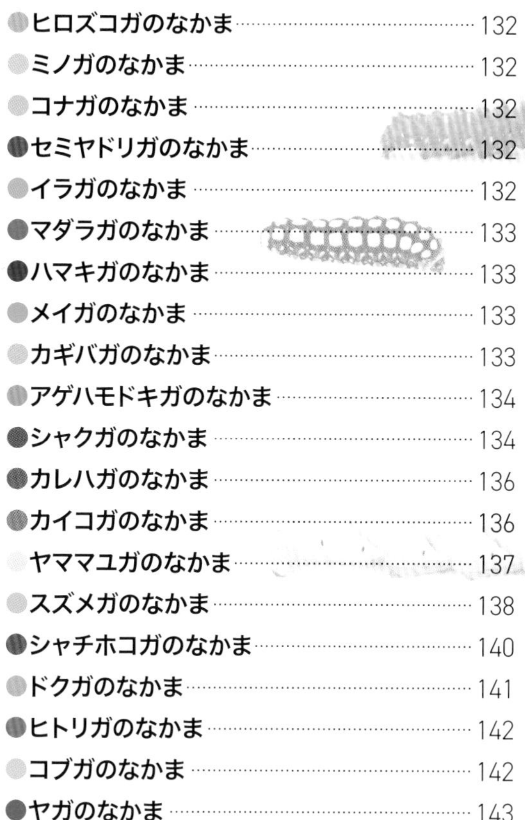

コラム

本書の使い方

本書では、日本で見られるチョウ目（鱗翅目）のうち、ガ類に分類される種を、1704種掲載しています。主によく見かけるガを中心に紹介し、同じ分類のものを見開きに登場させることで、外見の似ている種や雌雄で形態の違うものを、くらべてわかるようにしました。そして、分類別に紹介することで、ガの多様性を把握することもできます。また、掲載種の中から主に身近な幼虫を中心に、278種掲載しました。

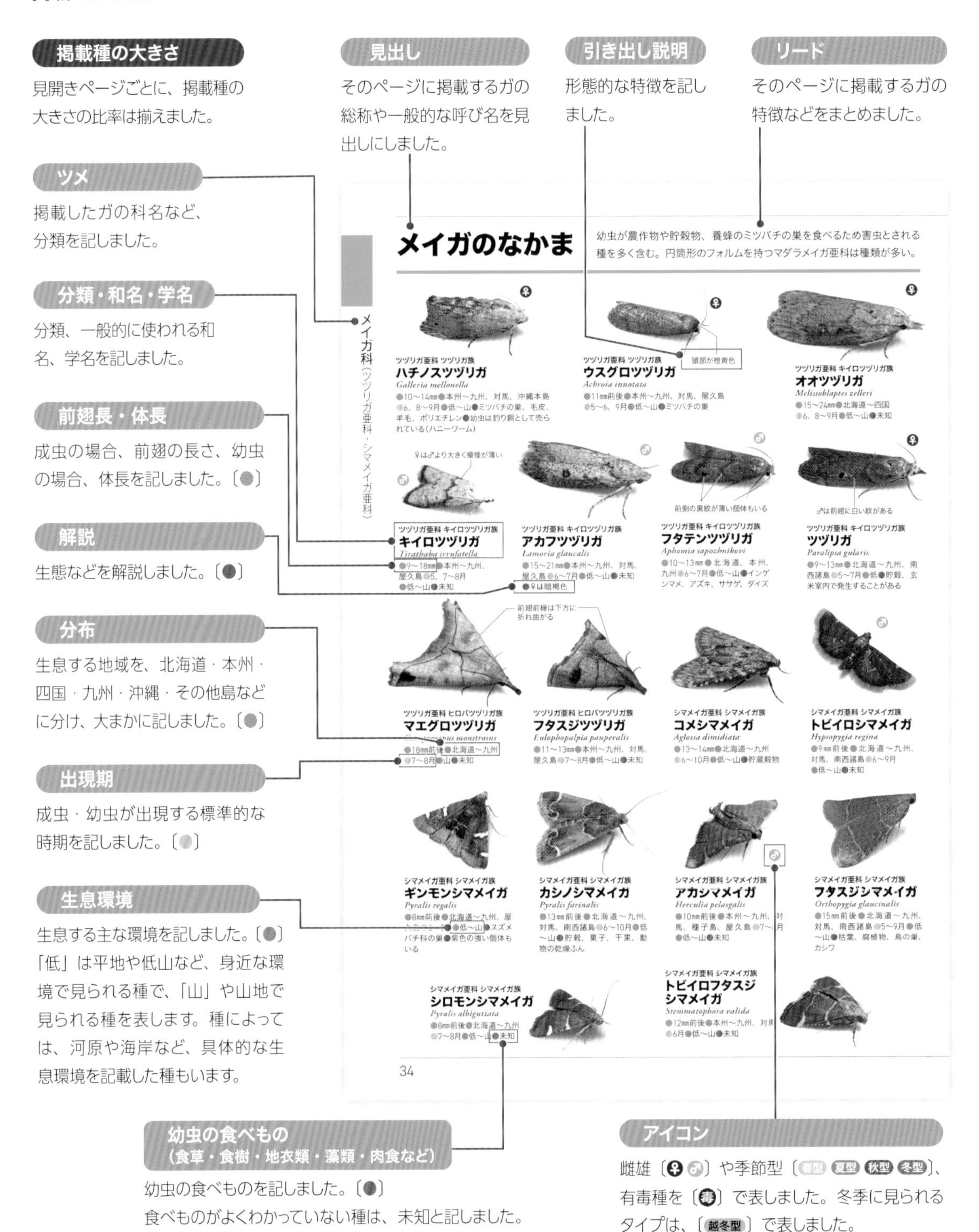

用語辞典

本書では、専門用語の使用をできる限り避けて解説していますが、昆虫全般やガを知る上で必要と思われる用語を解説します。

生態に関する用語

擬態　昆虫が捕食者などの天敵から身を守るために、草や枯れ葉によく似ること（隠蔽的擬態）や、他の毒がある虫に似ること（標識的擬態）など、他の何かに色や形がそっくりになる現象を擬態という。

外来種　もともとその地域にいなかった生物で、人為的に他の地域から入ってきた生物のことを指す。主に海外から移入した種を外来種と呼ぶが、国内での移入の場合、国内外来種や国内移入種などと呼ばれる。

越冬態　卵から成虫まで、どの段階で冬を越すのかは種によって異なり、それぞれの越冬の状態により卵越冬、幼虫越冬、蛹越冬、成虫越冬という。

走光性　光の刺激に応答して移動する生物現象のことで、光に向かうことを「正の走光性」という。いっぽう、光から離れることを「負の走光性」という。

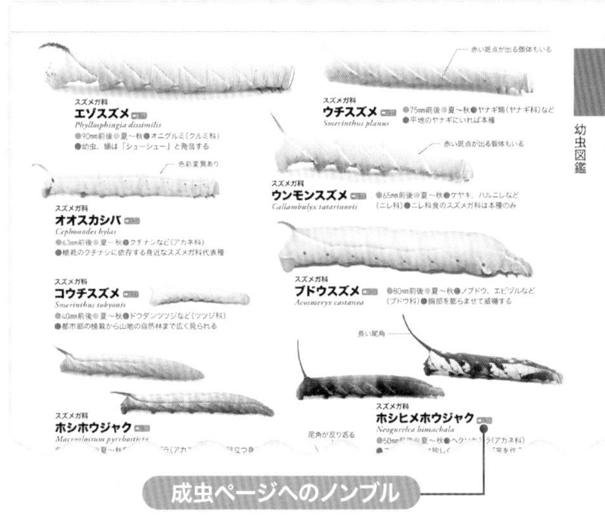
赤い斑点が出る個体もいる

スズメガ科
エゾスズメ
Phyllosphingia dissimilis
●90mm前後●夏〜秋●オニグルミ（クルミ科）
●幼虫、蛹は「シューシュー」と発音する

スズメガ科
ウチスズメ
Smerinthus planus
●75mm前後●夏〜秋●ヤナギ類（ヤナギ科）など
●平地のヤナギにいれば本種

色彩変異あり

スズメガ科
オオスカシバ
Cephonodes hylas
●63mm前後●夏〜秋●クチナシなど（アカネ科）
●植栽のクチナシに依存する身近なスズメガ科代表種

赤い斑点が出る個体もいる

スズメガ科
ウンモンスズメ
Callambulyx tatarinovii
●65mm前後●夏〜秋●ケヤキ、ハルニレなど（ニレ科）●ニレ科食のスズメガ科は本種のみ

スズメガ科
コウチスズメ
Smerinthus tokyonis
●40mm前後●夏〜秋●ドウダンツツジなど（ツツジ科）
●都市部の植栽から山地の自然林まで広く見られる

スズメガ科
ブドウスズメ
Acosmeryx castanea
●80mm前後●夏〜秋●ノブドウ、エビヅルなど（ブドウ科）●胸部を膨らませて威嚇する

長い尾角

スズメガ科
ホシホウジャク
Macroglossum pyrrhosticta

尾角が反り返る

スズメガ科
ホシヒメホウジャク
Neogurelca himachala

幼虫図鑑

成虫ページへのノンブル
幼虫ページは、種名の横に成虫を掲載したページを記載しています。

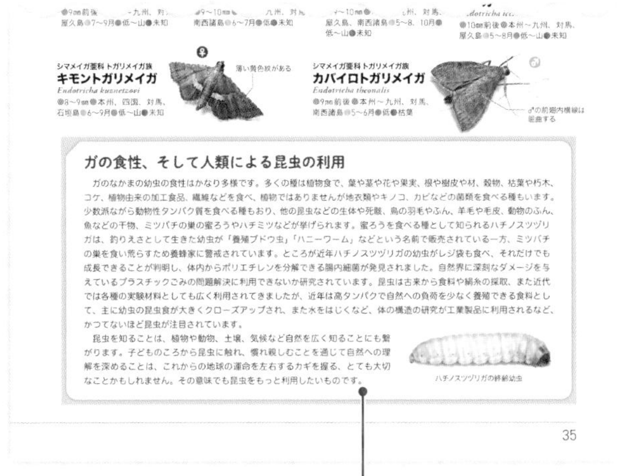
●10mm前後●本州〜九州、対馬、屋久島●5〜8月●低〜山●未知

シマメイガ亜科 トガリメイガ族
キモントガリメイガ
Endotricha kuznetzovi
●8〜9mm●本州、四国、対馬、石垣島●6〜9月●低〜山●未知

薄い黄色紋がある

シマメイガ亜科 トガリメイガ族
カバイロトガリメイガ
Endotricha theonalis
●9mm前後●本州〜九州、対馬、南西諸島●5〜6月●低●枯葉

♂の前翅内横線は屈曲する

ガの食性、そして人類による昆虫の利用

ガのなかまの幼虫の食性はかなり多様です。多くの種は植物食で、葉や茎や花や果実、根や樹皮や材、穀物、枯葉や朽木、コケ、植物由来の加工食品、繊維などを食べ、植物ではありませんが地衣類やキノコ、カビなどの菌類を食べる種もいます。少数派ながら動物性タンパク質を食べる種もおり、他の昆虫などの生体や死骸、鳥の羽毛やふん、羊毛や毛皮、動物のふん、魚などの干物、ミツバチの巣の蜜ろうやハチミツなどが挙げられます。蜜ろうを食べる種として知られるハチノスツヅリガは、釣りえさとして生きた幼虫が「養殖ブドウ虫」「ハニーワーム」などという名前で販売されている一方、ミツバチの巣を食い荒らすため養蜂家に警戒されています。ところが近年ハチノスツヅリガの幼虫がレジ袋も食べ、それだけでも成長できることが判明し、体内からポリエチレンを分解できる腸内細菌が発見されました。自然界に深刻なダメージを与えているプラスチックごみの問題解決に利用できないか研究されています。昆虫は古来から食料や絹糸の採取、また近代では各種の実験材料としても広く利用されてきましたが、近年は高タンパクで自然への負荷を少なく養殖できる食料として、主に幼虫の昆虫食が大きくクローズアップされ、また水をはじくなど、体の構造の研究が工業製品に利用されるなど、かつてないほど昆虫が注目されています。

昆虫を知ることは、植物や動物、土壌、気候など自然を広く知ることにも繋がります。子どものころから昆虫に触れ、慣れ親しむことを通じて自然への理解を深めることは、これからの地球の運命を左右するカギを握る、とても大切なことかもしれません。その意味でも昆虫をもっと利用したいものです。

ハチノスツヅリガの終齢幼虫

35

コラム
ガの生態などを紹介しています。

翅の部位の名称

❶亜基線　❷内横線　❸中横線　❹外横線　❺亜外縁線
❻翅頂　❼縁毛　❽後縁　❾後角　❿外縁
⓫楔状紋　⓬環状紋　⓭前縁　⓮腎状紋（横脈紋）

前翅長と体長

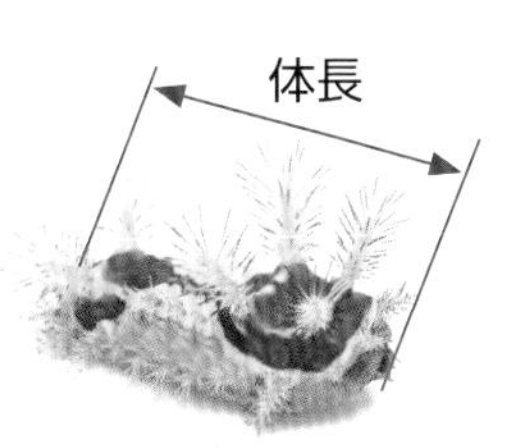

イラガの幼虫

ムラサキシャチホコの成虫

ガの世界

日本にはチョウ目(ガとチョウ)が約7000種いる

日本のガは、未確認の種を含めると7000種近くいるとされますが、いっぽうチョウは240種ほどで、ガとくらべるとかなり少数です。それはなぜかといえば、チョウはチョウ目の一角を占めるに過ぎない小さなグループだからです。ガはとても多くの科に分類され、その姿や大きさ、生態はじつにさまざまで、チョウ(アゲハチョウ科・シロチョウ科・タテハチョウ科・シジミチョウ科・セセリチョウ科)もそれらの科のひとつです。

日本や中国、英語圏など、チョウとガを区別している地域があるいっぽう、ヨーロッパなど、特に区別していない地域もあります。

日本では、例えば色ひとつとってもさまざまな名前があり、緑・グリーン系なら若草色、萌葱色、若竹色などじつに多様です。昔からとても繊細に色を観察して区別していたので、チョウとガも区別してきたのかもしれません。言葉の上での区別はあっても、生物学的にはチョウもガも同じなかまです。もし多少でもガに偏見を持たれていたら、それは一旦忘れ、それぞれの種の特徴や生態などをよく観察してみましょう。ガの多様性に驚かされ、種ごとの魅力がいっぱいなことに気づかれるはずです。

ガを知らない人にも美しくて有名なオオミズアオ

ガとチョウのちがい

ガとチョウの違いは、結論からいえばありません。チョウとガは、翅に鱗粉を持つチョウ目というグループに分類される同じなかまです。

チョウ目には大きく見て夜行性のもの、昼行性のもの、中には昼夜を問わず活動するものもいます。その中でチョウと呼ばれるグループは、成虫が昼間飛び回って花から蜜を吸ったり、異性を見つけて交尾・産卵することに特化したなかまですが、ガと呼ばれるなかまにも同じような習性を持つグループがいて、昼間飛ぶのが全てチョウというわけでもありません。

身体の特徴として、一般的に翅を立ててとまるのがチョウ、屋根型あるいは平らに広げてとまるのがガといわれたりもしますが、翅を広げてとまるチョウもいれば、立ててとまるガもいるので、区別の目安にはなりません。では、触角の形はどうでしょうか。棍棒状の触角はチョウ、糸状や櫛歯状、羽毛状なのはガ、という見方もあります。これは多くの場合当てはまるかもしれません。確かにチョウの触角に糸状や櫛歯状、羽毛状のものはありませんが、ガにも棍棒状に近い触角を持つ種がいます。

チョウが丸めた口吻をストローのように伸ばして花の蜜や水たまりの水を吸っている様子を見たことがある人は多いでしょう。ガにも全く同じ口吻があり、花蜜や樹液、果汁や水などを吸っています。ただ一部のガには成虫になってからは食事をせず、口吻を退化させた種もいます。

昼間に訪花するオオスカシバ(左)とキアゲハ(右)

ガの色は地味!?

別の見方としては、きれいな色をしているのがチョウ、地味で薄茶色や灰色っぽいのがガと思っている人もいるかもしれません。

確かにそのような傾向があるのは否定できませんが、それはチョウだから、ガだからということではなく、色彩はそれぞれの生態と大きく関係しているのです。チョウは昼間活動し、異性に視覚でもアピールするためはっきりした綺麗な色をしているといわれていますが、ジャノメチョウのなかまは日の当たる場所より林の中などの日陰を好み、灰褐色など地味な色彩をしています。また昼間活動するガには、サツマニシキやイカリモンガなど、鮮やかな色をしている種がいます。地味な色をしているガのほとんどは夜行性で、昼間は木の幹や枝、枯葉などに紛れて休んでいるため、鳥などの目につかないように地味な色をしているのです。種類によっては、木の皮や枯葉、地衣類などにそっくりな色模様をしているものもいます（隠蔽的擬態）。

枯葉にそっくりなムラサキシャチホコ

ガは毒をもっている!?

毒があるのはガ、ないのがチョウという分け方をする人もいますが、これは間違いです。チョウにも、幼虫の食草由来の毒素を体内に蓄積している種がいます。ガには確かに毒を持つ種がいますが、成虫で毒を持つのはドクガ科のごく一部だけで、日本ではわずか12種しかいません。幼虫が護身として身につけている、目に見えないほど小さな毒針毛が繭、成虫になっても付着しているためで、毒針毛が刺さるとかぶれ、強いかゆみが出て炎症を起こしますが、鱗粉そのものに毒はありません。（幼虫ではドクガ科の他にマダラガ科、イラガ科、カレハガ科、ヒトリガ科の一部に毒棘、毒針毛や毒刺毛を持つ種がいます）そしてそれら以外では、触れて害のあるような毒はないのです。鱗粉アレルギーの人がいますが、それは毒によるアレルギーではなく、猫や犬などの毛や、ダニなどの微小な死骸片によるアレルギーと基本的に同じです。

ガの成長

チョウ目は完全変態の昆虫で、卵から孵化した幼虫が成虫になるまでのあいだに、蛹の時期があります。

幼虫は脱皮をくり返して成長します。孵化した幼虫を1齢（または初齢）幼虫と呼び、脱皮をするごとに、2齢、3齢、4齢幼虫と呼び名が変わります。最後の齢期を終齢と呼び、終齢のひとつ前を亜終齢と呼びます。

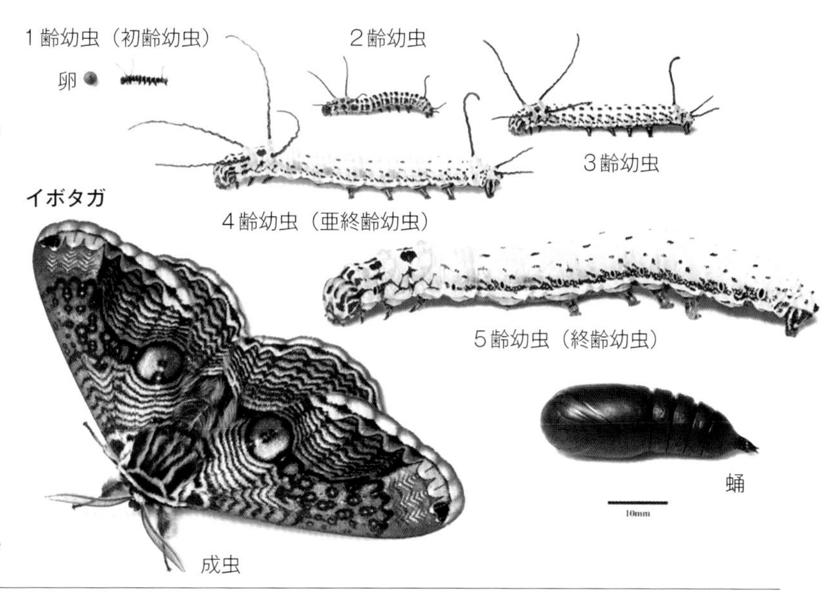

ガを観察しよう

ガと出会うための場所

ガは日本の島嶼部を含むほぼ全域で確認されており、その生息地は、低地から山地の森林だけでなく、森林限界を越える高山帯、草原、湿地、田畑、川や湖や海の沿岸、植物の多い公園、住宅地などにおよびます。大都市の真ん中でも見られる場合があり、街路樹、小さな公園の樹木や植え込み、花壇、雑草、庭木や鉢植えなどから発生することがあります。

昼間林縁や草はらを歩くと、葉の裏から飛び出したり、葉の表や裏、木の枝や幹にとまっているガが見つかります。公園などに植えられた花に、蜜を吸いに来るオオスカシバやホシホウジャクなどのガもいます。

コンビニエンスストアの灯りに来たクスサン

夜間は街灯、自動販売機、コンビニエンスストア、看板、高速道路のサービスエリアなどの照明に来たガに出会えることがあります。

糖蜜を使ってガを観察しよう

林内や林縁などで蜜を出す花や樹液の出ている木が見つからない場合、それらの代用として「糖蜜」を使ってガを集める方法があります。

糖蜜とひと口にいっても、その作り方はさまざまで、要するに樹液に似た「甘酸っぱい液体」のことです。代表的なレシピは、リンゴ100%ジュースに焼酎と穀物酢をそれぞれ2:1:1ほどの割合で混ぜたものですが、水で薄めて飲むタイプの白い乳酸菌飲料や、黒糖をお湯で溶いたものに、黒酢や焼酎、あるいはビールを混ぜたものがよいという人もいます。どういう配合の糖蜜によくガが集まるか、試してみるのもよいでしょう。

糖蜜を仕掛ける方法はいろいろあり、霧吹きで木の幹や林縁の草や木の葉に噴霧する方法、ティッシュや綿などに染み込ませて木の幹の窪みなどに貼りつける方法、糖蜜を染み込ませた木綿や麻などのひもを木の枝や幹に結んで張る方法などがあります。ガは糖蜜の匂いに誘われて飛来するため、設置は木や草が深く茂る場所より、林縁など風が比較的通る場所の方が集まりやすく、また糖蜜が乾きやすい乾燥した夜より、湿度がやや高く、弱い風がある日の方が集まりやすい傾向があります。

同じ夜に数本の木に設置しても、よく集まる木とほとんど集まらない木があることがしばしばありますが、場所による空気の流れの微妙な違いに影響されるのではないかと考えられます。薄暮の頃から飛び始めるガが少なくないため、設置時間は日没少し前頃がよいでしょう。中には日没後ある程度時間が経ってから飛来する種もいます。

糖蜜に飛来した成虫越冬キリガたち。未成年が酒類を扱う場合は、大人の許可と協力を得ること

光に集まるガを観察しよう

ガの成虫の多くは、夜間に光に集まる習性（走光性）を持ちますが、じつは科学的にあまり解明されていません。

種によって異なりますが、月や星の光を見て飛ぶ方向を決めているので、照明が目に入ると月や星と間違えて寄って来る、暗闇の森から異性を求めて飛び出すため、あるいは外敵から逃げるために、空など森より明るい場所を目指す、昆虫に備わる背光反射（明るい方向へ背面側を向ける反射行動）で、照明（人工光源）に背面を向けようと急上昇や急下降を引き起こすことで、あたかも光に突進するように見えるなどいわれています。そして照明の近くに来ると、夜行性のため昼間と勘違いして、そこで休んでしまうとも考えられています。

太陽光や炎、そして照明はさまざまな波長の光を含みますが、昆虫の多くは330〜370nmの紫外線に強く誘引されることが知られており、その帯域を含む照明に集まりやすいのです。

一般的なLED（発光ダイオード）は紫外線を出さないため、昆虫は以前のようには照明に集まらなくなり、夜間照明の下に行っても昆虫に出会う機会は減りました。ただし、紫外線を含まない光にも集まる昆虫は少ないながらもいるので、チェックしてみる価値はあります。

ガなどの昆虫が集まる外灯が減った現在、「ライトトラップ」が注目されています。最近は、高性能の充電式ポータブル電源や、白熱灯や水銀灯より消費電力の少ないHIDライト、漁業や昆虫採集用に開発された紫外線LEDなどがあり、以前よりも導入しやすくなっています。

下の写真は、筆者の使っているライトトラップのセットで、漁業用のHIDサーチライトを、反射鏡フードを外して光を全方向に出せるように加工し、カメラ用の三脚に取りつけ、充電式ポータブル電源に接続しています。補助的に低出力の電球型蛍光灯も繋ぎ、ガのとまる場所として、100円ショップで売られている洗濯物干し用の折りたたみ式ネットを光源の周囲に数個設置しています。

ライトトラップのセットの例。紫外線を出す光源を直接凝視すると目を傷めるので注意

ガの愛好家に人気のあるガ

大型種の多いヤママユガ科、スズメガ科のなかまやイボタガ、後翅に青や赤、黄色の模様を持つヤガ科シタバガ亜科の通称カトカラ（*Catocala*属）が特に人気を集めています。他にはヤガ科のセダカモクメ亜科、キリガ亜科やヨトウガ亜科、モンヤガ亜科、とりわけ秋から早春に見られる秋キリガ、成虫越冬キリガや春キリガのなかま（冬夜蛾）も愛好家が多く、また冬季に成虫が出現し、♀が翅を退化させて飛べない、シャクガ科の冬尺蛾のなかまも近年注目されています。いっぽう、小型から超小型種の多いヒロズコガ科、ホソガ科、キバガ科、ハマキガ科などの「ミクロ蛾」のなかまは、愛好家や研究者が少ないこともあり、図鑑に載っていない未知の種がまだまだたくさんいると考えられ、新種が見つかる可能性が高いジャンルです。

糖蜜に飛来したベニシタバ

ガ Index
色で調べるガの早見表

赤色や白色など、印象的な色を持つガの一部を紹介しています。色から調べるのに役立つように、ガの写真には、詳しく解説したページがふられています。

緑色
p.99
p.60
p.98
p.99
p.60
p.99
p.99
p.98
p.60
p.61
p.61
p.60
p.60
p.61
p.61
p.60
p.61
p.60
p.60
p.61
p.61
p.61
p.61
p.60
p.60
p.61
p.61
p.61
p.61
p.61
p.61
p.61
p.63
p.60
p.61
p.61
p.62
p.61
p.61
p.60
p.60
p.23
p.112
p.65
p.65
p.98
p.23
p.112
p.98
p.65
p.65
p.130
p.112
p.23
p.130
p.78
p.65
p.117
p.125
p.63
p.77
p.123
p.112
p.130
p.63
p.122
p.120
p.112
p.69
p.74
p.74

白色
p.19
p.38
p.40
p.41
p.19
p.19
p.19
p.38
p.41
p.27
p.21
p.38
p.38
p.16
p.19
p.31
p.45
p.119
p.62
p.27
p.100
p.45
p.47
p.59
p.62
p.62
p.48
p.48
p.48
p.59
p.48
p.59
p.45
p.48
p.48
p.47
p.59
p.59
p.62
p.48
p.62
p.62
p.59
p.92
p.94
p.93
p.93
p.89
p.89
p.45
p.93
p.87
p.97
p.88
p.93
p.20
p.119
p.40
p.62
p.113
p.33
p.89
p.89
p.17
p.114
p.111
p.33
p.94
p.98
p.94
p.99
p.89

白黒
p.31
p.31
p.21
p.16
p.36
p.17
p.20
p.36
p.112
p.126
p.85
p.89
p.48
p.112
p.85
p.90
p.50
p.50
p.112
p.112
p.50
p.47
p.50
p.50
p.50
p.63
p.50
p.119
p.47
p.50
p.42
p.41
p.41
p.33
p.40
p.56
p.55
p.55
p.45
p.42
金属光沢
p.17
p.18
p.24
p.25
p.92
p.15
p.15
p.15
p.20
p.24
p.24
p.24
透ける
p.33
p.45
p.24
p.94
p.94
p.67
p.96
p.24
p.78
p.25
p.25
p.24
p.24
p.24

コバネガのなかま

チョウ目では最も原始的とされるなかま。ストロー状の口吻を持たず、食物を咀嚼出来る大顎を持つ。幼虫は地下水の染み出す岩崖などに生えるジャゴケ類を食べるが、そのような環境は限定される上、成虫は移動性が低いため、地域ごとに種分化している。

葉上で休むカズサヒロコバネ

カズサヒロコバネ
Neomicropteryx kazusana
●4〜5㎜●本州（千葉県）●4〜5月
●地下水が滲み出す岩崖●ジャゴケ類

スイコバネガのなかま

コバネガに近い原始的ななかまだが、ストロー状の口吻を持つ。北半球に広く分布し、日本では11種が知られる。春の山地に現れ、昼間活発に飛ぶ。金属光沢のある鱗粉を持ち、小型だが大変美しい。幼虫はカバノキ科やブナ科などの葉に潜入する。

キンマダラスイコバネ
Eriocrania sparrmannella
●4〜5㎜●北海道、本州●4〜5月
●山●シラカンバ

ハンノキスイコバネ
Eriocrania sakhalinella
●5〜6㎜●北海道、本州●4月
●低〜山●ハンノキ類

コウモリガのなかま

前後翅がほぼ同じ形状という原始的な形質を持ち、触角は短かめ。中型〜やや大型の種が多いが、♂は♀よりおおむね小さい。コウモリガの♀は数千個の大量の卵を空中から、あるいは地表を歩きながら散布する。幼虫は樹幹や草の根に潜入する種が多い。

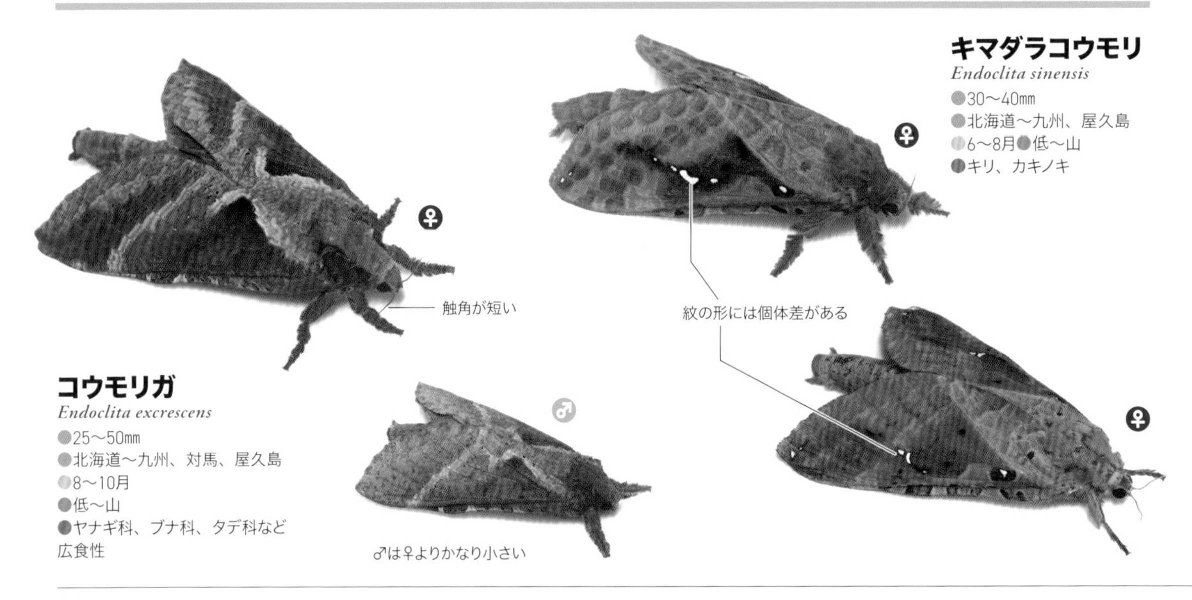

キマダラコウモリ
Endoclita sinensis
●30〜40㎜
●北海道〜九州、屋久島
●6〜8月●低〜山
●キリ、カキノキ

コウモリガ
Endoclita excrescens
●25〜50㎜
●北海道〜九州、対馬、屋久島
●8〜10月
●低〜山
●ヤナギ科、ブナ科、タデ科など広食性

ヒゲナガガのなかま

小型。♂の触角は前翅長の3倍以上と非常に長い。♀の触角は♂の半分以下と短く、基半部に黒い毛が生え太く見える種が多い。♂は昼間長い触角をたなびかせて競い合うように群飛する。夜間灯火に飛来することもある。

ウスキヒゲナガガ亜科
ウスキヒゲナガ
Nematopogon distinctus
●9mm前後●本州～九州
●4～5月●低～山●未知

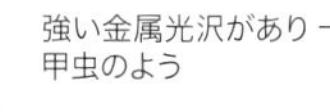

ウスキヒゲナガガ亜科
ミドリヒゲナガ
Adela reaumurella
●6～8mm●北海道、本州、九州
●4～6月●低～山●未知

ヒゲナガガ亜科
キオビクロヒゲナガ
Nemophora umbripennis
●5～6mm●北海道～九州、対馬
●3～6月●低～山●未知

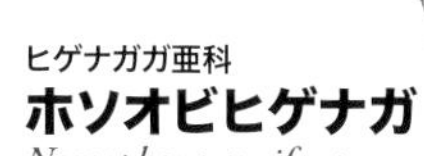

ヒゲナガガ亜科
ホソオビヒゲナガ
Nemophora aurifera
●7～8mm●北海道～九州、対馬、屋久島●4～7月●低～山●未知

ヒゲナガガ亜科
ウスベニヒゲナガ
Nemophora staudingerella
●8mm前後●北海道～九州、対馬
●5～7月●低～山●未知

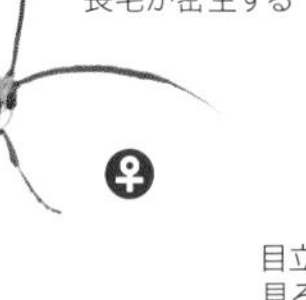

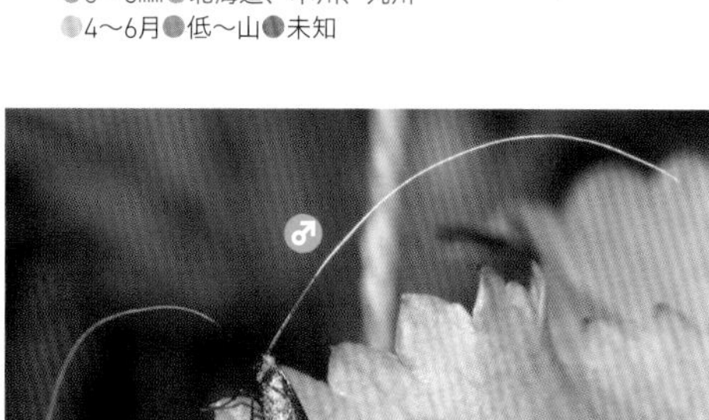

ヒゲナガガ亜科
クロハネシロヒゲナガ
Nemophora albiantennella
●7mm前後●本州、四国、屋久島
●5～7月●低～山●イネ科、枯葉

ヒゲナガガ亜科
ベニオビヒゲナガ
Nemophora rubrofascia
●7～9mm●北海道～九州
●5～7月●低～山●未知

ヒゲナガガ亜科
ギンヒゲナガ
Nemophora askoldella
●6mm前後●北海道、本州
●7～8月●山●未知

ヒゲナガガ亜科
ツマモンヒゲナガ
Nemophora ochsenheimerella
●7mm前後●北海道～九州、対馬
●4～8月●低～山●未知

マガリガのなかま

ヒゲナガガに近いなかまだが触角はそれほど長くない。多くの種の幼虫は葉に潜入し、ある程度成長すると外に出て、切り取った葉でポータブルケースを作る。

ヒメアオマガリガ
Paraclemensia cyanea
●5.5mm前後●本州（長野県）
●6月●山●未知●珍しい

クロツヤマガリガ
Paraclemensia incerta
●7mm前後●北海道～九州●4～6月
●低～山●カエデ属、イヌシデ、アズキナシ、ネジキ、フジ、ハリギリ、クリ

ヒロズコガのなかま

小型の種が多い。幼虫は主に枯葉や地衣類、菌類を食べるが、乾燥穀物、衣類などの繊維質、鳥の羽毛やコウモリのふん、アリの死骸などの動物質を食べる種も含まれ、室内で発生する種もいる。未知の種がまだ多くいるという。

オオヒロズコガ亜科
アトモンヒロズコガ
Morophaga bucephala
●9〜10㎜●北海道〜九州●5〜10月
●低〜山●サルノコシカケ類

オオヒロズコガ亜科
シイタケオオヒロズコガ
Morophagoides moriutii
●8〜9㎜●北海道〜九州●5〜8月
●低〜山●シイタケのホダ木と子実体

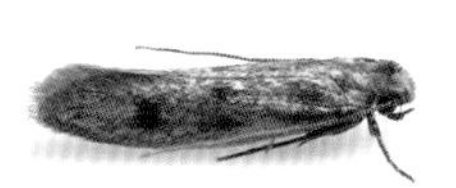

ヒロズコガ亜科
イガ
Tinea translucens
●6㎜前後●日本全国●4〜11月●低〜山
●動物性の毛、衣料、魚粉、削り節
●室内で発生することが多い

コクガ亜科
マエモンヒロズコガ
Dinica endochrysa
●6〜7㎜●本州〜九州●7〜8月
●低〜山●未知

フサクチヒロズコガ亜科
マダラマルハヒロズコガ
Ippa conspersa
●8〜13㎜●本州、九州、石垣島
●6〜8月●低〜山●アリの卵や幼虫、その他の有機物●幼虫は「ツヅミミノムシ」

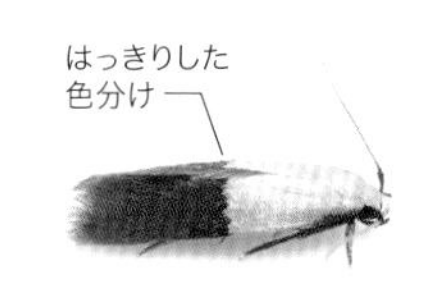

メンコガ亜科
モトキメンコガ
Opogona thiadelpha
●5.3㎜前後●本州〜九州、屋久島●5〜10月●低〜山●未知●似た数種がいる

ミノガのなかま

枯葉や小枝などを糸で綴った蓑に入ったまま生活する、いわゆるミノムシのなかま。成虫になってからは摂食しない。♂の成虫は普通のガの姿で飛べるが、♀は翅がない種も多く、中には交尾・産卵も蓑の中で行い、一生蓑から出ない種もいる。

ヒロズミノガ
Ceratosticha leptodeta
●3〜4.5㎜●本州、九州
●6〜7月●低〜山●粉状地衣類
●日本最小のミノガで♀も飛べる

ハルノチビミノガ
Kozhantshikovia vernalis
●5㎜前後●本州、九州
●3〜4月●山●未知

ウスバヒメミノガ
Proutia maculatella
●5㎜前後●本州、九州●6月
●低〜山●枯葉

クロツヤミノガ
Bambalina sp.
●10㎜前後●本州〜九州、南西諸島
●5、8〜9月●低〜山●樹木や蘚類など広食性

オオミノガ
Eumeta variegata
●18㎜前後●本州〜九州、対馬、南西諸島●6〜7、9〜10月
●低〜山●さまざまな樹木の葉●日本最大のミノガ

チャミノガ
Eumeta minuscula
●10〜12㎜●本州〜九州、対馬●6〜9月
●低〜山●チャノキなどさまざまな樹木

ホソガのなかま

小型で前後翅ともに細く、棒状の身体を長い脚で斜めに支えてとまる。多くの種の幼虫は葉や茎や果実の中に潜って内部を食べ進み、葉に潜る種は、食痕が葉に絵を描いたように見えることから絵描き虫と呼ばれる。

ホソガ亜科
ホシボシホソガ
Callisto multimaculata
●4mm前後●北海道、本州、九州●4〜9月●低〜山●ウメ、サクラ類などバラ科

ホソガ亜科
チャノハマキホソガ
Caloptilia chrysolampra
●5mm前後●本州〜九州、小笠原、屋久島、沖縄本島●4〜10月●低〜山●チャノキ、ツバキ、サザンカ

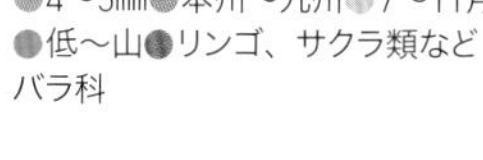

ホソガ亜科
リンゴハマキホソガ
Caloptilia zachrysa
●4〜5mm●本州〜九州●7〜11月●低〜山●リンゴ、サクラ類などバラ科

ホソガ亜科
クヌギハマキホソガ
Caloptilia sapporella
●6mm前後●北海道〜九州●4、7〜9月●低〜山●クヌギ、コナラ、カシワ、ミズナラ、クリ

ホソガ亜科
カキアシブサホソガ
Cuphodes diospyrosella
●4mm前後●本州〜九州●6〜10月●低〜山●カキノキ●似たスタイルのフジアシブサホソガがいる

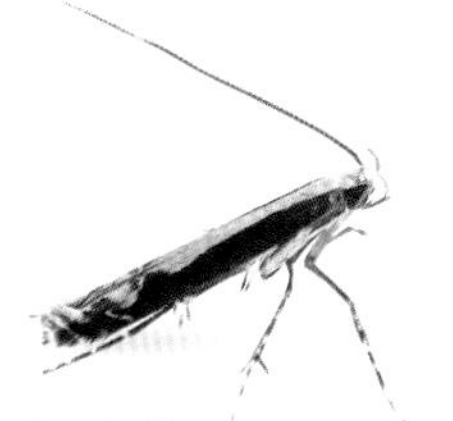

ホソガ亜科
フジホソガ
Psydrocercops wisteriae
●4mm前後●本州〜九州●6〜11月●低〜山●フジ、ケヤキ

越冬型は模様が不鮮明

ホソガ亜科
タデキボシホソガ
Calybites phasianipennella
●4mm前後●北海道〜九州●6〜10(成虫越冬)月●タデ科

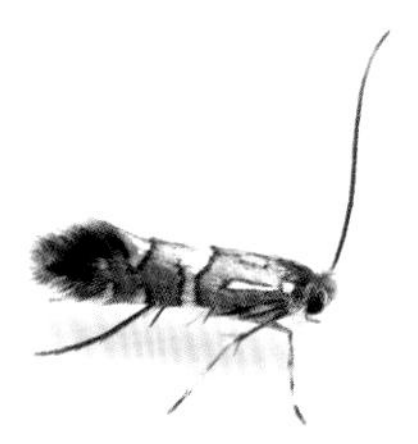

キンモンホソガ亜科
ヒメキンモンホソガ
Phyllonorycter pygmaea
●3mm前後●北海道〜九州●4〜10月●低〜山●ミズナラ、クヌギ、クリ、カシワ

スガのなかま

翅は細く、白から灰褐色の地色に多数の小黒点を持つものが多い。幼虫は食樹に糸を張った巣に集団でいることが多く、「巣蛾」の由来となっているが、単独で暮らす種もいる。

スガ亜科
オオボシオオスガ
Yponomeuta polystictus
●12〜13mm●北海道〜九州、対馬●6〜8月●低〜山●マユミ●大型

スガ亜科
ツリバナスガ
Yponomeuta eurinellus
●7mm前後●北海道〜九州●6〜9月●低〜山●ツリバナ

ツバメスガ亜科
アセビツバメスガ
Saridoscelis kodamai
●7〜8mm●北海道〜九州●5〜9月●低〜山●アセビ、ハナヒリノキ

スガ亜科
ベンケイソウスガ
Yponomeuta sedellus
●8〜9mm●北海道〜九州、対馬、屋久島●4〜10月●低〜山●ベンケイソウ、オオベンケイソウ、ミセバヤ

スガ亜科
ホソバコスガ
Xyrosaris lichneuta
●7mm前後●北海道〜九州、与那国島●3〜12月●低〜山●ツルウメモドキ、ニシキギ、マユミ、ツリバナ

メムシガ亜科
ナナカマドメムシガ
Argyresthia alpha
●4.5mm前後●北海道、本州●7〜8月●山●ナナカマド●逆立ちしてとまる

メムシガ亜科
モチツツジメムシガ
Argyresthia beta
●4.5mm前後●北海道、本州、九州●5〜7月●低〜山●モチツツジ、ヤマツツジなど(ツツジ科)

クチブサガのなかま

やや小型から中型。バナナのような細長いフォルムで、触角は前方に揃えてとまる。マユミオオクチブサガなどは成虫で越冬し冬にも見られる。幼虫は葉を糸で綴った巣の中にいる種が多い。

スイカズラクチブサガ
Bhadorcosma lonicerae
●7.5㎜前後●本州●5〜7月●低〜山
●スイカズラ、クロミノウグイスカグラ
●2本の突起がある独特の繭を作る

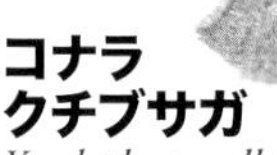

コナラクチブサガ
Ypsolopha parallela
●8〜9㎜●北海道、本州、対馬
●6〜10月●低〜山●コナラ

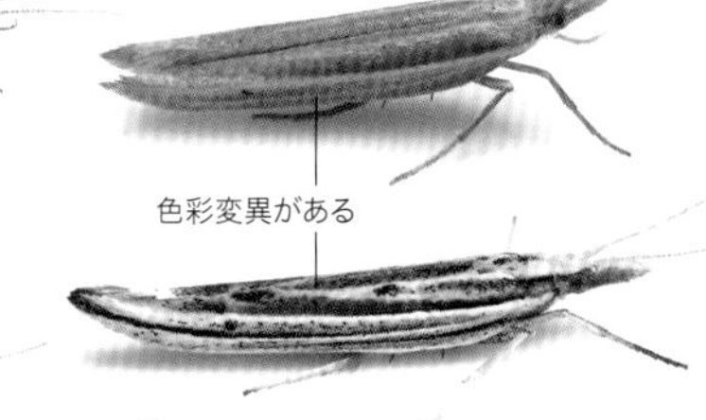

色彩変異がある

マユミオオクチブサガ
Ypsolopha longa
●13〜15㎜●北海道、本州、九州、対馬
●3〜7、11〜12（成虫越冬）月●低〜山
●マユミ●大型で冬にも見られる

コナガのなかま

クチブサガを小型にしたような姿。代表的な種であるコナガはキャベツなどアブラナ科を食べるため人家周辺でもよく見られ、全世界に分布し、寒さや農薬にも耐性があるという、とても生命力が強い種。

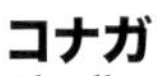

コナガ
Plutella xylostella
●6〜7.5㎜
●北海道〜南西諸島
●通年●低〜山
●アブラナ科

越冬型

越冬型は模様が不鮮明

ヒロバコナガ
Leuroperna sera
●4〜6.5㎜●北海道〜九州
●通年●低〜山●アブラナ科

アトヒゲコガのなかま

小型。日本からは16種が知られる。農作物の害虫として知られる種を含む。似た姿の種が多いが、前翅の白紋の形状でおおよそ区別できる。年に3〜4世代から10世代ほどが羽化する（多化性）種が多い。

ヤマノイモコガ
Acrolepiopsis suzukiella
●5㎜前後●本州〜九州、対馬●3〜11（成虫越冬）月●低〜山●ヤマノイモ属

ネギコガ
Acrolepiopsis sapporensis
●5㎜前後●北海道〜九州●3〜10（成虫越冬）月●低〜山●ネギ、タマネギ、ニラ、ノビル

ホソハマキモドキガのなかま

小型からやや小型。別科のヒメハマキガに似た姿であることからこの名がある。小さいため目につきにくいが、よく見るととても美しくて驚く。

ホソハマキモドキガ亜科
ツマキホソハマキモドキ
Lepidotarphius perornatellus
●7㎜前後●本州〜九州、対馬
●5〜9月●低〜山
●ショウブ、セキショウの茎
●昼行性だが灯火にも来る

強い金属光沢

ホソハマキモドキガ亜科
オオホソハマキモドキ
Glyphipterix beta
●7㎜前後●北海道〜九州●6〜7月
●低〜山●クマザサ●似た数種がいる

ホソハマキモドキガ亜科
キスジホソハマキモドキ
Glyphipterix gaudialis
●5.3㎜前後●北海道〜四国●7〜8月
●山●未知●より小型のヒメキスジホソハマキモドキもいる

他の数科にも似た模様の種がいる

ホソハマキモドキガ亜科
アトフタモンホソハマキモドキ
Glyphipterix euleucotoma
●3.8㎜前後●本州●5〜8月●低●未知

ヒルガオハモグリガのなかま

小型。世界で*Bedellia*属16種のみが知られる小科で日本には2種が分布。成虫は淡褐色で頭部に房状の毛が生える。灯火によく飛来する。幼虫はヒルガオ科の葉に潜入し、尾部を外に出してふんをする。

ヒルガオハモグリガ
Bedellia somnulentella
●3.5mm前後●本州～九州●7～11（成虫越冬）月●低～山●サツマイモ、アサガオ、ノアサガオ、ヒルガオ、ハマヒルガオ

ハモグリガのなかま

とても小さく細身のフォルムで、銀白色の地色に、種それぞれに固有の模様を持ち、翅頂に眼のような黒紋のある尾状突起がある。幼虫は葉に潜る絵描き虫がほとんど。

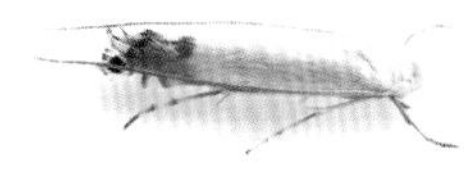

ハモグリガ亜科
ツツジハモグリガ
Lyonetia ledi
●3mm前後●北海道、本州、九州、奄美大島●6～9月●低～山●ツツジ属

ハモグリガ亜科
ヒサカキハモグリガ
Lyonetia euryella
●3.5mm前後●本州、九州●5～9月●低～山●ヒサカキ

ハモグリガ亜科
シャリンバイハモグリガ
Lyonetia anthemopa
●3.5mm前後●本州～九州、小笠原、屋久島●6～10月●低●タチバナモドキ、シャリンバイ

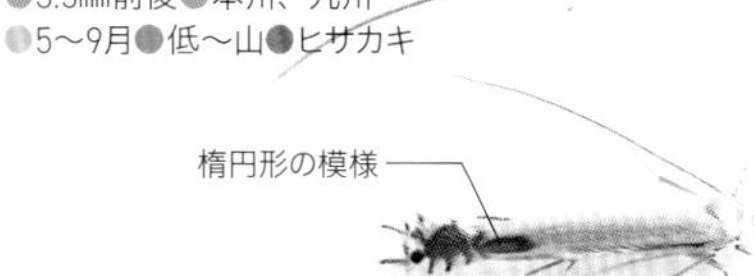

ハモグリガ亜科
モモハモグリガ
Lyonetia clerkella
●4mm前後●本州～九州●4～12（成虫越冬）月●低～山●モモ、サクラ類、リンゴ、ヤマザクラ

ヒラタマルハキバガのなかま

平べったい小判のようなフォルムの種が多く、科の学名Depressariidaeは「押し潰された」という意味である。昼間は樹皮の狭い裂け目などに隠れていることが多い。成虫で越冬する種が少なくない。

ユミモンマルハキバガ
Semioscopis japonicella
●12～13mm●本州～九州●4～5月●山●未知

デコボコマルハキバガ
Depressaria irregularis
●11～12mm●本州、四国●6～8、9～5（成虫越冬）月●低～山●コナラ

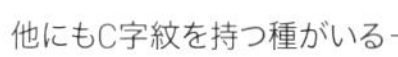

クロカギヒラタマルハキバガ
Agonopterix l-nigrum
●10mm前後●北海道～九州、対馬●3～11（成虫越冬）月●低～山●サンショウ

オビマルハキバガのなかま

世界で4種が知られる小科で、全種が日本に分布している。帯模様のあるやや幅広い翅を斜めに傾けてとまる。幼虫は広葉樹の枯木の樹皮や菌類を食べる種がいる。

カタキオビマルハキバガ
Deuterogonia chionoxantha
●6mm前後●北海道～九州●7～8月●山●未知

ヒロバキバガのなかま

オーストラリアや熱帯～亜熱帯域を中心に500種以上が知られ、日本には2種のみが分布。トガリヒロバキバガは独特の色彩と翅型が特徴的。

トガリヒロバキバガ
Pantelamprus staudingeri
●11mm前後●北海道、本州●6～8月●山●未知

マルハキバガのなかま

小型から中型で、やや幅広く丸みのある翅を持つ種が多い。まだあまり解明の進んでいないグループで、近年新種が続々と見つかっている。*Promalactis*属はその色彩から「森のクマノミ」とも呼ばれる。

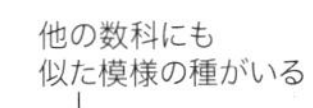

マルハキバガ亜科
クロモンベニマルハキバガ
Schiffermuelleria imogena
●7.3㎜前後●北海道～九州
●6～8月●低～山●ミズキの枯枝

マルハキバガ亜科
カノコマルハキバガ
Schiffermuelleria zelleri
●10㎜前後●本州～九州
●5～9月●低～山●未知

マルハキバガ亜科
シロスジベニマルハキバガ
Promalactis enopisema
●6㎜前後●北海道～九州●5～8月
●低～山●ナラ類など各種樹木の枯枝

マルハキバガ亜科
ヒシモンカバマルハキバガ
Promalactis xianfengensis
●4.5㎜前後●本州●7～8月
●低～山●未知
●2019年に日本初記録された

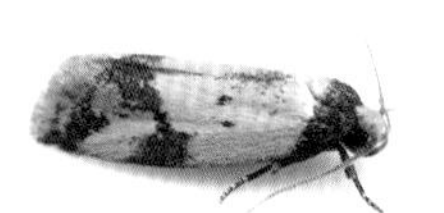

マルハキバガ亜科
フタモンクロオビマルハキバガ
Barea enigmella
●6.1～9.2㎜●本州、奄美大島
●5～7月●低●未知
●2021年に新種記載された

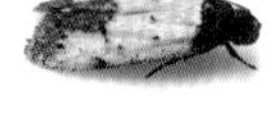

マルハキバガ亜科
カレハチビマルハキバガ
Tyrolimnas anthraconesa
●4.5㎜前後●本州～九州、屋久島●6～9月●低～山
●枯葉

赤い隆起鱗片

マルハキバガ亜科
ヤシャブシキホリマルハキバガ
Casmara agronoma
●20㎜前後●本州、九州、屋久島
●6～7月●低～山●ヤシャブシの枯れ枝
●図抜けて大きい

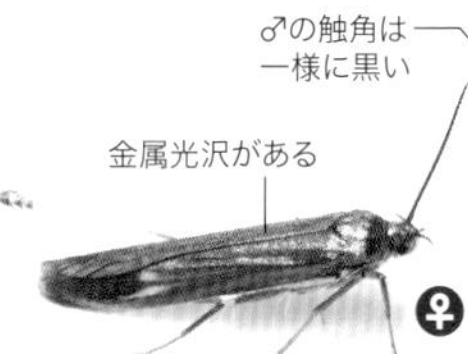

カレハミノキバガ亜科
クロマイコモドキ
Lamprystica igneola
●10～11㎜●北海道～九州
●6～9月●山
●イタドリ、オオイタドリ

ヒゲナガキバガのなかま

小型からやや小型で、やや幅広い翅を持ち、扁平なスタイルの種が多い。幼虫はさまざまな植物の葉を食べる（広食性）種が多く、枯葉や朽木を食べる種もいる。未確認種がまだいるらしい。

ハビロキバガ亜科
フタクロボシハビロキバガ
Scythropiodes issikii
●10㎜前後●北海道～九州、対馬●6～9月
●低～山●バラ科、ヤナギ科など広食性

ハビロキバガ亜科
ゴマフシロハビロキバガ
Scythropiodes leucostola
●8㎜前後●北海道～九州、対馬、屋久島
●6～9月●低～山●バラ科、グミ科、ブナ科、マメ科など広食性

ハビロキバガ亜科
ムモンハビロキバガ
Scythropiodes lividula
●8㎜前後●本州～九州●6～7月●低～山
●バラ科、ブナ科、ニレ科など広食性
●無紋というが小さな点がある

ハビロキバガ亜科
マエチャオオハビロキバガ
Rhizosthenes falciformis
●11㎜前後●本州、四国●5～7月●低～山
●リンゴ、アケビ、ヤマブドウ、クリ、コナラ、クロモジ●大型

オビヒゲナガキバガ亜科
オビカクバネヒゲナガキバガ
Deltoplastis apostatis
●6.5㎜前後●北海道～九州●5～10月
●低～山●未知

ホソバヒゲナガキバガ亜科
キベリハイヒゲナガキバガ
Homaloxestis myeloxesta
●7～8㎜●本州～九州、南西諸島●4～10月
●低●枯葉

ニセマイコガのなかま

小型からやや小型で、長毛の生えた長い後脚を上に持ち上げる独特のスタイルの種が多い。セグロベニトゲアシガなど翅の赤いなかまは、体内に毒を含むベニボタルに擬態しているといわれる。

フトオビマイコガ
Stathmopoda pullicuneata
●6mm前後●本州～九州、対馬
●6～8月●低～山●未知

オビマイコガ
Stathmopoda opticaspis
●5mm前後●本州～九州、屋久島●6～9月
●低～山●サクラ、フトリュウビゴケ

カキノヘタムシガ
Stathmopoda masinissa
●7.3mm前後●本州～九州、対馬、屋久島、奄美大島、石垣島●5～6、7～8月●低～山
●カキノキ、リュウキュウマメガキの葉芽、果実

セグロベニトゲアシガ
Atkinsonia ignipicta
●7～8mm●北海道～九州●5～7月●低～山
●アブラムシ類（肉食性）●体内に毒を持つベニボタル類に擬態しているとされる

カザリバガのなかま

小型。美しい種が多いが、*Cosmopterix*属は似た模様の種が多く区別がやや難しい。昼間林縁や原っぱのさまざまな葉の上でくるくると回転している姿が見られ、まるで踊っているよう。幼虫は多くが絵描き虫である。

カザリバガ亜科
ベニモントガリホソガ
Labdia semicoccinea
●5.5mm前後●本州～九州、対馬
●6～8月●低●未知

♂

マイコモドキ亜科
ベニモンマイコモドキ
Pancalia hexachrysa
●5.5mm前後●本州、九州
●5～7月●低～山●未知

♂は触角基部近くにこぶがある

♂

カザリバガ亜科
コブヒゲトガリホソガ
Labdia antennella
●4.4～4.8mm●本州、対馬
●7～8月●低●未知

カザリバガ亜科
マダラトガリホソガ
Anatrachyntis japonica
●4.5mm前後●本州～九州
●5、7～9月●低～山●カキノヘタムシガによるカキの被害果、ミノガの袋の中など（雑食性）

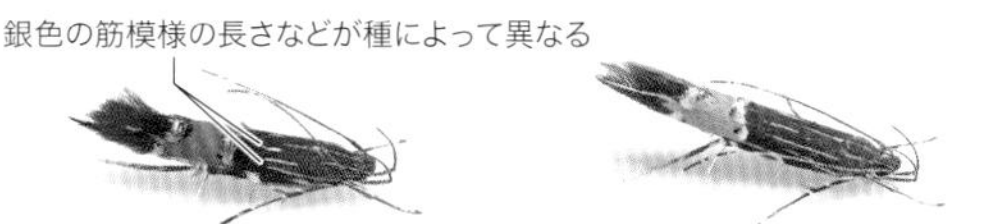

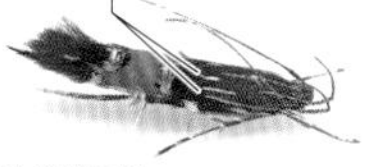

銀色の筋模様の長さなどが種によって異なる

カザリバガ亜科
カザリバ
Cosmopterix fulminella
●3.8～5mm●本州、九州
●5～6、8月●低～山
●ネザサ、アズマネザサ

カザリバガ亜科
ウスイロカザリバ
Cosmopterix victor
●5～7mm●全国●6～8、9月
●低～山●タケ類、ササ類
●*Cosmopterix*属では最大種

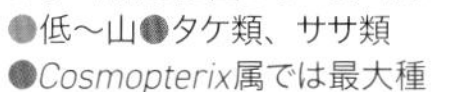

カザリバガ亜科
キオビキバガ
Macrobathra quercea
●8mm前後●本州～九州、対馬
●6～7月●低～山
●コナラ、アラカシ●大型

キバガのなかま

ごく小型から中型まで、スタイルもさまざまで、種類が多く7つの亜科に別れるが、いずれも頭部先端から後方に突き出した牙のような下唇鬚（かしんしゅ）が特徴。幼虫は細長い体型をしており、動作が機敏で驚くと跳ね回ったりする種もいる。

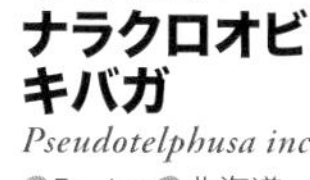

モグリキバガ亜科
バクガ
Sitotroga cerealella
●6mm前後
●北海道～九州、沖縄本島
●年に複数回発生●低
●ムギ、コメ、トウモロコシなどイネ科

モンキバガ亜科
ナラクロオビキバガ
Pseudotelphusa incognitella
●5～6mm●北海道、本州、九州、対馬
●4～5、7～8月●低●コナラ
●ニセナラクロオビキバガに酷似する

モンキバガ亜科
ウバメガシハマキキバガ
Concubina trigonalis
●6mm前後●本州、九州
●6～9月●低●コナラ、ウバメガシ

サクラキバガ亜科
サクラキバガ
Anacampsis anisogramma
●8mm前後●北海道～九州
●5～9月●低～山●サクラ類、ウメなど（バラ科）

ニセマイコガのなかまに似た姿

カザリキバガ亜科
モンギンホソキバガ
Palumbina pylartis
●5mm前後●本州、九州、屋久島
●6、8、10～4（成虫越冬）月
●低～山●シラカシ

2対の丸い紋

フサキバガ亜科
イモキバガ
Helcystogramma triannulellum
●8～9mm●北海道～九州、対馬、屋久島●6～8、10～3（成虫越冬）月
●低●サツマイモ、ヒルガオ、ハマヒルガオ

フサキバガ亜科
フジフサキバガ
Dichomeris oceanis
●9～10mm●北海道、本州、九州
●6～9月●低～山●フジ、ヤマフジ、ナツフジなど（マメ科）

フサキバガ亜科
シロノコメキバガ
Hypatima excellentella
●6mm前後●北海道、本州
●6～10月●低～山●カシワ

ネムスガのなかま

系統的に謎の多い小科で、世界で2属10種ほどが知られ、日本にはネムスガ1種のみが分布。つやのある灰色で前翅に黒い斑点があるが、斑点が少ないか消失した個体もいる。幼虫はネムノキの葉に糸を張った巣に集団でいる。

ネムスガ
Homadaula anisocentra
●7～8㎜●本州～九州●8～9月
●低～山●ネムノキ

セミヤドリガのなかま

セミヤドリガの幼虫はセミ（ヒグラシが多い）の腹部に寄生して少しずつ体液を吸い急速に成長する。成熟すると脱落して木の枝などに白い繭を作る。寄生されたセミは多少弱るが死なないことが多い。

セミヤドリガ
Epipomponia nawai
●9～12㎜●本州～九州
●8～9月●低～山●ヒグラシなどセミの成虫の体液●単為生殖といわれるが、♂も見つかっている

ハゴロモヤドリガ
Epiricania hagoromo
●5～8㎜●本州～九州、石垣島
●8～9月●低～山●スケバハゴロモ、テングスケバなどの成虫の体液

イラガのなかま

イラとはトゲの意味で、幼虫はその名の通り毒のある鋭いトゲを持つ種が多く、触れて刺さると感電したような鋭い痛みを感じる。痛みは1時間程度で治まるが、かゆみは数日続く。成虫に毒はない。

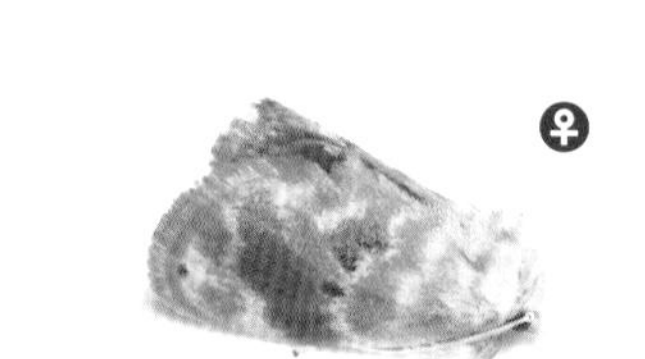

マダライラガ
Kitanola uncula
●6～10㎜●北海道～九州
●5～9月●低～山●イロハモミジ

クロマダライラガ
Mediocampa speciosa
●6～10㎜●本州～九州●7～8月
●低～山●ツノハシバミ

♂

ナシイラガ
Narosoideus flavidorsalis
●16～18㎜●北海道～九州、対馬、屋久島●7～8月●低～山●バラ科、ブナ科、マメ科など広食性

房状の下唇鬚が目立つ

♀

ヒメクロイラガ
Scopelodes contracta
●16～19㎜●本州～九州、対馬
●7～10月●低～山●バラ科、ブナ科、ニレ科など広食性

イラガ
Monema flavescens
●15～18㎜●北海道～九州、対馬
●6～9月●低～山●バラ科、ブナ科、カキノキ科、ヤナギ科など

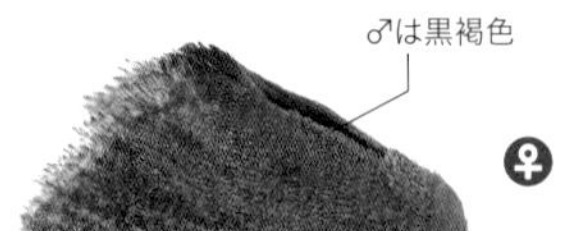

カギバイラガ
Heterogenea asella
●7～8㎜●北海道～九州、屋久島
●7～10月●低～山●ブナ科、カバノキ科、バラ科など広食性

クロフテングイラガ
Microleon longipalpis
●6〜10㎜●北海道〜四国●5〜9月●低〜山●広食性?●キマダラテングイラガより分けられた

キマダラテングイラガ
Microleon decolatus
●6〜10㎜●北海道〜九州、対馬●5〜9月●低●広食性?

ウスイロテングイラガ
Microleon yoshimotoi
●6〜10㎜●本州、四国●5〜9月●低〜山●広食性?●キマダラテングイラガより分けられた

アカイラガ
Phrixolepia sericea
●9〜12㎜●北海道〜九州、対馬、屋久島●6〜9月●低〜山●バラ科、カバノキ科、ブナ科、ムクロジ科など広食性

黒紫色

ムラサキイラガ
Austrapoda dentata
●10〜12㎜●本州〜九州●5〜8月●低〜山●バラ科、ブナ科、カキノキ科など

ウスムラサキイラガ
Austrapoda hepatica
●15㎜前後●北海道〜九州●7〜8月●山●バラ科、ブナ科、カキノキ科など

ヒロヘリアオイラガ
Parasa lepida
●15〜19㎜●本州〜九州、沖縄本島●4〜6、8〜9月●低〜山●バラ科、カバノキ科、ブナ科、ムクロジ科など

クロシタアオイラガ
Parasa hilarula
●10〜14㎜●北海道〜九州、対馬●5〜6、8〜9月●低〜山●バラ科、ブナ科、カキノキ科など

アオイラガ
Parasa consocia
●15〜18㎜●本州〜九州●6〜7月●低〜山●ヤナギ類、ナシ、クリ、カキノキ

ウストビイラガ
Ceratonema sericeum
●10〜15㎜●北海道〜九州●6〜8月●低〜山●ヤマモミジ、アワブキ、フサザクラ、マルバマンサク、マンサク、リョウブ

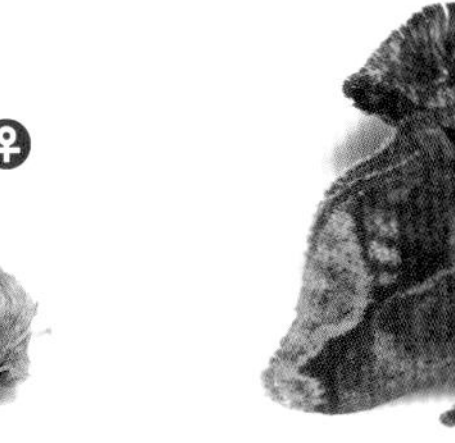

タイワンイラガ
Phlossa conjuncta
●12〜14㎜●本州〜九州●7月●低●ブナ科、マメ科、クルミ科

ヒロズイラガ
Naryciodes posticalis
●6〜9㎜●本州〜九州●6〜8月●低〜山●カエデ類、カバノキ科

マダラガのなかま

クロマダラ、ホタルガ、マダラガの3亜科に別れ、極めて美しい色彩の種が含まれる。いずれも昼行性だが、夜間灯火に飛来する種もいる。幼虫はイラガ科同様に毒刺毛を持つ種が多い。

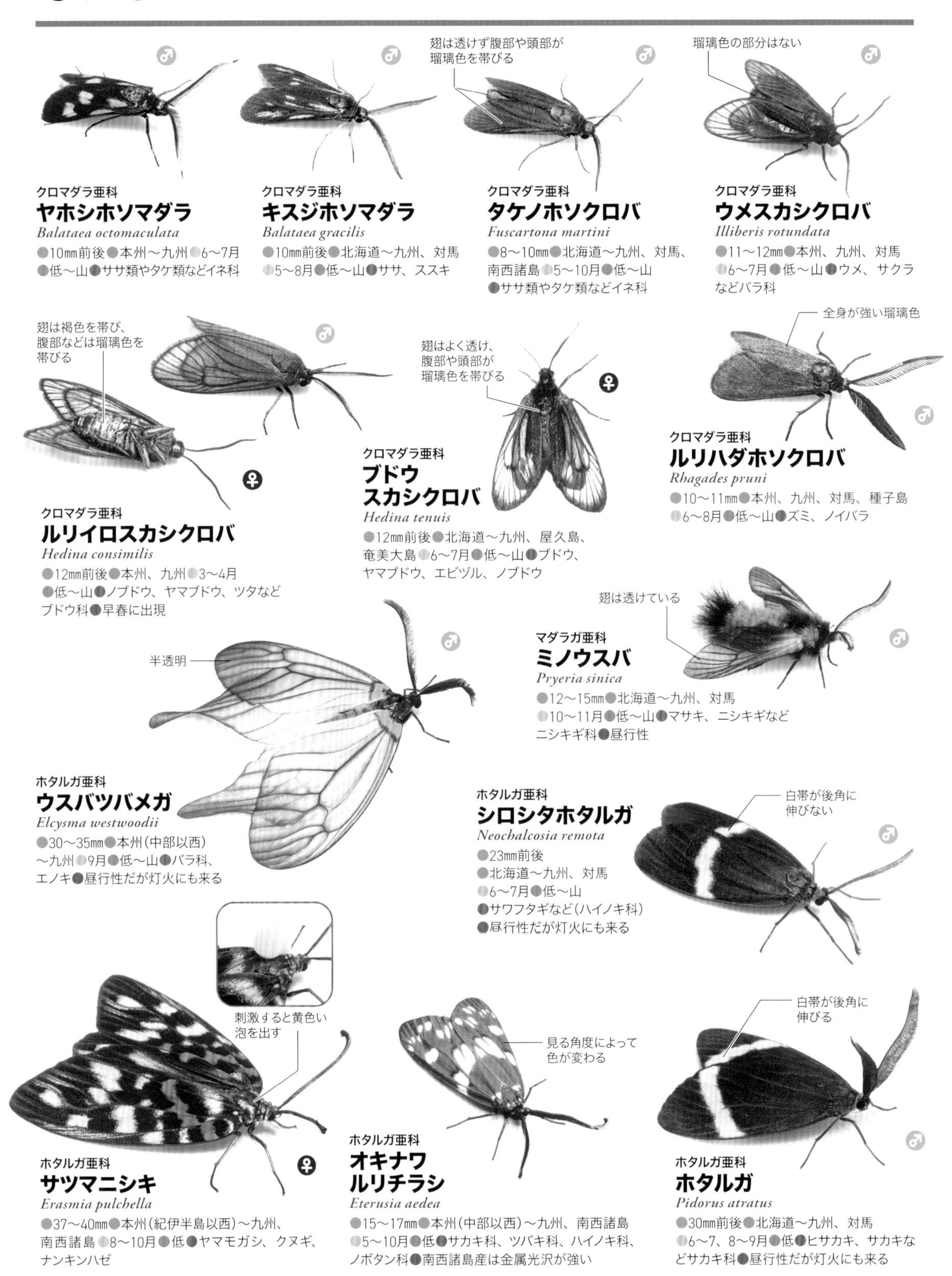

クロマダラ亜科
ヤホシホソマダラ
Balataea octomaculata
●10㎜前後●本州〜九州●6〜7月●低〜山●ササ類やタケ類などイネ科

クロマダラ亜科
キスジホソマダラ
Balataea gracilis
●10㎜前後●北海道〜九州、対馬●5〜8月●低〜山●ササ、ススキ

クロマダラ亜科
タケノホソクロバ
Fuscartona martini
●8〜10㎜●北海道〜九州、対馬、南西諸島●5〜10月●低〜山●ササ類やタケ類などイネ科

クロマダラ亜科
ウメスカシクロバ
Illiberis rotundata
●11〜12㎜●本州、九州、対馬●6〜7月●低〜山●ウメ、サクラなどバラ科

クロマダラ亜科
ルリイロスカシクロバ
Hedina consimilis
●12㎜前後●本州、九州●3〜4月●低〜山●ノブドウ、ヤマブドウ、ツタなどブドウ科●早春に出現

クロマダラ亜科
ブドウスカシクロバ
Hedina tenuis
●12㎜前後●北海道〜九州、屋久島、奄美大島●6〜7月●低〜山●ブドウ、ヤマブドウ、エビヅル、ノブドウ

クロマダラ亜科
ルリハダホソクロバ
Rhagades pruni
●10〜11㎜●本州、九州、対馬、種子島●6〜8月●低〜山●ズミ、ノイバラ

マダラガ亜科
ミノウスバ
Pryeria sinica
●12〜15㎜●北海道〜九州、対馬●10〜11月●低〜山●マサキ、ニシキギなどニシキギ科●昼行性

ホタルガ亜科
ウスバツバメガ
Elcysma westwoodii
●30〜35㎜●本州（中部以西）〜九州●9月●低〜山●バラ科、エノキ●昼行性だが灯火にも来る

ホタルガ亜科
シロシタホタルガ
Neochalcosia remota
●23㎜前後●北海道〜九州、対馬●6〜7月●低〜山●サワフタギなど（ハイノキ科）●昼行性だが灯火にも来る

ホタルガ亜科
サツマニシキ
Erasmia pulchella
●37〜40㎜●本州（紀伊半島以西）〜九州、南西諸島●8〜10月●低●ヤマモガシ、クヌギ、ナンキンハゼ

ホタルガ亜科
オキナワルリチラシ
Eterusia aedea
●15〜17㎜●本州（中部以西）〜九州、南西諸島●5〜10月●低●サカキ科、ツバキ科、ハイノキ科、ノボタン科●南西諸島産は金属光沢が強い

ホタルガ亜科
ホタルガ
Pidorus atratus
●30㎜前後●北海道〜九州、対馬●6〜7、8〜9月●低●ヒサカキ、サカキなどサカキ科●昼行性だが灯火にも来る

スカシバガのなかま

スズメバチなどのハチ目に擬態したなかま。腹部などの黄色い縞模様だけでなく、透明な翅による飛び方まで似せた徹底ぶりで、存在を知っていてもハチに見えてしまう。昼行性。幼虫は植物の茎に潜入し、虫こぶを作る種が多い。

ヒメスカシバ亜科
セスジスカシバ
Pennisetia fixseni
●9～19㎜●北海道、本州、九州、対馬●8～10月●低～山●クマイチゴ、モミジイチゴ、ウラジロイチゴ

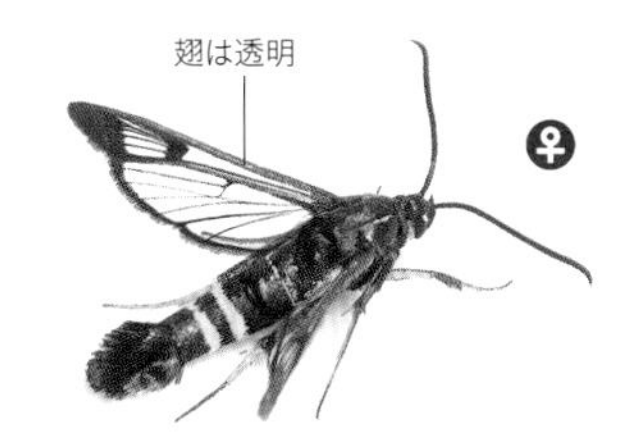

スカシバガ亜科
コスカシバ
Synanthedon hector
●10～14㎜●北海道～九州●5～9月●低～山●サクラなどバラ科の材部

スカシバガ亜科
ヒメコスカシバ
Synanthedon tenuis
●7～8㎜●北海道、本州、九州●5～9月●低～山●カキノキ、ヤナギ類、クリ、カシワ、アラカシ、クマイチゴ、サクラ、フジ、クマシデ、カワラハンノキ●小型

スカシバガ亜科
カシコスカシバ
Synanthedon quercus
●8～15㎜
●本州、九州、対馬、屋久島
●6～10月●低～山
●カシ類、シイ類、コナラ

スカシバガ亜科
モモブトスカシバ
Macroscelesia japona
●9～13㎜●北海道～九州、対馬、奄美大島
●6～8月●低～山
●アマチャヅル

ボクトウガのなかま

中型からやや大型。代表種であるボウトウガの幼虫は肉食性で、クヌギなどの樹木の幹に穿孔して樹液を出させ、そこに集まる虫たちを捕食するという驚くべき習性を持つ。他の種も幹や茎、根に食い入る。

ボクトウガ亜科
ボクトウガ
Cossus jezoensis
●15～35㎜
●北海道～九州
●6～8月●低～山
●コナラやクヌギの材部に穿孔し、出させた樹液に集まる虫など（肉食性）

ボクトウガ亜科
オオボクトウ
Cossus cossus
●17～40㎜●北海道～九州●6～7月●低～山
●ニレ、ヤナギなどの材部に穿孔する

ボクトウガ亜科
ヒメボクトウ
Cossus insularis
●15～18㎜●本州、九州、対馬●7月
●低～山●リンゴ、ナシなどの材部に穿孔する

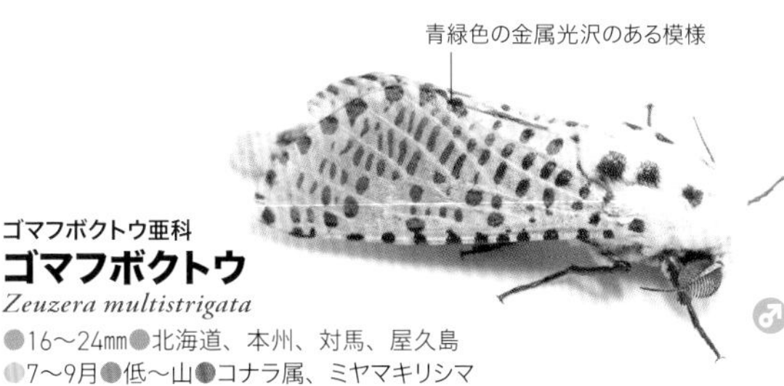

ゴマフボクトウ亜科
ゴマフボクトウ
Zeuzera multistrigata
●16～24㎜●北海道、本州、対馬、屋久島
●7～9月●低～山●コナラ属、ミヤマキリシマ

ハマキガのなかま

小型からやや小型が多く、種類はとても多い。昼間各種の植物の葉の上でよく見つかるが、灯火にも飛来する。幼虫は葉を巻いて巣を作る種が多いが、ヒメハマキガ亜科では茎や蕾、果実に潜入する種が少なくない。

ハマキガ亜科 ハマキガ族
ウスアミメキハマキ
Tortrix sinapina
●10〜13mm●北海道、本州、対馬●5〜8月●低〜山●カシワ、ミズナラ、コナラ、シナノキ

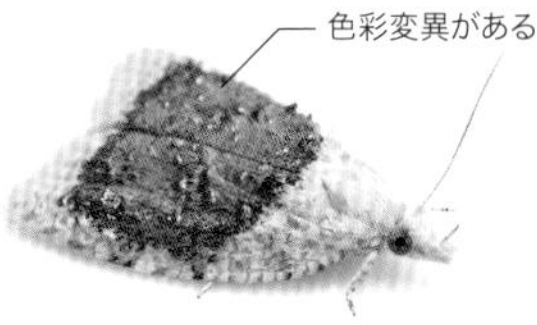

ハマキガ亜科 ハマキガ族
ギンボシトビハマキ
Spatalistis christophana
●8〜9mm●北海道〜九州、対馬、屋久島●6〜9月●低〜山●カシワ、アカガシ、ミズナラ、ガマズミの花

ハマキガ亜科 ハマキガ族
ギンスジクロハマキ
Spatalistis egesta
●6〜7mm●北海道〜九州●5〜7月●低〜山●クロカンバ、ミズキの果実

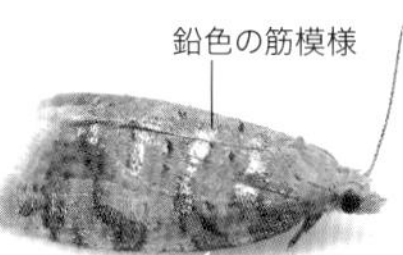

ハマキガ亜科 ハマキガ族
クロトラフハマキ
Acleris crataegi
●6.5mm前後●北海道、本州●5〜7月●低●カマツカ

ハマキガ亜科 ハマキガ族
ギンヨスジハマキ
Acleris leechi
●7〜8mm●北海道〜九州、対馬●6〜8月●低〜山●バラ科

ハマキガ亜科 ハマキガ族
チャモンギンハマキ
Acleris arcuata
●7mm前後●北海道、本州●7〜9月●山●ハウチワカエデ

ハマキガ亜科 ハマキガ族
ネウスハマキ
Acleris conchyloides
●9mm前後●北海道、本州●6〜8月●低〜山●ミズナラ、コナラ

ハマキガ亜科 ハマキガ族
セウスイロハマキ
Acleris enitescens
●5〜7mm●北海道〜九州、対馬、屋久島、奄美大島●4〜11月●低●イチゴ類、ハギ類

ハマキガ亜科 ハマキガ族
フタスジクリイロハマキ
Acleris platynotana
●9〜10mm●北海道〜九州、対馬●6〜7、9〜4月●低〜山●ツツジ科、アラカシ

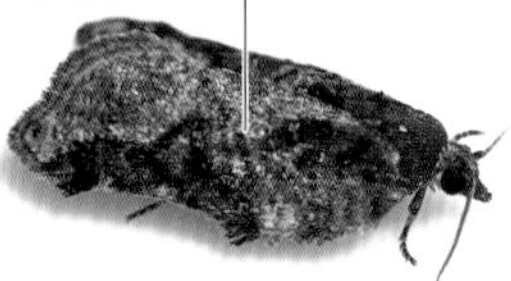
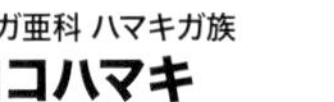

ハマキガ亜科 ハマキガ族
クロコハマキ
Acleris tunicatana
●8〜9mm●本州〜九州●3〜12月●低〜山●未知●冬に見られることが多い

ハマキガ亜科 ハマキガ族
ミヤマミダレモンハマキ
Acleris submaccana
●10〜13mm●北海道〜九州、対馬●9〜5月●山●カバノキ科

ハマキガ亜科 ハマキガ族
モトキハマキ
Acleris fuscotogata
●6〜7mm●北海道〜四国、対馬●6〜7、9〜11月●低〜山●コナラ、ガマズミ

ハマキガ亜科 ハマキガ族
ツマモンエグリハマキ
Acleris paradiseana
●11〜13mm●北海道〜九州●7、8〜10月●山●バラ科、カエデ類

ハマキガ亜科 ハマキガ族
キボシエグリハマキ
Acleris caerulescens
●11mm前後●北海道、本州●7〜9月●山●サワグルミ

ハマキガ亜科 ハマキガ族
ウツギアミメハマキ
Acleris exsucana
●10mm前後●北海道〜九州●7〜8、9〜4月●山●マルバウツギ、カンボク、オオカメノキ

ハマキガ亜科 ハマキガ族
コトサカハマキ
Acleris delicatana
●8mm前後●北海道〜九州●6〜10月●山●カシワ、カバノキ科

ハマキガ亜科 ハマキガ族
マエキハマキ
Acleris pulchella
●8mm前後●本州〜九州、対馬●6〜7、9〜11月●低〜山●未知

ハマキガ亜科 ハマキガ族
コガシラハマキ
Acleris ophthalmicana
●8mm前後●本州、四国●4、9月●山●未知

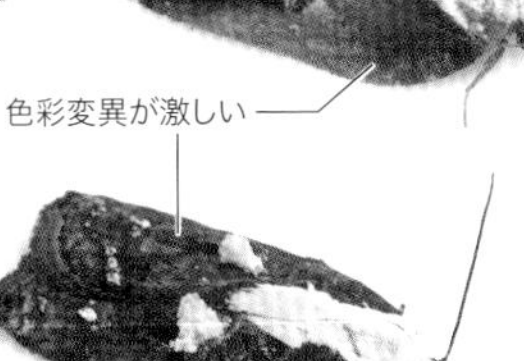

ハマキガ亜科 ハマキガ族
トサカハマキ
Acleris cristana
●9～10mm
●北海道～九州、対馬
●6～7、9～4月●低～山
●バラ科

ハマキガ亜科 ハマキガ族
ハイミダレモンハマキ
Acleris hispidana
●9～10mm●北海道、本州●10～4月●低●コナラ属

ハマキガ亜科 ハマキガ族
ネグロハマキ
Acleris nigriradix
●8～9mm●北海道～九州、対馬
●4～11月●低～山●オオヤマザクラ

夏型

越冬型

ハマキガ亜科 ハマキガ族
プライヤハマキ
Acleris affinatana
●6～8mm●北海道～九州、対馬●5～8、8～5月
●低～山●クヌギ、ナラ、カシワ、コナラ、ミズナラ

越冬型

ハマキガ亜科 ハマキガ族
ナカジロハマキ
Acleris japonica
●6～7.5mm●北海道～九州、対馬
●6～8、10～4月●低～山●ケヤキ

ハマキガ亜科 ハマキガ族
ウスアオハマキ
Acleris strigifera
●10mm前後●北海道、本州、九州
●9～5月●山●未知

ハマキガ亜科 ハマキガ族
オオウスアオハマキ
Acleris amurensis
●12～14mm●北海道、本州
●4～6、8～11月●山●未知

夏型

越冬型

ハマキガ亜科 ハマキガ族
ヒメサザナミハマキ
Acleris takeuchii
●7～8mm●本州、九州、対馬
●6～7、10～4月●低～山
●コゴメウツギ

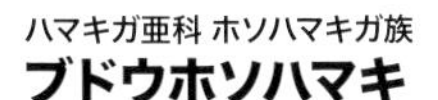

ハマキガ亜科 ホソハマキガ族
ブドウホソハマキ
Eupoecilia ambiguella
●5～6mm●北海道～九州、対馬、南西諸島
●4～9月●低～山●ガマズミ、ノリウツギ、スグリ、サクラ、スイカズラ、キヅタ

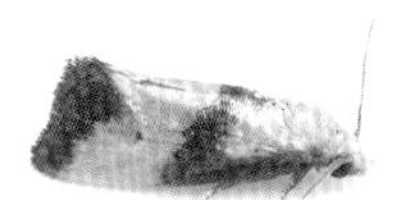

ハマキガ亜科 ホソハマキガ族
フタオビホソハマキ
Eupoecilia citrinana
●6mm前後●北海道、本州
●7～8月●湿地●未知

ハマキガ亜科 ホソハマキガ族
ヨモギオオホソハマキ
Phtheochroides clandestina
●10～12mm●北海道～九州
●6～9月●低～山●ヨモギ類の茎

ハマキガ亜科 ハイイロハマキガ族
ホソバハイイロハマキ
Cnephasia stephensiana
●8mm前後●北海道～九州●5～8月
●低～山●バラ科、カキノキ科、アカザ科、タデ科、セリ科、マメ科、キク科など広食性

♂

♂

ハマキガ亜科 ハイイロハマキガ族
ウスグロフユハマキ
Kawabeia nigricolor
●10mm前後●北海道、本州●10～12月
●低～山●カシワ●晩秋～初冬に見られる

♀

ハマキガ亜科 ハイイロハマキガ族
ハイイロフユハマキ
Kawabeia razowskii
●11～14mm●本州～九州●2～3月
●低～山●コナラ●早春に見られる

ハマキガ亜科
カクモンハマキガ族
マダラギンスジハマキ
Pseudargyrotoza conwagana
●6~7㎜●北海道、本州、対馬
●6~8月●山●モクセイ科

ハマキガ亜科 カクモンハマキガ族
ケバネハマキ
Gnorismoneura vallifica
●8~9㎜●本州●5~6月
●山●未知

ハマキガ亜科 カクモンハマキガ族
クシヒゲムラサキハマキ
Terricula violetana
●9~11㎜●本州~九州●5~9月
●低~山●ソヨゴ、アオミズ、イタドリ、フタリシズカ

ハマキガ亜科 カクモンハマキガ族
ツヅリモンハマキ
Homonopsis foederatana
●9~11㎜●北海道~九州、対馬
●5~6月●低~山●バラ科、マツ科、ヤナギ科など広食性

ハマキガ亜科 カクモンハマキガ族
ツヤスジハマキ
Homonopsis illotana
●8㎜前後●北海道、本州、屋久島●6~7月●低~山●バラ科、ブナ科、タデ科など広食性

ハマキガ亜科 カクモンハマキガ族
オオハイジロハマキ
Pseudeulia asinana
●12㎜前後●北海道~九州
●4~5月●山●未知

ハマキガ亜科 カクモンハマキガ族
カタカケハマキ
Archips capsigerana
●9~12㎜●北海道~四国
●6~10月●低~山●クスノキ科、バラ科、ユズリハ科、ブナ科、マツ科など広食性

ハマキガ亜科 カクモンハマキガ族
アトキハマキ
Archips audax
●10~15㎜●北海道~九州、屋久島●5~9月●低~山
●バラ科、ブナ科など広食性

ハマキガ亜科
カクモンハマキガ族
オオアトキハマキ
Archips ingentana
●12~17㎜●北海道~九州
●5~9月●低~山●広食性
●大型

ハマキガ亜科 カクモンハマキガ族
マツアトキハマキ
Archips oporana
●9~14㎜●北海道~九州、対馬、屋久島●4~9月●低~山●マツ科

ハマキガ亜科 カクモンハマキガ族
リンゴモンハマキ
Archips breviplicana
●9~13㎜●北海道~九州
●5~10月●低~山●バラ科、クワ科、カバノキ科など広食性

ハマキガ亜科 カクモンハマキガ族
クロシオハマキ
Archips peratrata
●10~12㎜●本州~九州、南西諸島●5~10月●低●クサギ、ヒメユズリハ、ツバキ

ハマキガ亜科 カクモンハマキガ族
タテスジハマキ
Archips pulchra
●12㎜前後●北海道~九州
●6~10月●低~山
●モミ、トドマツなどマツ科

ハマキガ亜科 カクモンハマキガ族
ナガレボシハマキ
Archips stellata
●10~11㎜●本州●7~8月
●山●未知●亜高山~高山性

♂の前翅前縁の折り返し
後方に長毛が生える

ハマキガ亜科 カクモンハマキガ族
ムラサキカクモンハマキ
Archips viola
●8~13㎜●北海道~四国、対馬●6~8月●低~山●広食性

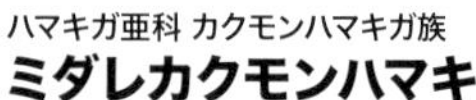

ハマキガ亜科 カクモンハマキガ族
ミダレカクモンハマキ
Archips fuscocupreana
●9~13㎜
●北海道~四国、屋久島
●5~7月●低~山●広食性

ハマキガ亜科
カクモンハマキガ族
シリグロハマキ
Archips nigricaudana
●8~11㎜●北海道~四国、対馬、奄美大島●5~7月●低~山●ブナ科、バラ科、カバノキ科など広食性

ハマキガ亜科 カクモンハマキガ族
アトボシハマキ
Choristoneura longicellana
●10~12㎜●北海道~九州、対馬
●6~10月●低~山●バラ科、ブナ科、カバノキ科など広食性

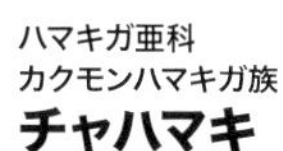

ハマキガ亜科
カクモンハマキガ族
チャハマキ
Homona magnanima
●10〜17㎜
●北海道〜九州、対馬、沖縄本島●3〜11月●低●チャノキ、ミカン類、ネムノキ、クマノミズキなど広食性

ハマキガ亜科 カクモンハマキガ族
カラマツイトヒキハマキ
Ptycholomoides aeriferana
●9〜13㎜●北海道、本州●6〜8月●山●カラマツ

ハマキガ亜科 カクモンハマキガ族
オオギンスジハマキ
Ptycholoma lecheana
●9〜13㎜●北海道〜九州、対馬、奄美大島●5〜6月●低〜山●バラ科、ケヤキ、ハンノキ、ヤナギ類

ハマキガ亜科 カクモンハマキガ族
アミメキハマキ
Ptycholoma imitator
●8〜11㎜●北海道〜九州●5〜8月●山●バラ科、カキノキ科、カバノキ科、ニレ科など広食性

ハマキガ亜科 カクモンハマキガ族
アカトビハマキ
Pandemis cinnamomeana
●10㎜前後●北海道〜九州、対馬、屋久島●5〜10月●山●バラ科、カバノキ科、マツ科など広食性

ハマキガ亜科 カクモンハマキガ族
トビハマキ
Pandemis heparana
●10〜12㎜●北海道〜九州●6〜9月●山●バラ科、ヤナギ科、クワ科、カバノキ科、イネ科

ハマキガ亜科 カクモンハマキガ族
ハイトビスジハマキ
Syndemis musculana
●10㎜前後●本州（中部山地）●5〜6月●山●バラ科、ヤナギ科

ハマキガ亜科 カクモンハマキガ族
コホソスジハマキ
Neocalyptis angustilineata
●7㎜前後●北海道〜九州、対馬●5〜10月●低〜山●枯葉

ハマキガ亜科 カクモンハマキガ族
フタモンコハマキ
Neocalyptis liratana
●7〜8.5㎜●北海道〜九州、対馬●5〜10月●低〜山●枯葉

ハマキガ亜科 カクモンハマキガ族
トビモンコハマキ
Diplocalyptis congruentana
●4.5〜6.5㎜●北海道〜九州、対馬、南西諸島●5〜10月●低〜山●未知

ハマキガ亜科 カクモンハマキガ族
アカスジキイロハマキ
Clepsis pallidana
●7〜8㎜●北海道、本州、九州●5〜10月●低〜山●イチゴ、リンゴ、ヨモギ、ダイズ、ムラサキウマゴヤシ、ヒメジョオン、シロツメクサ、リンドウ

ハマキガ亜科 カクモンハマキガ族
リンゴコカクモンハマキ
Adoxophyes orana
●7〜9㎜●北海道〜九州●5〜10月●低〜山●広食性

ハマキガ亜科 カクモンハマキガ族
チャノコカクモンハマキ
Adoxophyes honmai
●7〜11㎜●本州〜九州、対馬、屋久島●3〜10月●低●チャノキ●♀はウスコカクモンハマキとの区別が困難

ハマキガ亜科 カクモンハマキガ族
ウスコカクモンハマキ
Adoxophyes dubia
●7〜11㎜●本州〜九州、対馬、屋久島、南西諸島●2〜4、6、9〜11月●低●チャノキなど広食性●♀はチャノコカクモンハマキとの区別が困難

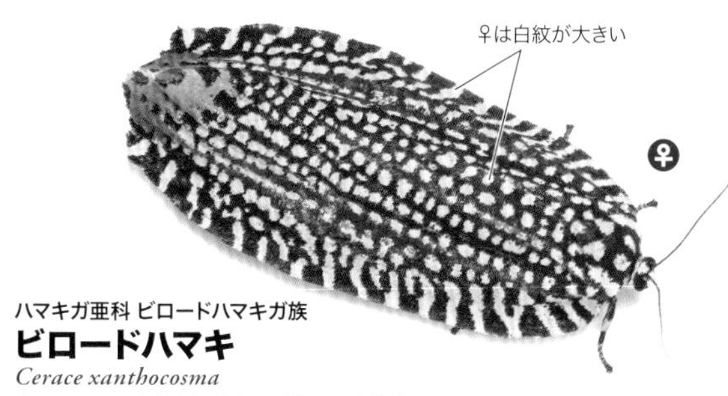

ハマキガ亜科 ビロードハマキガ族
ビロードハマキ
Cerace xanthocosma
●20〜25㎜●本州〜九州、対馬、屋久島●6〜7、9〜10月●低●バラ科、ブナ科、クスノキ科など●日本最大のハマキガ

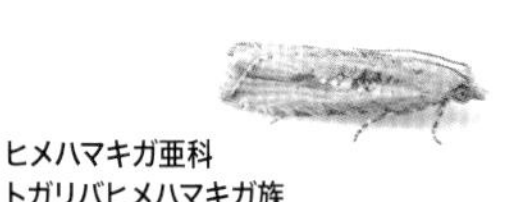

ヒメハマキガ亜科
ハラブトヒメハマキガ族
♂
ヘリオビヒメハマキ
Cryptaspasma marginifasciata
●9〜12mm●本州〜九州●8〜10月●低〜山●ミズナラ、コナラ●秋に出現、♀は暗色で大きい

ヒメハマキガ亜科
ハラブトヒメハマキガ族
♂
クロサンカクモンヒメハマキ
Cryptaspasma trigonana
●9〜12mm●本州、四国、対馬●3〜6月●低〜山●ブナ科の実●春に出現、♀は暗色で大きい

ヒメハマキガ亜科
トガリバヒメハマキガ族
イグサヒメハマキ
Bactra furfurana
●6〜7mm●北海道〜九州●5〜9月●低●イグサ科、カヤツリグサ科の根

ヒメハマキガ亜科
トガリバヒメハマキガ族
シソフシガ
Endothenia remigera
●7mm前後●本州、四国、対馬、屋久島●6〜9月●低●シソ類

ヒメハマキガ亜科 ヒメハマキガ族
ハスオビヒメハマキ
Sorolopha sphaerocopa
●7〜8mm●本州〜九州、対馬、屋久島●7〜10月●低●未知●暖地性

ヒメハマキガ亜科 ヒメハマキガ族
ヤマモモヒメハマキ
Eudemis gyrotis
●7.5mm前後●本州〜九州、屋久島、奄美大島、沖縄本島●6〜8、9〜4月●低〜山●ヤマモモ

ヒメハマキガ亜科 ヒメハマキガ族
サクラマルモンヒメハマキ
Eudemis porphyrana
●8〜9mm●本州●6〜9月●低〜山●サクラ類

ヒメハマキガ亜科 ヒメハマキガ族
ツマベニヒメハマキ
Phaecasiophora roseana
●9mm前後●本州〜九州●6〜8月●低〜山●ホオノキ

ヒメハマキガ亜科 ヒメハマキガ族
スジオビヒメハマキ
Dactylioglypha tonica
●5.5mm前後●本州〜九州、屋久島、奄美大島●4〜10月●低●コバンモチ、ホルトノキ●暖地性

ヒメハマキガ亜科 ヒメハマキガ族
シロテンシロアシヒメハマキ
Phaecasiophora obraztsovi
●8mm前後●本州〜九州、対馬●4〜8月●低〜山●クヌギ、アブラチャン

ヒメハマキガ亜科 ヒメハマキガ族
ヒロバクロヒメハマキ
Proschistis marmaropa
●6mm前後●本州〜九州、対馬、南西諸島●3〜10月●低●未知●暖地性

白い

ヒメハマキガ亜科 ヒメハマキガ族
コシロモンヒメハマキ
Statherotmantis shicotana
●6.5mm前後●北海道〜四国、対馬●4〜9月●低〜山●未知

黄色い

ヒメハマキガ亜科 ヒメハマキガ族
キモンヒメハマキ
Statherotmantis pictana
●6.5mm前後●本州、九州、対馬、沖縄本島●5〜6、8月●低〜山●未知

ヒメハマキガ亜科 ヒメハマキガ族
スネブトヒメハマキ
Phaecadophora fimbriata
●9mm前後●本州〜九州、対馬、屋久島、奄美大島●6〜11月●低〜山●アラカシ

ヒメハマキガ亜科 ヒメハマキガ族
オオヤナギサザナミヒメハマキ
Saliciphaga caesia
●10mm前後●北海道〜九州●6〜8月●低〜山●ヤナギ類

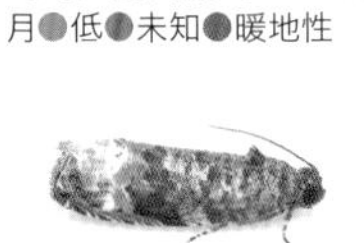

ヒメハマキガ亜科 ヒメハマキガ族
コシロアシヒメハマキ
Hystrichoscelus spathanum
●8mm前後●本州〜九州、対馬、屋久島、奄美大島●5〜6、8〜10月●低〜山●アラカシ

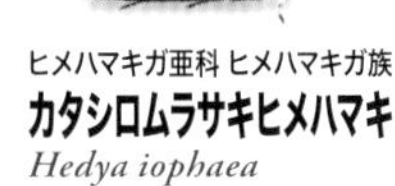

ヒメハマキガ亜科 ヒメハマキガ族
カタシロムラサキヒメハマキ
Hedya iophaea
●6mm前後●本州、九州、対馬、屋久島、奄美大島●5〜10月●低●ヒサカキ

ヒメハマキガ亜科 ヒメハマキガ族
グミオオウスツマヒメハマキ
Hedya auricristana
●8〜9mm●北海道〜九州、対馬、屋久島●3〜10月●低●グミ類

ヒメハマキガ亜科 ヒメハマキガ族
オオサザナミヒメハマキ
Hedya inornata
●10mm前後●北海道、本州、対馬●6〜8月●低〜山●クヌギ、コナラ●やや大型

ヒメハマキガ亜科 ヒメハマキガ族
シロモンヒメハマキ
Hedya dimidiana
●10〜12mm●北海道〜九州●5〜6月●低〜山●サクラなどバラ科●大型

ヒメハマキガ亜科 ヒメハマキガ族
オオナミスジキヒメハマキ
Pseudohedya retracta
●8〜9mm●北海道、本州、九州●6〜9月●山●カバノキ科

白点があるのは♀
♀

ヒメハマキガ亜科 ヒメハマキガ族
マノヒメハマキ
Olethreutes manoi
●7mm前後●本州〜九州、沖縄本島●4〜7、10〜12月●低〜山●イタジイ、アラカシ

他の数科にも
似た模様の種がいる

ヒメハマキガ亜科 ヒメハマキガ族
モンギンスジヒメハマキ
Olethreutes captiosana
●8〜9mm●北海道、本州●6〜8月●山●ヨモギ

ヒメハマキガ亜科 ヒメハマキガ族
コクワヒメハマキ
Olethreutes morivora
●7mm前後●北海道、本州、対馬●6〜8月●低〜山●クワ属

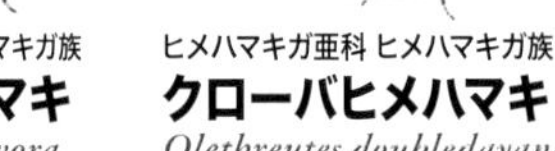

ヒメハマキガ亜科 ヒメハマキガ族
クローバヒメハマキ
Olethreutes doubledayana
●6.5mm前後●北海道〜九州、対馬、屋久島●4〜11月●低〜山●シロツメクサ、オモダカ

前翅外縁の明色部が広く、
鉛色の帯は2本で細い

ヒメハマキガ亜科 ヒメハマキガ族
ウツギヒメハマキ
Olethreutes electana
●6〜7mm●本州〜九州●5〜6月●低〜山●ウツギ類

前翅外縁の明色部が狭く、
鉛色の帯は1本で太い

ヒメハマキガ亜科 ヒメハマキガ族
ニセウツギヒメハマキ
Olethreutes subelectana
●7〜8mm●本州、四国●6月●低〜山●未知

ヒメハマキガ亜科 ヒメハマキガ族
キオビキマダラヒメハマキ
Olethreutes humeralis
●6〜7mm●本州、四国●5〜6、8月●低〜山●未知

ヒメハマキガ亜科 ヒメハマキガ族
ホソバヒメハマキ
Lobesia reliquana
●6mm前後●北海道、本州●5〜7月●低〜山●未知

ヒメハマキガ亜科 ヒメハマキガ族
ホソバチビヒメハマキ
Lobesia aeolopa
●5mm前後●本州〜九州、対馬●5〜10月●低〜山●オトシブミの揺籃、広食性

ヒメハマキガ亜科 ヒメハマキガ族
ミエヒメハマキ
Lobesia mieae
●5mm前後●本州●6〜9月●低●オモトなどキジカクシ科の果実●和名のミエは人名由来

ヒメハマキガ亜科 ヒメハマキガ族
スイカズラホソバヒメハマキ
Lobesia coccophaga
●6mm前後●本州、四国●5〜9月●低〜山●スイカズラの花

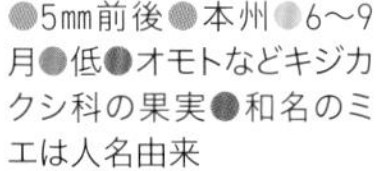

ヒメハマキガ亜科 カギバヒメハマキガ族
カバカギバヒメハマキ
Ancylis partitana
●10㎜前後●北海道～九州、対馬●4～5月●低～山●コナラ、ミズナラ

ヒメハマキガ亜科 カギバヒメハマキガ族
ニセコシワヒメハマキ
Neoanathamna nipponica
●7～8㎜●北海道～九州、対馬●4～6月●低～山●未知

ヒメハマキガ亜科 カギバヒメハマキガ族
フタボシヒメハマキ
Ancylis selenana
●5～6㎜●北海道～九州、対馬●5～9月●山●バラ科

ヒメハマキガ亜科 カギバヒメハマキガ族
ギンボシキヒメハマキ
Enarmonia major
●8㎜前後●北海道～九州●5～8月●低～山●未知

ヒメハマキガ亜科 カギバヒメハマキガ族
ニセハギカギバヒメハマキ
Semnostola magnifica
●7㎜前後●北海道、本州●6～8月●山●ヤチダモ?

ヒメハマキガ亜科 モグリヒメハマキガ族
キカギヒメハマキ
Rhopalovalva pulchra
●6.5㎜前後●北海道～九州、対馬●4～7月●低～山●ナラ類、ブナ

ヒメハマキガ亜科 モグリヒメハマキガ族
モッコクヒメハマキ
Eucoenogenes ancyrota
●8㎜前後●本州～九州、対馬、屋久島、沖縄本島●4～9月●低●モッコク

ヒメハマキガ亜科 モグリヒメハマキガ族
クリミドリシンクイガ
Fibuloides aestuosa
●8～9㎜●北海道～九州、屋久島●7～8月●低～山●クリの実

ヒメハマキガ亜科 モグリヒメハマキガ族
シロヒメシンクイ
Spilonota sp. 3
●5～6㎜●北海道～九州、対馬、屋久島●5～8月●低～山●ウラジロノキ、ナナカマドの実、トキワサンザシ

ヒメハマキガ亜科 モグリヒメハマキガ族
ヒロオビヒメハマキ
Epinotia bicolor
●5～6㎜●本州～九州、対馬、屋久島●5～10月●低●アラカシ、ウバメガシ、クヌギ、コナラ

ヒメハマキガ亜科 モグリヒメハマキガ族
クロマダラシロヒメハマキ
Epinotia exquisitana
●8.5㎜前後●北海道～九州、対馬、屋久島●6～8月●低～山●ソメイヨシノ、ズミなどバラ科

ヒメハマキガ亜科 モグリヒメハマキガ族
カギモンヒメハマキ
Epinotia ramella
●7㎜前後●北海道、本州●8～9月●山●ダケカンバ

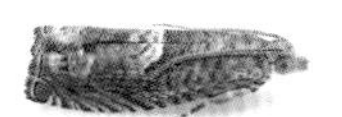

ヒメハマキガ亜科 モグリヒメハマキガ族
ハンノメムシガ
Epinotia tenerana
●7㎜前後●北海道～四国●6～9月●山●ハンノキ、ハシバミなどカバノキ科

ヒメハマキガ亜科 モグリヒメハマキガ族
ヒカゲヒメハマキ
Epinotia albiguttata
●7㎜前後●北海道～九州、対馬、屋久島●5～8月●低～山●未知

ヒメハマキガ亜科 モグリヒメハマキガ族
ミドリヒメハマキ
Zeiraphera virinea
●7㎜前後●北海道～九州、屋久島●7～9月●山●カシワ、カンボク

ヒメハマキガ亜科 モグリヒメハマキガ族
マツズアカシンムシ
Retinia cristata
●7㎜前後●本州～九州、南西諸島●4～9月●低～山●アカマツ、クロマツ

ヒメハマキガ亜科 モグリヒメハマキガ族
バラシロヒメハマキ
Notocelia rosaecolana
●9㎜前後●北海道～九州●5～9月●低～山●バラ科

ヒメハマキガ亜科 モグリヒメハマキガ族
ヨモギネムシガ
Epiblema foenella
●7～11㎜●北海道～九州、伊豆諸島、対馬、南西諸島●6～10月●低～山●ヨモギ

ヒメハマキガ亜科 モグリヒメハマキガ族
スギヒメハマキ
Epiblema sugii
●6～7㎜●本州～九州●5～9月●低～山●ブタクサ、オオオナモミなどの茎●和名のスギは人名由来

ヒメハマキガ亜科 モグリヒメハマキガ族
オオツマキクロヒメハマキ
Hendecaneura impar
●6～7㎜●北海道、本州、屋久島●7～8月●低～山●オオカメノキ、ハクウンボク、エゴノキ

ヒメハマキガ亜科 モグリヒメハマキガ族
トビモンシロヒメハマキ
Eucosma metzneriana
●10㎜前後●北海道～九州、対馬●4～9月●低～山●ヨモギ

ヒメハマキガ亜科 モグリヒメハマキガ族
アケビヒメハマキ
Rhopobota latipennis
●6㎜前後●本州、九州●4～8月●低～山●アケビ

ヒメハマキガ亜科 モグリヒメハマキガ族
クロネハイイロヒメハマキ
Rhopobota naevana
●5.5㎜前後●北海道～九州、屋久島、奄美大島●5～10月●低～山●バラ科など広食性

ヒメハマキガ亜科 シンクイヒメハマキガ族
アシブトヒメハマキ
Cryptophlebia ombrodelta
●10㎜前後●本州～九州、対馬●5～9月●低～山●ジャケツイバラの子実、ムクロジ、ナツフジ、ハマナタマメ

ヒメハマキガ亜科 シンクイヒメハマキガ族
ダイズサヤムシガ
Matsumuraeses falcana
●8㎜前後●北海道～九州、屋久島、沖縄本島●ほぼ通年●低～山●マメ科

ヒメハマキガ亜科 シンクイヒメハマキガ族
ヨツスジヒメシンクイ
Grapholita delineana
●4㎜前後●北海道～九州、対馬●6～9月●低●カナムグラ、カラハナソウ、ホップ、アサ

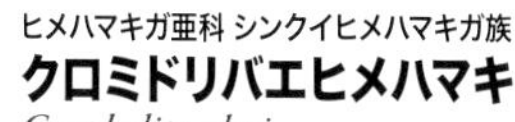

ヒメハマキガ亜科 シンクイヒメハマキガ族
クロミドリバエヒメハマキ
Grapholita okui
●6㎜前後●北海道、本州●6～8月●低～山●ヌスビトハギ

ヒメハマキガ亜科 シンクイヒメハマキガ族
トドマツコハマキ
Pammene ochsenheimeriana
●5㎜前後●北海道、本州●5～6月●山●トドマツ

ヒメハマキガ亜科 シンクイヒメハマキガ族
スギカサヒメハマキ
Cydia cryptomeriae
●5㎜前後●本州、四国、対馬、屋久島●5～8月●低～山●スギの球果

ヒメハマキガ亜科 シンクイヒメハマキガ族
ヨツメヒメハマキ
Cydia danilevskyi
●7㎜前後●北海道～九州●8～9月●低～山●コナラ、ミズナラの実

ヒメハマキガ亜科 シンクイヒメハマキガ族
クリミガ
Cydia kurokoi
●9㎜前後●北海道～九州、対馬●8～10月●低～山●クリの実

ヒメハマキガ亜科 シンクイヒメハマキガ族
サンカクモンヒメハマキ
Cydia glandicolana
●7～8㎜●北海道～九州、屋久島●8～10月●低～山●ブナ科の実

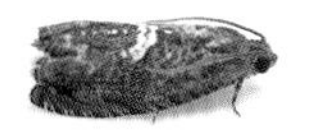

ヒメハマキガ亜科 シンクイヒメハマキガ族
シロツメモンヒメハマキ
Cydia amurensis
●6㎜前後●本州、四国、屋久島●7～10月●低～山●ブナ科の実

ハマキモドキガのなかま

小型。風にたなびくマントをつけたような姿で、葉の上でコマ落としのようなきびきびした動きで歩いたりクルッと回転する姿が見られる。オドリハマキモドキガのなかまは、ハエトリグモに擬態しているとされる。

ハマキモドキガ亜科
コウゾハマキモドキ
Choreutis hyligenes
●5～6mm●北海道～九州、対馬
●5～10月●低～山●コウゾ、ヤマグワ、マグワ

ハマキモドキガ亜科
イヌビワハマキモドキ
Choreutis japonica
●5～6mm●本州～九州、南西諸島
●5～10月●低●イヌビワ、ホソバイヌビワ

ハマキモドキガ亜科
ゴボウハマキモドキ
Tebenna micalis
●4mm前後●本州～九州、沖縄本島●4～11月●低●ゴボウ、ハハコグサなどキク科

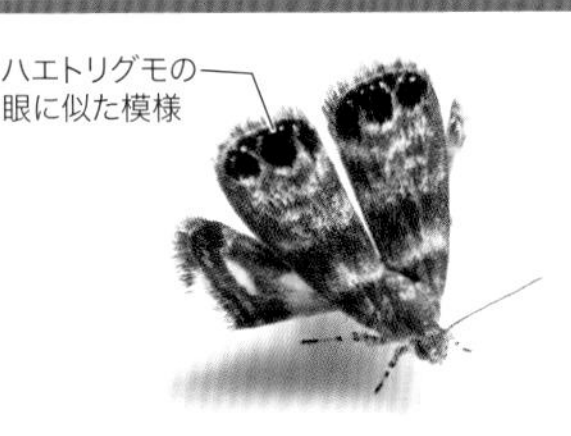

オドリハマキモドキガ亜科
オドリハマキモドキ
Litobrenthia japonica
●4.5mm前後●本州～九州
●6、9月●低●アカガシ、シラカシ、イチイガシ

ニジュウシトリバガのなかま

片側12本（前翅6本、後翅6本）の翅脈が膜でつながらず独立し、それぞれに生えた羽毛で揚力を得る、極めて特殊な翅を持つなかま。日本には6種が分布している。

ヤマトニジュウシトリバ
Alucita japonica
●7mm前後●北海道、本州、九州
●4～12月●山●未知

マダラニジュウシトリバ
Alucita spilodesma
●6～8mm●北海道～九州、対馬、種子島、屋久島●6～8、11～4月
●低●スイカズラ●冬にも見られる

トリバガのなかま

静止時には翅を扇子のように畳み、T字状のフォルムになる。とても細身で脚も細長く、飛ぶ姿はガガンボ類に似ている。草はらに生息する種が多い。模様などに特徴のある種とあまりない種がいる。数種は成虫で越冬する。

シラホシトガリバ亜科
シラホシトリバ
Deuterocopus albipunctatus
●5.5mm前後●本州～九州、対馬、南西諸島●5～10月●低●エビヅル、ノブドウ●暖地性

カマトリバガ亜科
ブドウトリバ
Nippoptilia vitis
●7～8mm●本州～九州、対馬
●6～9、11～3月●低～山
●ブドウ、エビヅル、ノブドウ、ヤブカラシの葉や花●冬にも見られる

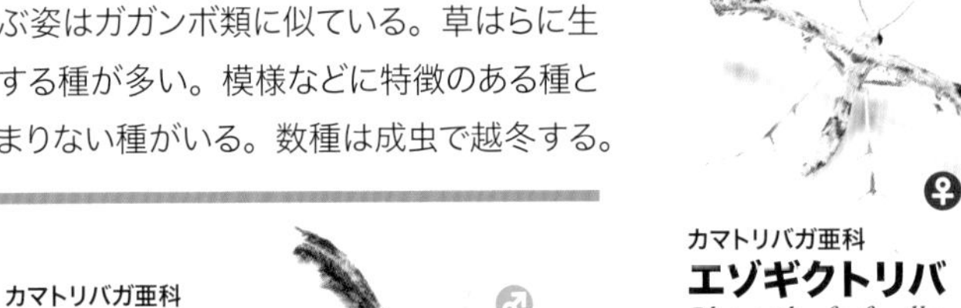

カマトリバガ亜科
エゾギクトリバ
Platyptilia farfarella
●9mm前後●北海道～九州、南西諸島●5～12月●低～山●ヒメムカシヨモギ

カマトリバガ亜科
ミカドトリバ
Tetraschalis mikado
●10～12mm
●北海道、本州、九州
●6～8月●低●未知
●大型

カマトリバガ亜科
ナカノホソトリバ
Fuscoptilia emarginata
●8～9mm
●北海道～九州、対馬、屋久島
●5～9月●低～山
●メドハギ、ヤマハギ

カマトリバガ亜科
フキトリバ
Pselnophorus vilis
●10～11mm●北海道～九州、対馬、種子島、屋久島●3～8月●低～山●フキ、オタカラコウ、ツワブキ

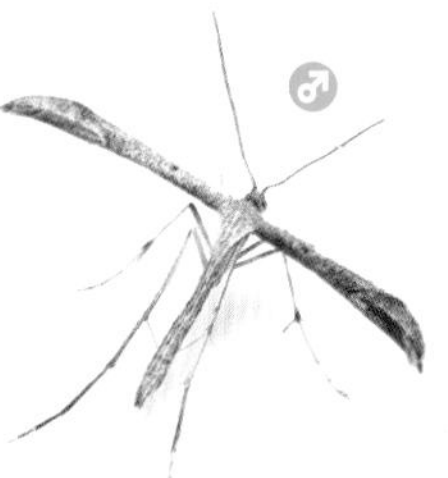

カマトリバガ亜科
ヒルガオトリバ
Emmelina argoteles
●9～10mm●北海道～九州●7～12月
●低●ヒルガオ、ハマヒルガオ、サツマイモ
●冬にも見られる

ニセハマキガのなかま

熱帯域を中心に100種以上が知られ、鮮やかな色彩を持つ種が多い。日本からはカザリニセハマキ1種のみが知られていたが、近年沖縄本島でソウシジュニセハマキが記録され2種となっている。個体数は多くない。

カザリニセハマキ
Moca monocosma
●9〜11㎜●本州〜九州、南西諸島●4〜5、7月●低●イボタノキ

シンクイガのなかま

世界で20種余りの小科で、日本では15種が知られる。前翅に隆起鱗片を持つ。モモシンクイガは幼虫がリンゴ、ナシ、モモなどの果実に食い入るため重要害虫とされるが、それ以外では生態が解明されていない種が多い。

シロモンクロシンクイ
Commatarcha palaeosema
●6㎜前後●本州〜九州、屋久島、奄美大島●4〜6月●低〜山●スギの樹皮の内部●よく似たニセシロモンクロシンクイがいる

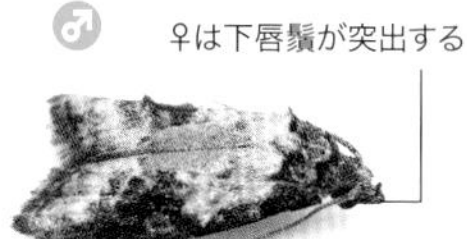

モモシンクイガ
Carposina sasakii
●6〜8㎜●北海道、本州、神津島、対馬、屋久島●6〜9月●低〜山●モモ、リンゴなどバラ科の果実

コブシロシンクイ
Meridarchis excisa
●7〜9㎜●北海道、本州●6〜7月●低〜山●未知

クロボシシロオオシンクイ
Heterogymna ochrogramma
●10〜13.5㎜●本州〜九州、屋久島●7〜9月●低〜山●未知

マドガのなかま

やや横長で翅頂が尖るアカジママドガ亜科、やや小型で翅が黒く、窓状の半透明の紋があるマドガ亜科、横長で翅頂が鉤羽状に近いマダラマドガ亜科に分かれる。マドガ亜科は日本ではマドガの1種のみが分布。

マドガ亜科
マドガ
Thyris usitata
●8㎜前後●北海道〜九州、対馬●5〜8月●低〜山●ボタンヅル

アカジママドガ亜科
アカジママドガ
Striglina cancellata
●11㎜前後●北海道〜九州、対馬、屋久島●5〜6、8月●低〜山●クリ、ヤマモモ、オニグルミ

アカジママドガ亜科
アミメマドガ
Striglina suzukii
●11㎜前後●本州〜九州、対馬、南西諸島●5〜8月●低〜山●カキノキ、ヒサカキ、チャノキ、イジェ

マダラマドガ亜科
ギンスジオオマドガ
Herdonia margarita
●13〜20㎜●本州〜九州●6〜7月●低〜山●サルスベリ、ザクロ●大型

マダラマドガ亜科
ウスマダラマドガ
Rhodoneura pallida
●12㎜前後●本州〜九州、対馬●7〜8月●低〜山●ハゼノキ、ツタウルシ、ヤマハゼ

マダラマドガ亜科
ヒメマダラマドガ
Rhodoneura hyphaema
●9〜10㎜●本州〜九州、対馬、屋久島●5、7〜9月●低〜山●アラカシ

マダラマドガ亜科
ハスオビマドガ
Pyrinioides aureus
●12㎜前後●北海道〜九州●7月●低〜山●サクラ、クマシデ、イヌシデ

マダラマドガ亜科
マダラマドガ
Rhodoneura vittula
●12㎜前後●本州〜九州、対馬●4〜8月●低〜山●アラカシ

マダラマドガ亜科
スギタニマドガ
Rhodoneura sugitanii
●10〜11㎜●本州〜九州、対馬●6〜7月●低〜山●未知

メイガのなかま

幼虫が農作物や貯穀物、養蜂のミツバチの巣を食べるため害虫とされる種を多く含む。円筒形のフォルムを持つマダラメイガ亜科は種類が多い。

ツヅリガ亜科 ツヅリガ族
ハチノスツヅリガ
Galleria mellonella
●10〜14㎜●本州〜九州、対馬、沖縄本島●6、8〜9月●低〜山●ミツバチの巣、毛皮、羊毛、ポリエチレン●幼虫は釣り餌として売られている（ハニーワーム）

ツヅリガ亜科 ツヅリガ族
ウスグロツヅリガ
Achroia innotata
●11㎜前後●本州〜九州、対馬、屋久島●5〜6、9月●低〜山●ミツバチの巣

ツヅリガ亜科 キイロツヅリガ族
オオツヅリガ
Melissoblaptes zelleri
●15〜24㎜●北海道〜四国●6、8〜9月●低〜山●未知

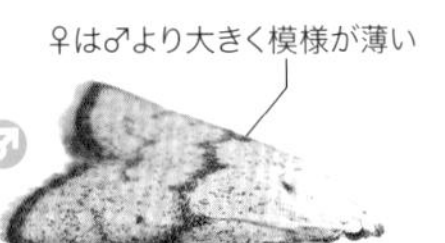

ツヅリガ亜科 キイロツヅリガ族
キイロツヅリガ
Tirathaba irrufatella
●9〜18㎜●本州〜九州、屋久島●5、7〜8月●低〜山●未知

ツヅリガ亜科 キイロツヅリガ族
アカフツヅリガ
Lamoria glaucalis
●15〜21㎜●本州〜九州、対馬、屋久島●6〜7月●低〜山●未知●♀は暗褐色

ツヅリガ亜科 キイロツヅリガ族
フタテンツヅリガ
Aphomia sapozhnikovi
●10〜13㎜●北海道、本州、九州●6〜7月●低〜山●インゲンマメ、アズキ、ササゲ、ダイズ

ツヅリガ亜科 キイロツヅリガ族
ツヅリガ
Paralipsa gularis
●9〜13㎜●北海道〜九州、南西諸島●5〜7月●低●貯穀、玄米室内で発生することがある

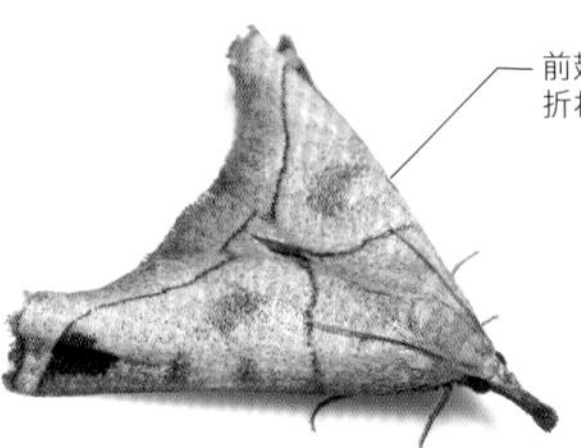

ツヅリガ亜科 ヒロバツヅリガ族
マエグロツヅリガ
Cataprosopus monstrosus
●18㎜前後●北海道〜九州●7〜8月●山●未知

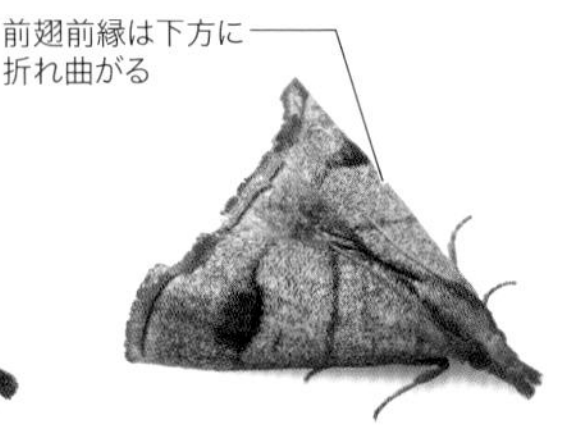

ツヅリガ亜科 ヒロバツヅリガ族
フタスジツヅリガ
Eulophopalpia pauperalis
●11〜13㎜●本州〜九州、対馬、屋久島●7〜8月●低〜山●未知

シマメイガ亜科 シマメイガ族
コメシマメイガ
Aglossa dimidiata
●13〜14㎜●北海道〜九州●6〜10月●低〜山●貯蔵穀物

シマメイガ亜科 シマメイガ族
トビイロシマメイガ
Hypsopygia regina
●9㎜前後●北海道〜九州、対馬、南西諸島●6〜9月●低〜山●未知

シマメイガ亜科 シマメイガ族
ギンモンシマメイガ
Pyralis regalis
●8㎜前後●北海道〜九州、屋久島●6〜8月●低〜山●スズメバチ科の巣●紫色の強い個体もいる

シマメイガ亜科 シマメイガ族
カシノシマメイガ
Pyralis farinalis
●13㎜前後●北海道〜九州、対馬、南西諸島●6〜10月●低〜山●貯穀、菓子、干果、動物の乾燥ふん

シマメイガ亜科 シマメイガ族
アカシマメイガ
Herculia pelasgalis
●10㎜前後●本州〜九州、対馬、種子島、屋久島●7〜8月●低〜山●未知

シマメイガ亜科 シマメイガ族
フタスジシマメイガ
Orthopygia glaucinalis
●15㎜前後●北海道〜九州、対馬、南西諸島●5〜9月●低〜山●枯葉、腐植物、鳥の巣、カシワ

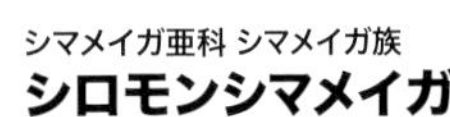

シマメイガ亜科 シマメイガ族
シロモンシマメイガ
Pyralis albiguttata
●8㎜前後●北海道〜九州●7〜8月●低〜山●未知

シマメイガ亜科 シマメイガ族
トビイロフタスジシマメイガ
Stemmatophora valida
●12㎜前後●本州〜九州、対馬●6月●低〜山●未知

シマメイガ亜科 シマメイガ族
マエモンシマメイガ
Tegulifera bicoloralis
●8㎜前後●北海道〜九州、対馬、屋久島●7〜8月●低〜山●未知

シマメイガ亜科 シマメイガ族
ニシキシマメイガ
Mimicia pseudolibatrix
●16〜18㎜●本州●7〜9月●低〜山●キリ

シマメイガ亜科 シマメイガ族
ツマグロシマメイガ
Arippara indicator
●15㎜前後●北海道〜九州、対馬、南西諸島●7〜8月●低〜山●枯葉

シマメイガ亜科 シマメイガ族
ツマキシマメイガ
Orthopygia placens
●12〜13㎜●北海道〜九州、対馬●7月●低〜山●未知

シマメイガ亜科 シマメイガ族
クシヒゲシマメイガ
Sacada approximans
●12〜16㎜●本州〜九州、屋久島●7〜8月●低〜山●クヌギ、コナラ

前翅内横線と外横線の間が後縁で狭まらない

シマメイガ亜科 シマメイガ族
オオクシヒゲシマメイガ
Sacada fasciata
●13〜18㎜●北海道〜九州、対馬●6、8〜9月●低〜山●未知

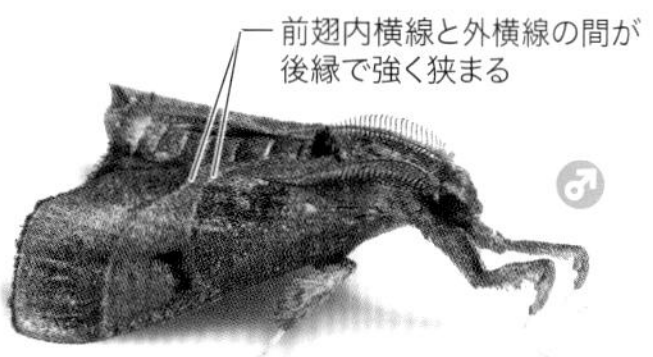

シマメイガ亜科 シマメイガ族
ミサキクシヒゲシマメイガ
Sacada misakiensis
●13〜19㎜●本州〜九州●6、8〜9月●低●ムクノキ

シマメイガ亜科 トガリメイガ族
ウスオビトガリメイガ
Endotricha consocia
●9㎜前後●本州〜九州、対馬、屋久島●7〜9月●低〜山●未知

シマメイガ亜科 トガリメイガ族
キベリトガリメイガ
Endotricha minialis
●9〜10㎜●本州〜九州、対馬、南西諸島●6〜7月●低●未知

シマメイガ亜科 トガリメイガ族
ウスベニトガリメイガ
Endotricha olivacealis
●9〜10㎜●本州〜九州、対馬、屋久島、南西諸島●5〜8、10月●低〜山●未知

シマメイガ亜科 トガリメイガ族
オオウスベニトガリメイガ
Endotricha icelusalis
●10㎜前後●本州〜九州、対馬、屋久島●5〜8月●低〜山●未知

シマメイガ亜科 トガリメイガ族
キモントガリメイガ
Endotricha kuznetzovi
●8〜9㎜●本州、四国、対馬、石垣島●6〜9月●低〜山●未知

シマメイガ亜科 トガリメイガ族
カバイロトガリメイガ
Endotricha theonalis
●9㎜前後●本州〜九州、対馬、南西諸島●5〜6月●低●枯葉

ガの食性、そして人類による昆虫の利用

ガのなかまの幼虫の食性はかなり多様です。多くの種は植物食で、葉や茎や花や果実、根や樹皮や材、穀物、枯葉や朽木、コケ、植物由来の加工食品、繊維などを食べ、植物ではありませんが地衣類やキノコ、カビなどの菌類を食べる種もいます。少数派ながら動物性タンパク質を食べる種もおり、他の昆虫などの生体や死骸、鳥の羽毛やふん、羊毛や毛皮、動物のふん、魚などの干物、ミツバチの巣の蜜ろうやハチミツなどが挙げられます。蜜ろうを食べる種として知られるハチノスツヅリガは、釣りえさとして生きた幼虫が「養殖ブドウ虫」「ハニーワーム」などという名前で販売されている一方、ミツバチの巣を食い荒らすため養蜂家に警戒されています。ところが近年ハチノスツヅリガの幼虫がレジ袋も食べ、それだけでも成長できることが判明し、体内からポリエチレンを分解できる腸内細菌が発見されました。自然界に深刻なダメージを与えているプラスチックごみの問題解決に利用できないか研究されています。昆虫は古来から食料や絹糸の採取、また近代では各種の実験材料としても広く利用されてきましたが、近年は高タンパクで自然への負荷を少なく養殖できる食料として、主に幼虫の昆虫食が大きくクローズアップされ、また水をはじくなど、体の構造の研究が工業製品に利用されるなど、かつてないほど昆虫が注目されています。

昆虫を知ることは、植物や動物、土壌、気候など自然を広く知ることにも繋がります。子どものころから昆虫に触れ、慣れ親しむことを通じて自然への理解を深めることは、これからの地球の運命を左右するカギを握る、とても大切なことかもしれません。その意味でも昆虫をもっと利用したいものです。

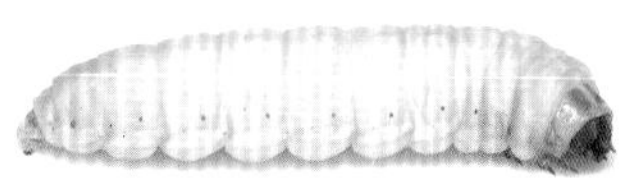

ハチノスツヅリガの終齢幼虫

フトメイガ亜科
ツマグロフトメイガ
Noctuides melanophia
●8〜9㎜●本州〜九州
●7〜9月●低〜山
●クヌギ、ミズナラ、カシワ

フトメイガ亜科
キイフトメイガ
Lepidogma kiiensis
●10㎜前後●本州〜九州、対馬、屋久島●7〜8月●低〜山●未知

フトメイガ亜科
ナカムラサキフトメイガ
Lista ficki
●11〜12㎜●北海道〜九州、対馬、種子島、屋久島●5〜9月
●低〜山●カシワ

フトメイガ亜科
コネアオフトメイガ
Lepidogma melanobasis
●9㎜前後●北海道〜九州、対馬●6〜8月●低〜山●未知

フトメイガ亜科
ネグロフトメイガ
Stericta kogii
●8㎜前後●北海道〜九州、対馬
●7〜8月●低〜山●未知

フトメイガ亜科
ミドリネグロフトメイガ
Stericta flavopuncta
●8〜9㎜●北海道、本州
●6〜8月●低〜山●未知

フトメイガ亜科
ナカジロフトメイガ
Termioptycha margarita
●14〜15㎜●本州〜九州、対馬、屋久島●5〜8月●低〜山●未知

フトメイガ亜科
クロフトメイガ
Termioptycha nigrescens
●14㎜前後●北海道〜九州
●7〜9月●低〜山●未知

フトメイガ亜科
オオフトメイガ
Salma amica
●16〜18㎜
●本州〜九州
●6〜8月
●低〜山
●未知

フトメイガ亜科
ナカアオフトメイガ
Salma elegans
●15〜16㎜●本州〜九州
●6〜8月●低〜山
●バラ、ボケ、クリ、オランダイチゴ、クマノミズキ

フトメイガ亜科
ハスジフトメイガ
Epilepia dentata
●11㎜前後●本州〜九州、対馬
●6〜7月●低〜山●未知

フトメイガ亜科
クロモンフトメイガ
Orthaga euadrusalis
●14㎜前後
●本州〜九州、対馬、屋久島
●7〜8月●低〜山●ヌルデ

フトメイガ亜科
ナカトビフトメイガ
Orthaga achatina
●13〜14㎜
●北海道〜九州、対馬、屋久島
●6〜7月●低〜山●未知

フトメイガ亜科
ネアオフトメイガ
Orthaga onerata
●9〜11㎜●北海道〜九州●7月●低〜山●カシワ

フトメイガ亜科
アオフトメイガ
Orthaga olivacea
●12㎜前後●北海道〜九州、対馬、南西諸島●6〜8月
●低〜山●クスノキ科

フトメイガ亜科
トサカフトメイガ
Locastra muscosalis
●15〜20㎜●本州〜九州、南西諸島●6〜8月
●低〜山●ヌルデなど（ウルシ科）、オニグルミなど（クルミ科）
●日本のフトメイガでは最大

マダラメイガ亜科 マダラメイガ族
アカフマダラメイガ
Acrobasis ferruginella
●10mm前後●本州～九州、佐渡島、対馬●6～9月●低～山●未知

マダラメイガ亜科 マダラメイガ族
ヒメエノキアカオビマダラメイガ
Acrobasis subceltifoliella
●6～7mm●本州、九州●6～9月●低～山●エノキ

マダラメイガ亜科 マダラメイガ族
ナシモンクロマダラメイガ
Acrobasis bellulella
●7～9mm●本州～九州、対馬、屋久島●6～8月●低～山●エノキ●個体数は多い

マダラメイガ亜科 マダラメイガ族
ギンマダラメイガ
Acrobasis rubrizonella
●11mm前後●北海道～九州●7～9月●低～山●未知

マダラメイガ亜科 マダラメイガ族
フタグロマダラメイガ
Furcata dichromella
●8～9mm●北海道～九州、屋久島●5～6月●低～山●ツルウメモドキ

マダラメイガ亜科 マダラメイガ族
クシヒゲマダラメイガ
Mussidia pectinicornella
●12mm前後●本州～九州、南西諸島●6～9月●低●ハマナタマメ

マダラメイガ亜科 マダラメイガ族
ウスアカモンクロマダラメイガ
Ceroprepes ophthalmicella
●12mm前後●北海道～九州、屋久島●7～9月●山●未知

マダラメイガ亜科 マダラメイガ族
スジグロマダラメイガ
Ceroprepes nigrolineatella
●13mm前後●北海道～九州●7～8月●山●未知

マダラメイガ亜科 マダラメイガ族
ウスアカムラサキマダラメイガ
Addyme confusalis
●10mm前後●北海道、本州、九州、奄美大島、沖縄本島●5～9月●低●ショウロクサギの蕾、オオバギ

マダラメイガ亜科 マダラメイガ族
イタヤマダラメイガ
Etielloides curvella
●10～12mm●北海道、本州、九州●5～6月●低～山●ナシ、リンゴ(オトシブミ類の揺籃)

マダラメイガ亜科 マダラメイガ族
シロイチモンジマダラメイガ
Etiella zinckenella
●10～12mm●北海道～九州、対馬、南西諸島●5～9月●低～山●エンドウ、ダイズ、ササゲ

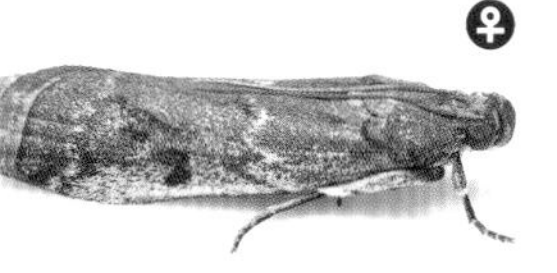

マダラメイガ亜科 マダラメイガ族
オオクロモンマダラメイガ
Sciota vinacea
●12～14mm●本州～九州、屋久島●7～8月●山●未知

マダラメイガ亜科 マダラメイガ族
アカグロマダラメイガ
Sciota manifestella
●10mm前後●本州、九州●6～8月●低～山●未知

マダラメイガ亜科 マダラメイガ族
ヤマトマダラメイガ
Ortholepis intercisella
●11mm前後●本州～九州、対馬●6～7月●低～山●未知

マダラメイガ亜科 マダラメイガ族
マツノシンマダラメイガ
Dioryctria sylvestrella
●10～15mm●北海道～九州、対馬、南西諸島●6～8月●低～山●アカマツ、クロマツ、トドマツ、エゾマツ、ドイツトウヒ

マダラメイガ亜科 マダラメイガ族
マツアカマダラメイガ
Dioryctria pryeri
●12mm前後●北海道～九州、奄美大島●6～8月●低～山●クロマツ

マダラメイガ亜科 マダラメイガ族
ナカアカスジマダラメイガ
Stenopterix bicolorella
●13mm前後●本州～九州、対馬、屋久島●6～8月●低～山●未知

マダラメイガ亜科 マダラメイガ族
アカマダラメイガ
Oncocera semirubella
●12mm前後●北海道～九州、対馬、種子島、屋久島、奄美大島●6～8月●低～山●メドハギ●原っぱに多い

マダラメイガ亜科 マダラメイガ族
チビマエジロホソマダラメイガ
Assara hoeneella
●6～7mm●本州～九州●6～8月●低～山●クロマツ

マダラメイガ亜科 マダラメイガ族
ナカキチビマダラメイガ
Pseudocadra cuprotaeniella
●6mm前後●北海道～九州、対馬、屋久島●5、7～8月●低～山●未知

マダラメイガ亜科 マダラメイガ族
サンカクマダラメイガ
Nyctegretis triangulella
●7～8mm●北海道～九州●6～9月●低～山●未知

マダラメイガ亜科 マダラメイガ族
ノシメマダラメイガ
Plodia interpunctella
●7mm前後●北海道～九州、南西諸島●4～10月●低～山●貯蔵穀物、米、クルミ、マメ類、乾果、菓子、ココア、チョコレート●室内で発生することが多い

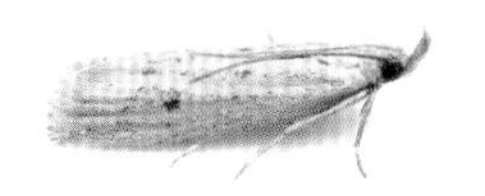

マダラメイガ亜科 シマホソメイガ族
ヒトホシホソメイガ
Hypsotropa solipunctella
●7mm前後●本州●7～8月●低●未知

マダラメイガ亜科 シマホソメイガ族
オオマエジロホソメイガ
Paraemmalocera gensanalis
●12～13mm●本州～九州、対馬、屋久島、沖縄本島●7～8月●低～山●未知

ツトガのなかま

幼虫が主にイネ科などの草本を食べ、成虫はくさび状に近いフォルムが多いツトガ亜科以外では、翅がやや幅広い。ノメイガ亜科は最も種類が多く、昼間草はらなどでよく見られるが、敏感ですぐに飛び、葉の裏に隠れてしまう。灯火にもよく集まる。

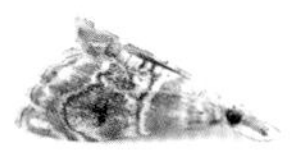

ツトガ亜科
シロエグリツトガ
Glaucocharis exsectella
●6mm前後●北海道～九州、屋久島●6～7、9～10月●低～山●未知

ツトガ亜科
チビツトガ
Microchilo inouei
●6mm前後●北海道、本州、九州、屋久島●7～8月●低～山●未知

ツトガ亜科
モンチビツトガ
Microchilo inexpectellus
●5mm前後●本州、九州●6～7、9月●低～山●未知

ツトガ亜科
ホソスジツトガ
Pseudargyria interruptella
●7～9mm●北海道～九州、対馬、屋久島●6～8月●低～山●未知

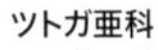

ツトガ亜科
ニカメイガ
Chilo suppressalis
●9～17mm
●北海道～九州、対馬、南西諸島
●6～8月●低～山●イネ科

♀

ツトガ亜科
シロツトガ
Calamotropha paludella
●11～14mm
●北海道、本州、九州、沖縄本島
●5～6、8～9月●低～山●ガマ属

ツトガ亜科
スジツトガ
Chilo sacchariphagus
●15mm前後●本州、九州
●4～5月●低●ヨシ、ススキ、オギの茎内、サトウキビ

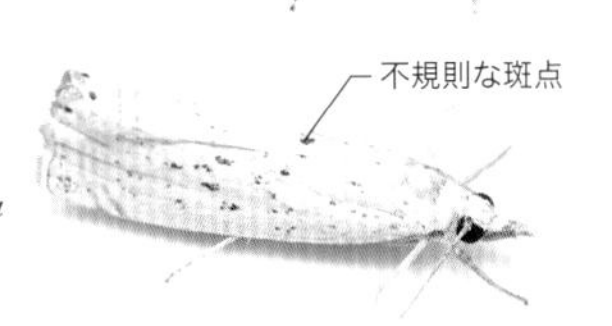

ツトガ科
テンスジツトガ
Chrysoteuchia distinctella
●13mm前後●北海道～九州
●5～7月●低～山●ムギ

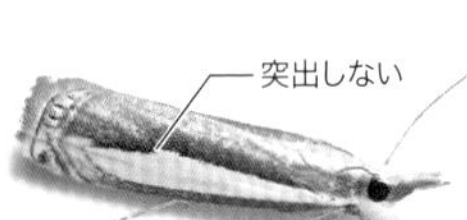
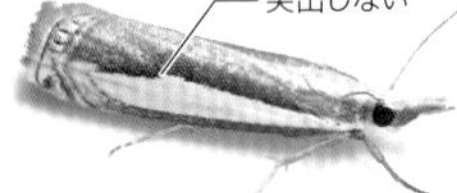

ツトガ亜科
シロスジツトガ
Crambus argyrophorus
●10mm前後●北海道～九州、対馬、屋久島●5～6、8～9月●低～山●未知

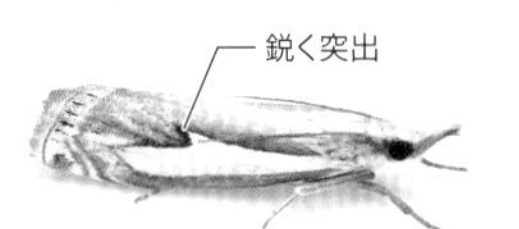

ツトガ亜科
ニセシロスジツトガ
Crambus pseudargyrophorus
●10mm前後●北海道、本州●5～8月●低～山●未知

ツトガ亜科
シバツトガ
Parapediasia teterella
●9～10mm●北海道～九州、対馬、沖縄本島●4～6、8～9月●芝生●シバ●外来種

♀

ツトガ亜科
ツトガ
Ancylolomia japonica
●12～17mm●北海道～九州、対馬、屋久島、沖縄本島●6～8月●芝生や田んぼ●シバ、イネ

ヤマメイガ亜科
ホソバヤマメイガ
Scoparia congestalis
●7～8mm●北海道～九州●5～10月●山●未知

♀

ミズメイガ亜科
マダラミズメイガ
Elophila interruptalis
●13mm前後●北海道～九州、対馬●5～9月●低●未知

ミズメイガ亜科
ヒメマダラミズメイガ
Elophila turbata
●8～11mm●北海道～九州、南西諸島●7～9月●低●ウキクサ科、トチカガミ科、ヒシ科、スイレン科

♂

ミズメイガ亜科
ゼニガサミズメイガ
Paracymoriza prodigalis
●7mm前後●本州～九州●7～8月●低～山●未知

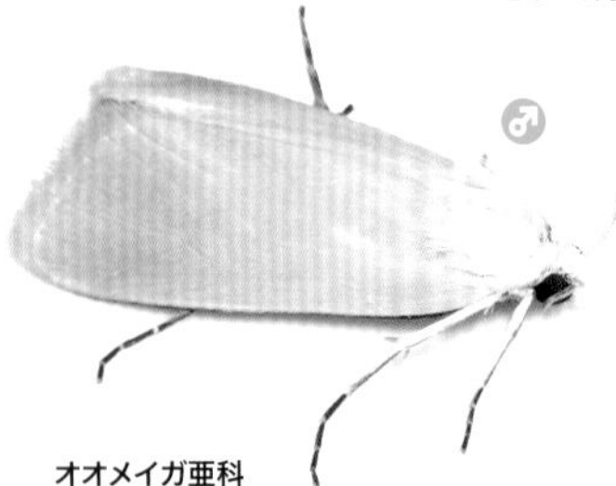

♂

オオメイガ亜科
ムモンシロオオメイガ
Scirpophaga praelata
●17mm前後●北海道～九州、奄美大島、沖縄本島●6～8月●湿地●未知

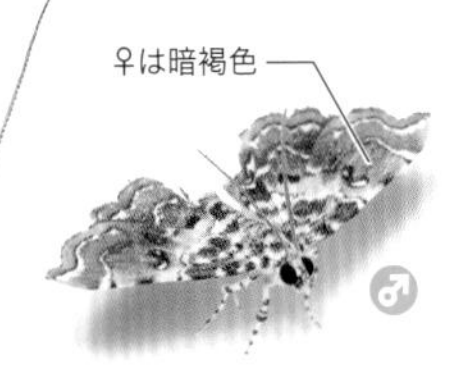

♂

シダメイガ亜科
エグリシダメイガ
Musotima dryopterisivora
●7mm前後●本州～九州、対馬、屋久島●10～12月●低～山●蘚類

ニセノメイガ亜科
ナニセノメイガ
Evergestis forficalis
●13mm前後●本州～九州、対馬、屋久島●4～5、9～10月●低～山●コマツナ、ハツカダイコン

クルマメイガ亜科
ウスムラサキクルマメイガ
Clupeosoma cinerea
●11mm前後●北海道～九州、対馬、屋久島●6～9月●低～山●ジンチョウゲ、ガンピ、コショウノキ、オニバシリ

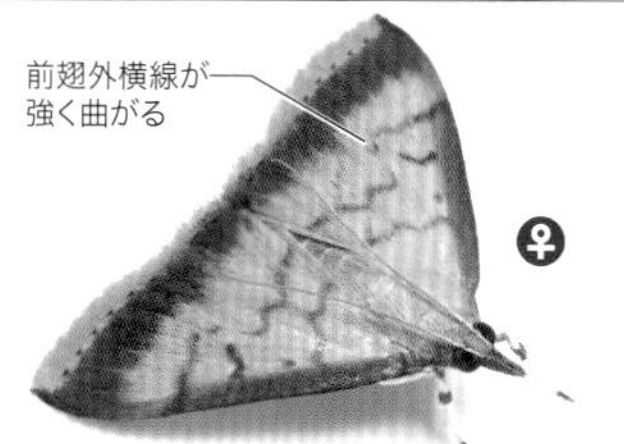

ノメイガ亜科 ノメイガ族
セスジノメイガ
Torulisquama evenoralis
●14〜15㎜●本州〜九州、対馬、屋久島●6〜7月●低●タケ類

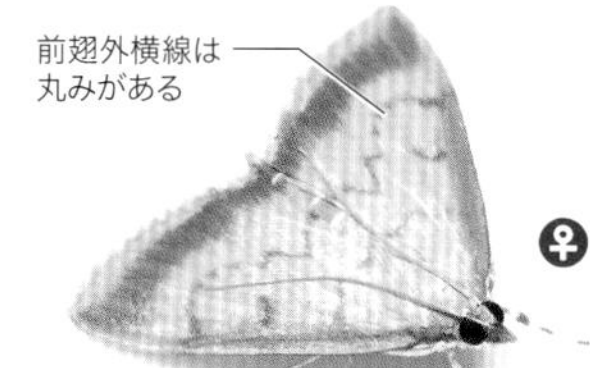

ノメイガ亜科 ノメイガ族
ヒメセスジノメイガ
Torulisquama obliquilinealis
●13㎜前後●北海道〜四国●6〜9月●山●タケ類●寒地性

ノメイガ亜科 ノメイガ族
キモンホソバノメイガ
Sinibotys butleri
●13㎜前後●本州●6、8月●低〜山●タケ類●外来種

ノメイガ亜科 ノメイガ族
キベリハネボソノメイガ
Circobotys aurealis
●14〜16㎜●本州〜九州、対馬、屋久島●5〜6月●低〜山●未知

ノメイガ亜科 ノメイガ族
キムジノメイガ
Prodasycnemis inornata
●16㎜前後●北海道〜九州、対馬●5〜9月●低〜山●チシマザサ

ノメイガ亜科 ノメイガ族
ミカエリソウノメイガ
Pronomis delicatalis
●12㎜前後●本州〜九州●5〜9月●低〜山●ミカエリソウ、テンニンソウ

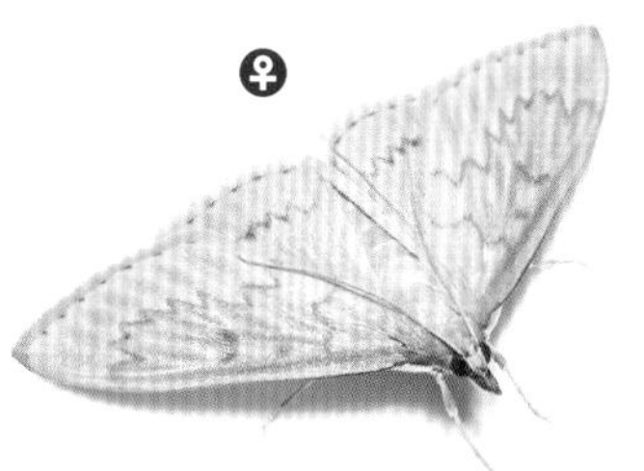

ノメイガ亜科 ノメイガ族
ホシオビホソノメイガ
Nomis albopedalis
●17〜18㎜●北海道〜九州、対馬●6、8〜9月●低〜山●未知

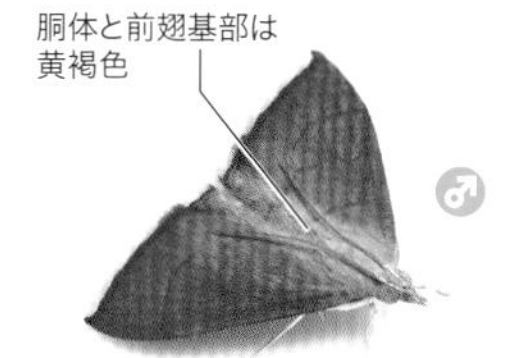

ノメイガ亜科 ノメイガ族
マエベニノメイガ
Paliga minnehaha
●9㎜前後●北海道〜九州、対馬、屋久島、奄美大島●5〜6月●低〜山●オオムラサキシキブ

ノメイガ亜科 ノメイガ族
ベニフキノメイガ
Pyrausta panopealis
●8㎜前後●本州〜九州、対馬、屋久島●6〜7月●低〜山●シソ、エゴマ

ノメイガ亜科 ノメイガ族
アメリカピンクノメイガ
Pyrausta inornatalis
●7.5㎜前後●本州●4〜11月●低●サルビア類など●外来種

ノメイガ亜科 ノメイガ族
ヒメトガリノメイガ
Anania verbascalis
●8〜10㎜●北海道〜九州、対馬、屋久島●5〜6、8〜9月●低●キク科

ノメイガ亜科 ノメイガ族
シロモンクロノメイガ
Anania funebris
●10〜11㎜●北海道〜四国●6〜8月●山●未知

ノメイガ亜科 ノメイガ族
アワノメイガ
Ostrinia furnacalis
●14〜15㎜●本州〜九州、対馬●6〜8月●低〜山●トウモロコシ、アワの茎、キビの茎

ノメイガ亜科 ノメイガ族
アズキノメイガ
Ostrinia scapulalis
●13㎜前後●北海道〜九州、対馬●6、8月●低〜山●フキ、オナモミ、ジャガイモ、アズキ、インゲンマメ

ノメイガ亜科 ノメイガ族
ゴボウノメイガ
Ostrinia zealis
●13〜14㎜●本州、九州、対馬●6、8〜9月●低〜山●キク科

ノメイガ亜科 ノメイガ族
シナチクノメイガ
Eumorphobotys eumorphalis
●15〜18㎜●本州●4〜9月●低●タケ類●2021年日本初記録の外来種

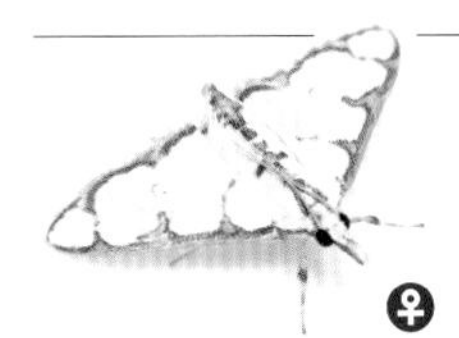

ノメイガ亜科 ヒゲナガノメイガ族
モンキシロノメイガ
Cirrhochrista brizoalis
●9〜10mm●本州〜九州、対馬、南西諸島●5〜8月●低●イヌビワなどクワ科

ノメイガ亜科
ヒゲナガノメイガ族
クビシロノメイガ
Piletocera aegimiusalis
●10mm前後●本州〜九州、対馬、屋久島、奄美大島、徳之島、沖縄本島●8〜11月●低●未知

ノメイガ亜科 ヒゲナガノメイガ族
シロオビナカボカシノメイガ
Cangetta rectilinea
●6〜7mm●本州〜九州、南西諸島●3〜11月●低〜山●シラタマカズラ●暖地性

ノメイガ亜科 ヒゲナガノメイガ族
エグリノメイガ
Diplopseustis perieresalis
●7〜10mm●北海道〜九州●6〜9月●低〜山●未知

ノメイガ亜科 ヒゲナガノメイガ族
ミツテンノメイガ
Mabra charonialis
●8mm前後●北海道〜九州、対馬、種子島、屋久島●6、8〜9月●低〜山●枯葉

ノメイガ亜科 ヒゲナガノメイガ族
ゴマダラノメイガ
Pycnarmon lactiferalis
●11mm前後●北海道〜九州、対馬、屋久島、沖縄本島●5〜9月●低〜山●未知

ノメイガ亜科 ヒゲナガノメイガ族
クロオビノメイガ
Pycnarmon pantherata
●13mm前後●北海道〜九州、対馬●5〜8月●低〜山●カシワ

ノメイガ亜科 ヒゲナガノメイガ族
シロオビノメイガ
Spoladea recurvalis
●9〜10mm●北海道〜九州、対馬、南西諸島●6〜11月●低〜山●ヒユ科、ウリ科、ハマミズナ科●原っぱに多い

ノメイガ亜科 ヒゲナガノメイガ族
アヤナミノメイガ
Eurrhyparodes accessalis
●9.5mm前後●本州〜九州、対馬、南西諸島●5〜9月●低●ムラサキイノコヅチ

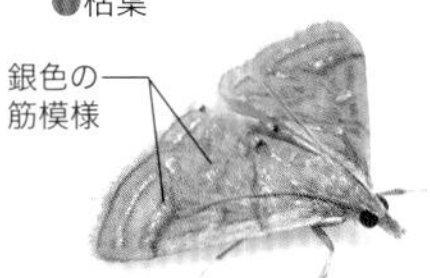
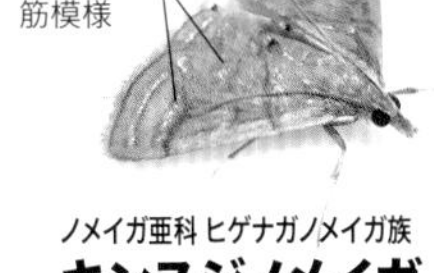

ノメイガ亜科 ヒゲナガノメイガ族
キンスジノメイガ
Daulia afralis
●9mm前後●本州〜九州、南西諸島●6〜10月●低●ナンバンギセル●暖地性

ノメイガ亜科 ヒゲナガノメイガ族
ウスムラサキノメイガ
Agrotera nemoralis
●8mm前後●北海道、本州、九州、対馬●5〜8月●低〜山●クマシデ、ハシバミ、ブナ科クリ属、ブナ科コナラ属、ウツギ

ノメイガ亜科 ヒゲナガノメイガ族
クロウスムラサキノメイガ
Agrotera posticalis
●9mm前後●本州〜九州、対馬、屋久島●5〜6、8〜19月●低〜山●クヌギ、コナラ

ノメイガ亜科
ヒゲナガノメイガ族
フタマタノメイガ
Pagyda arbiter
●9.5mm前後●北海道〜九州、対馬、屋久島、沖縄本島●5〜6、8〜9月●低〜山●未知

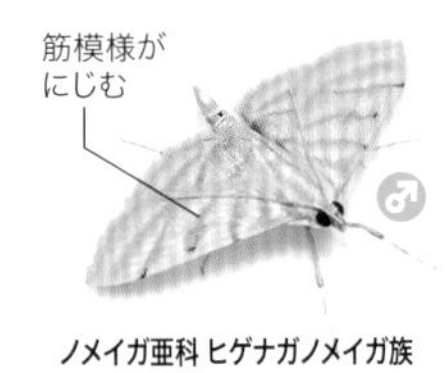

ノメイガ亜科 ヒゲナガノメイガ族
マタスジノメイガ
Pagyda quinquelineata
●10mm前後●北海道〜九州、対馬、種子島、屋久島、奄美大島●5、8〜9月●低〜山●ムラサキシキブ

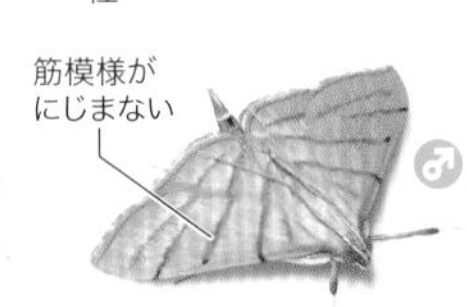

ノメイガ亜科 ヒゲナガノメイガ族
ヨスジノメイガ
Pagyda quadrilineata
●10〜12mm●北海道〜九州、対馬、種子島、屋久島●5〜6、8〜9月●低〜山●ムラサキシキブ

ノメイガ亜科 ヒゲナガノメイガ族
コブノメイガ
Cnaphalocrocis medinalis
●8〜9mm●北海道〜九州、対馬、南西諸島●5〜11月●低●イネ科

ノメイガ亜科 ヒゲナガノメイガ族
イネハカジノメイガ
Cnaphalocrocis exigua
●6.5mm前後●本州〜九州、対馬、種子島、屋久島●8〜9月●低●イネ科

ノメイガ亜科 ヒゲナガノメイガ族
シロモンノメイガ
Bocchoris inspersalis
●10mm前後●北海道〜九州、対馬、南西諸島●5〜6、8〜9月●低〜山●未知

ノメイガ亜科 ヒゲナガノメイガ族
シロヒトモンノメイガ
Analthes semitritalis
●14〜15mm●北海道〜九州、対馬●5〜6、8月●低〜山●未知

ノメイガ亜科 ヒゲナガノメイガ族
クロスジノメイガ
Tyspanodes striatus
●13〜14mm●北海道〜九州、対馬、種子島、屋久島●5〜9月●低〜山●キブシ、ミツバウツギ、ヤマボウシ

ノメイガ亜科 ヒゲナガノメイガ族
シロテンキノメイガ
Nacoleia commixta
●8mm前後●北海道〜九州、対馬、屋久島、奄美大島、沖縄本島●5〜9月●低〜山●未知

ノメイガ亜科
ヒゲナガノメイガ族
クロズノメイガ
Goniorhynchus exemplaris
●12mm前後●本州〜九州、対馬、屋久島●5〜9月●低〜山●ヘクソカズラ

ノメイガ亜科 ヒゲナガノメイガ族
キバラノメイガ
Omiodes noctescens
●18〜19mm●北海道〜九州、対馬、種子島、屋久島●5〜6、8月●低〜山●クズ

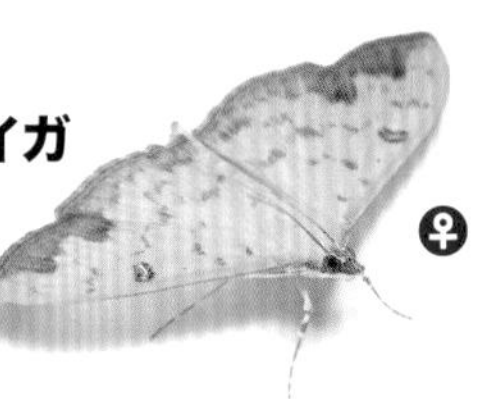

ノメイガ亜科 ヒゲナガノメイガ族
タイワンウスキノメイガ
Botyodes diniasalis
●15mm前後●北海道〜九州、対馬、南西諸島●8〜10月●低●ポプラ

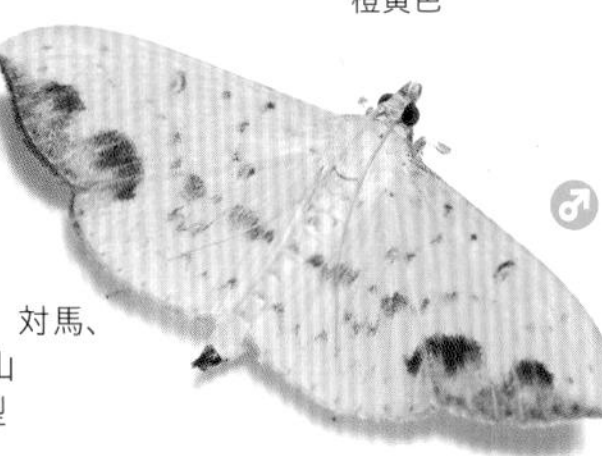

ノメイガ亜科 ヒゲナガノメイガ族
オオキノメイガ
Botyodes principalis
●20〜23mm●本州〜九州、対馬、南西諸島●6〜11月●低〜山●ネコヤナギ、ポプラ●大型

ノメイガ亜科 ヒゲナガノメイガ族
クロスジキンノメイガ
Pleuroptya balteata
●15㎜前後●本州～九州、対馬、種子島、屋久島、奄美大島●5～9月●低～山●ヌルデ、クヌギ、クリ

ノメイガ亜科 ヒゲナガノメイガ族
ウスイロキンノメイガ
Pleuroptya punctimarginalis
●13～14㎜●本州、九州、沖縄本島●5～6、8月●低●クズ、タイワンクズ、カエデ、トチノキ

ノメイガ亜科 ヒゲナガノメイガ族
シロハラノメイガ
Pleuroptya deficiens
●11㎜前後●北海道～九州、対馬、奄美大島、沖縄本島●5～8月●山●未知

ノメイガ亜科 ヒゲナガノメイガ族
オオキバラノメイガ
Pleuroptya harutai
●15～18㎜●北海道～九州、石垣島●7～8月●低～山●エンコウカエデ、イタヤカエデ、トチノキ

ノメイガ亜科 ヒゲナガノメイガ族
ホソミスジノメイガ
Pleuroptya chlorophanta
●12～13㎜●北海道～九州、対馬、屋久島●6～9月●低～山●キリ、ハクウンボク、クヌギ、ソメイヨシノ

ノメイガ亜科 ヒゲナガノメイガ族
ウスキモンノメイガ
Pleuroptya expictalis
●15㎜前後●北海道、本州、南西諸島●7～8月●低～山●未知

ノメイガ亜科 ヒゲナガノメイガ族
ヨツメノメイガ
Nagiella quadrimaculalis
●12㎜前後●北海道～九州、対馬、屋久島●6～9月●低～山●未知

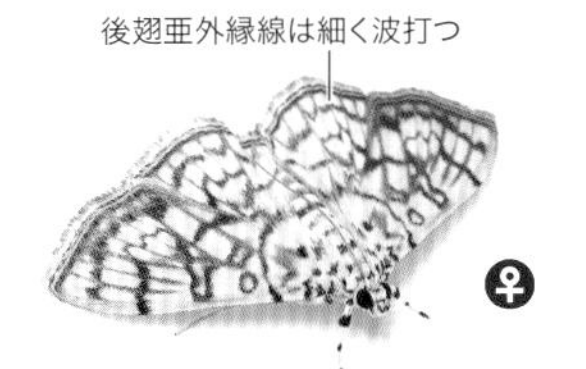

ノメイガ亜科 ヒゲナガノメイガ族
ワタノメイガ
Haritalodes derogatus
●14㎜前後●北海道～九州、対馬、南西諸島●5～9月●低～山●アオイ科

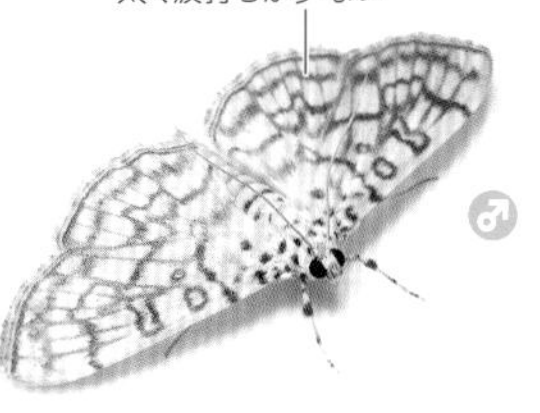

ノメイガ亜科 ヒゲナガノメイガ族
オオワタノメイガ
Haritalodes basipunctalis
●15㎜前後●北海道、本州、佐渡島●6～7月●低～山●ヒルムシロ属

ノメイガ亜科 ヒゲナガノメイガ族
モモノ ゴマダラノメイガ
Conogethes punctiferalis
●13㎜前後●北海道～九州、対馬、南西諸島●5～8月●低～山●バラ科、ブナ科、ミカン科、マツ科、アオイ科など広食性

ノメイガ亜科 ヒゲナガノメイガ族
タイワン モンキノメイガ
Syllepte taiwanalis
●17㎜前後●本州～九州、対馬●6～8月●低～山●ノブドウ●よく似たマツノゴマダラノメイガ黒斑がにじむ

ノメイガ亜科 ヒゲナガノメイガ族
クロヘリノメイガ
Syllepte fuscomarginalis
●13～14㎜●本州～九州●7～9月●低～山●テンニンソウ

ノメイガ亜科 ヒゲナガノメイガ族
モンシロクロノメイガ
Syllepte segnalis
●9～13㎜●北海道～九州、対馬●6、8月●低～山●未知

ノメイガ亜科 ヒゲナガノメイガ族
マエアカスカシノメイガ
Palpita nigropunctalis
●12～15㎜●北海道～九州、対馬、屋久島●2～12月●低～山●キンモクセイなどモクセイ科●温暖地ではほぼ通年見られる

ノメイガ亜科 ヒゲナガノメイガ族
ヒメシロノメイガ
Palpita inusitata
●12㎜前後●本州～九州、対馬、屋久島●5～10月●低●イボタノキ、ネズミモチ

ノメイガ亜科 ヒゲナガノメイガ族
ワタヘリクロノメイガ
Diaphania indica
●11㎜前後●北海道～九州、対馬、南西諸島●6～10月●低～山●アオイ科、クワ科、ウリ科

ノメイガ亜科 ヒゲナガノメイガ族
ツゲノメイガ
Cydalima perspectalis
●21㎜前後●北海道～九州、対馬、種子島、屋久島、沖縄本島●6～9月●低～山●ツゲ、マメツゲ●大型

ノメイガ亜科
ヒゲナガノメイガ族
スカシノメイガ ♀
Glyphodes pryeri
●12㎜前後●北海道～九州、対馬
●5～8月●低～山●マグワ、コウゾ

ノメイガ亜科
ヒゲナガノメイガ族
チビスカシノメイガ ♂
Glyphodes duplicalis
●12㎜前後●本州～九州、対馬
●6、9月●低～山●マグワ、コウゾ

ノメイガ亜科
ヒゲナガノメイガ族
クワノメイガ ♀
Glyphodes pyloalis
●11～12㎜●本州～九州、対馬、南西諸島●5～9月●低●クワ属

ノメイガ亜科
ヒゲナガノメイガ族
シロマダラノメイガ ♂
Glyphodes onychinalis
●10㎜前後●北海道～九州、対馬、南西諸島●5～8月●低●キョウチクトウ科

ノメイガ亜科 ヒゲナガノメイガ族
ヨツボシノメイガ ♂
Talanga quadrimaculalis
●17～18㎜
●北海道～九州
●5～9月
●低～山
●未知

ノメイガ亜科
ヒゲナガノメイガ族
シロフクロノメイガ ♂
Pygospila tyres
●20㎜前後●北海道～九州、対馬、屋久島
●7～8月●低～山●未知●大型

ノメイガ亜科
ヒゲナガノメイガ族
ツマグロシロノメイガ ♂
Polythlipta liquidalis
●17～18㎜●本州～九州、対馬、屋久島
●5～9月●低～山●イボタノキ

ノメイガ亜科
ヒゲナガノメイガ族
ナカキノメイガ ♂
Sameodes aptalis
●9～10㎜●本州～九州、屋久島、沖縄本島●7～9月●低●未知

ノメイガ亜科
ヒゲナガノメイガ族
キササゲノメイガ ♂
Sinomphisa plagialis
●15～16㎜●北海道～九州、対馬●5～6、8月
●低～山●キササゲの枝の内部

ノメイガ亜科
ヒゲナガノメイガ族
マメノメイガ ♂
Maruca vitrata
●12㎜前後●北海道～九州、対馬、南西諸島
●9～10月●低～山●マメ科

ノメイガ亜科
ヒゲナガノメイガ族
クロスカシトガリノメイガ ♂
Cotachena alysoni
●10㎜前後●本州～九州、対馬、石垣島
●5～6、8月●低～山●エノキ

ノメイガ亜科
ヒゲナガノメイガ族
スカシトガリノメイガ ♂
Cotachena pubescens
●10㎜前後●本州、九州、対馬●6～9月
●低～山●未知

ノメイガ亜科
ヒゲナガノメイガ族
ワモンノメイガ
Nomophila noctuella
●12㎜前後●北海道～九州、対馬、沖縄本島●8～12月●低●未知

ノメイガ亜科
ヒゲナガノメイガ族
シロテンウスグロノメイガ ♂
Bradina atopalis
●11㎜前後●本州～九州●6～9月●低●未知

ノメイガ亜科
ヒゲナガノメイガ族
アカウスグロノメイガ ♀
Bradina angustalis
●10～11㎜●本州～九州、対馬、屋久島●6～8月●低●未知

ノメイガ亜科
ヒゲナガノメイガ族

ヘリグロノメイガ

Herpetogramma cynarale

●11㎜前後●本州～九州、対馬、屋久島、奄美大島、沖縄本島●6～10月●低●未知●暖地性

ノメイガ亜科 ヒゲナガノメイガ族

ウスオビクロノメイガ

Herpetogramma fuscescens

●12～13㎜●本州～九州、屋久島、奄美大島●7月●低●未知

ノメイガ亜科 ヒゲナガノメイガ族

コキモンウスグロノメイガ

Herpetogramma pseudomagnum

●12～13㎜●本州～九州、対馬、屋久島●7～9月●低～山●未知

ノメイガ亜科 ヒゲナガノメイガ族

キマダラクロノメイガ

Herpetogramma ochrimaculale

●10㎜前後●本州、九州、対馬
●6、8～9月●山●未知

ノメイガ亜科
ヒゲナガノメイガ族

モンキクロノメイガ

Herpetogramma luctuosale

●11～12㎜●北海道～九州、対馬、南西諸島●6～9月●低～山●ブドウ、エビヅル、ヤブカラシ、ヤマブドウ、ノブドウ

ノメイガ亜科
ヒゲナガノメイガ族

シロアヤヒメノメイガ

Diasemia reticularis

●9㎜前後●北海道～九州、屋久島
●5～9月●低～山●コウゾリナ、オオバコ

ノメイガ亜科 ヒゲナガノメイガ族

モンシロルリノメイガ

Uresiphita tricolor

●10～11㎜●本州～九州、対馬
●6、8月●山●ウツギ

ノメイガ亜科 ヒゲナガノメイガ族

キアヤヒメノメイガ

Diasemia accalis

●7.5㎜前後
●北海道～九州、対馬、南西諸島●4～9月●低
●コウゾリナ、オオバコ

ノメイガ亜科 ヒゲナガノメイガ族

ウラジロキノメイガ

Uresiphita gracilis

●10～12㎜●北海道～九州
●6～8月●低●未知

ノメイガ亜科 ヒゲナガノメイガ族

シュモンノメイガ

Uresiphita suffusalis

●15㎜前後●本州、四国●6～7月
●低～山●未知

ノメイガ亜科
ヒゲナガノメイガ族

モンスカシキノメイガ

Pseudebulea fentoni

●13～14㎜●北海道～九州、対馬
●7月●低～山●未知

ノメイガ亜科 ヒゲナガノメイガ族

チャモンノメイガ

Udea stigmatalis

●13㎜前後●北海道、本州
●5～6、8～9月●山●アオミズ

ノメイガ亜科 ヒゲナガノメイガ族

クロモンキノメイガ

Udea testacea

●9㎜前後●本州～九州、対馬、南西諸島●5、8～11月●低
●アブラナ科、マメ科
●冬でも暖かい日が続くと現れる

イカリモンガのなかま

昼行性で翅を垂直に立ててとまり、色も鮮やかなためチョウに間違われることが多いなかま。日本からは2種のみが知られる。夏に羽化する世代はそのまま越冬し、翌春に再び活動する点でもタテハチョウのなかまの一部と似ている。

イカリモンガ亜科
イカリモンガ
Pterodecta felderi
●20㎜前後●北海道〜九州●4〜5、7〜8月●低〜山●イノデ属などのシダ類

カギバガのなかま

横長で翅頂が鉤羽状の種が多いカギバガ亜科と、ヤガ科のヨトウガなどに似たフォルムのトガリバガ亜科などから構成される。カギバガには不思議な模様、トガリバガには繊細で幾何学的な模様を持つ種がいる。樹液や花蜜、灯火によく集まる。

カギバガ亜科
マエキカギバ
Agnidra scabiosa
●16㎜前後●北海道〜九州、対馬●4〜5、7〜9月●低〜山●クヌギ、コナラ、クリ

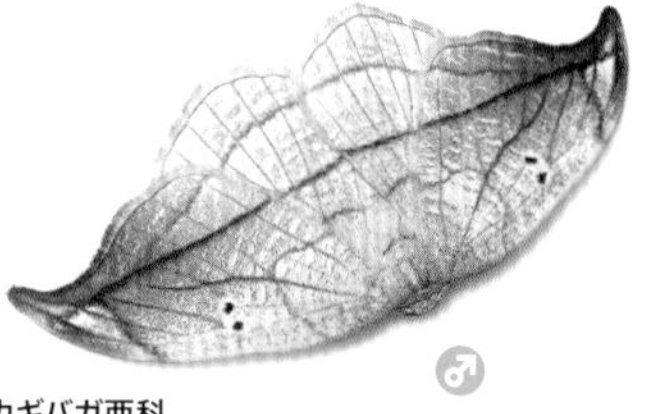

カギバガ亜科
オガサワラカギバ
Microblepsis acuminata
●18〜19㎜●本州〜九州●6〜8月●山●ツノハシバミ、サワシバ、オニグルミ、イヌシデ

特異な丸いフォルム

カギバガ亜科
ヒメハイイロカギバ
Pseudalbara parvula
●12〜14㎜●北海道〜九州●5〜9月●低〜山●ノグルミ、オニグルミ、サワグルミ

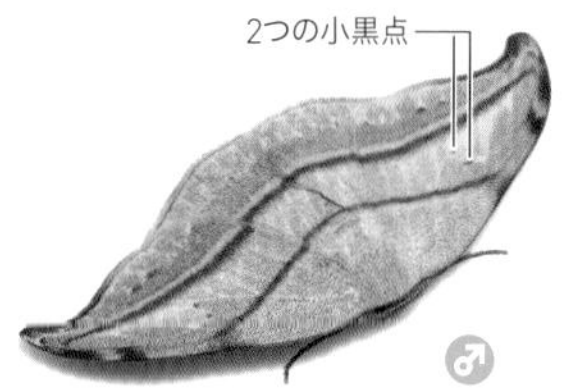

カギバガ亜科
ヤマトカギバ
Nordstromia japonica
●15㎜前後●本州〜九州、対馬●4〜6、8〜9月●低●コクヌギ、コナラ、クリなど（ブナ科）

カギバガ亜科
エゾカギバ
Nordstromia grisearia
●14〜15㎜●北海道、本州、九州●4〜9月●山●ブナ、ツノハシバミ、ダケカンバ、ミズナラ

カギバガ亜科
ウスオビカギバ
Sabra harpagula
●18〜22㎜●北海道〜九州●7〜8月●山●シラカンバ、ダケカンバ

カギバガ亜科
オビカギバ
Drepana curvatula
●18〜22㎜●北海道〜九州●4〜9月●山●ヤマハンノキ、シラカンバなどカバノキ科

カギバガ亜科
ウコンカギバ
Tridrepana crocea
●15〜20㎜●本州〜九州、対馬、屋久島●5〜10月●低〜山●カシ類、クヌギなど（ブナ科）

カギバガ亜科
ギンモンカギバ
Callidrepana patrana
●17～20㎜●北海道～九州、対馬
●4～10月●低～山●ヌルデ

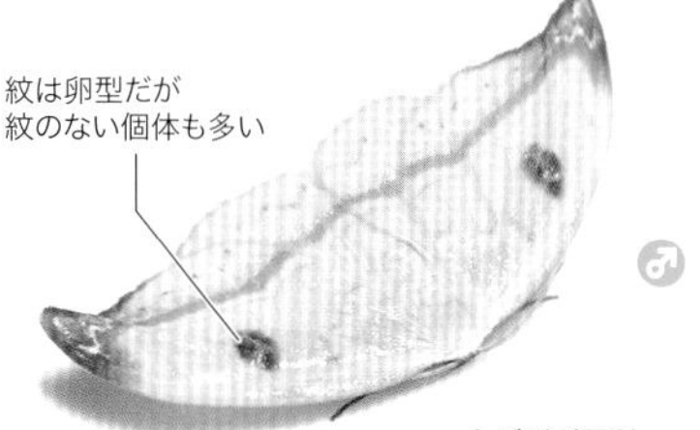

カギバガ亜科
ウスイロカギバ
Callidrepana palleola
●17～20㎜●北海道～九州、対馬
●4～5、7～8月●低～山●ウルシ、ヤマウルシ、ツタウルシ

カギバガ亜科
フタテンシロカギバ
Ditrigona virgo
●13～14㎜●北海道～九州、対馬、屋久島
●4～9月●低～山●ミズキ、クマノミズキ

カギバガ亜科
ホシベッコウカギバ
Deroca inconclusa
●20～22㎜●本州～九州、対馬、屋久島
●5～9月●低～山●クマノミズキ、ヤマボウシ

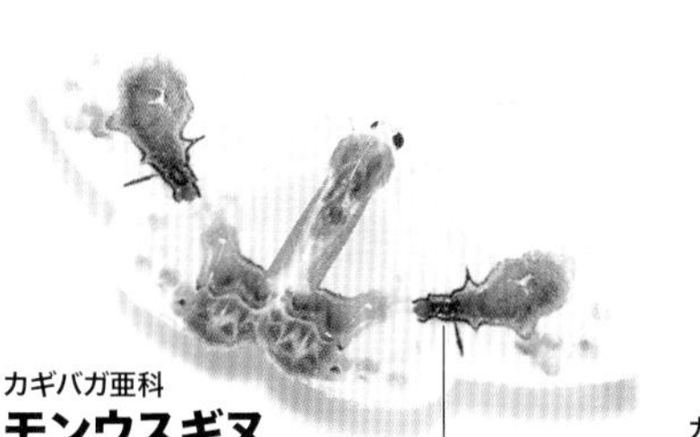

カギバガ亜科
モンウスギヌカギバ
Macrocilix maia
●20～23㎜●本州～九州、対馬
●4～10月●低～山●アラカシ、シラカシ

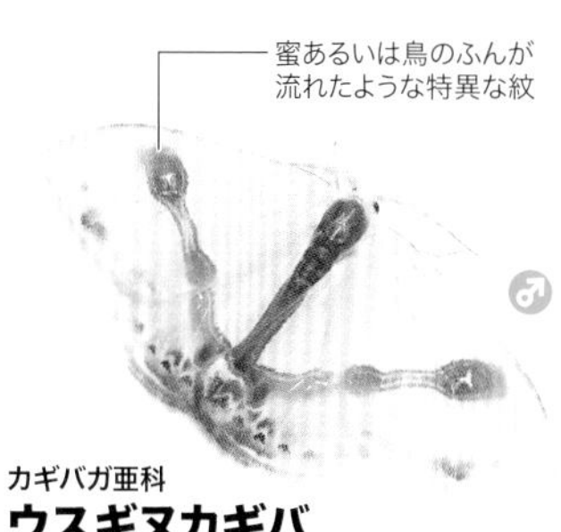

カギバガ亜科
ウスギヌカギバ
Macrocilix mysticata
●19㎜前後●本州～九州、対馬、奄美大島
●3～5、7～10月●低～山●カシ類、クヌギなど（ブナ科）

カギバガ亜科
マダラカギバ
Callicilix abraxata
●20～24㎜●北海道～九州、屋久島
●7～9月●低～山●ミズキ、クマノミズキ、ヤマボウシ

カギバガ亜科
ヒトツメカギバ
Auzata superba
●20㎜前後●北海道～九州、対馬
●6～10月●低～山
●ミズキ、クマノミズキ

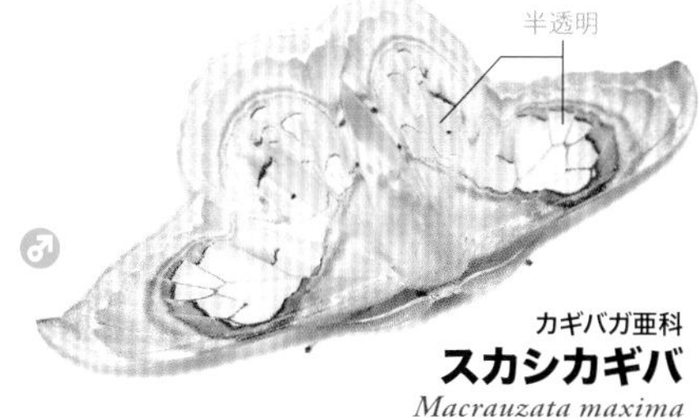

カギバガ亜科
スカシカギバ
Macrauzata maxima
●26～27㎜●本州～九州、対馬、屋久島、種子島、奄美大島、沖縄本島●5～8、10～11月●低～山
●カシ類、クヌギなど（ブナ科）

カギバガ亜科
アカウラカギバ
Hypsomadius insignis
●18～24㎜●本州～九州、対馬、南西諸島●5～10月●低～山
●ユズリハ、ヒメユズリハ（ユズリハ科）

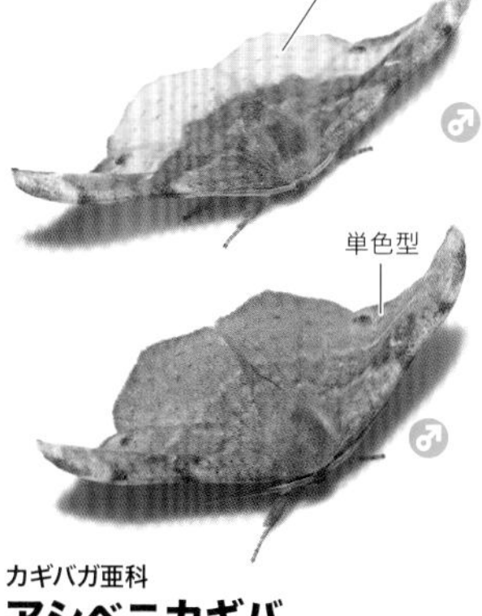

カギバガ亜科
アシベニカギバ
Oreta pulchripes
●16～17㎜●本州～九州、対馬、屋久島●5～9月●低～山●ガマズミ、サンゴジュなど（レンプクソウ科）

カギバガ亜科
クロスジカギバ
Oreta turpis
●18㎜前後●北海道～九州●5～9月
●低～山●ガマズミ、サンゴジュなど（レンプクソウ科）

オオカギバガ亜科
ギンスジカギバ
Mimozethes argentilinearia
●15～17㎜●北海道～九州
●6～7、9月●低～山●ウリノキ

オオカギバガ亜科
オオカギバ
Cyclidia substigmaria
●35～40㎜●北海道～九州、対馬、屋久島
●5～6、8～9月●低～山
●ウリノキ（ミズキ科）
●日本最大のカギバガ

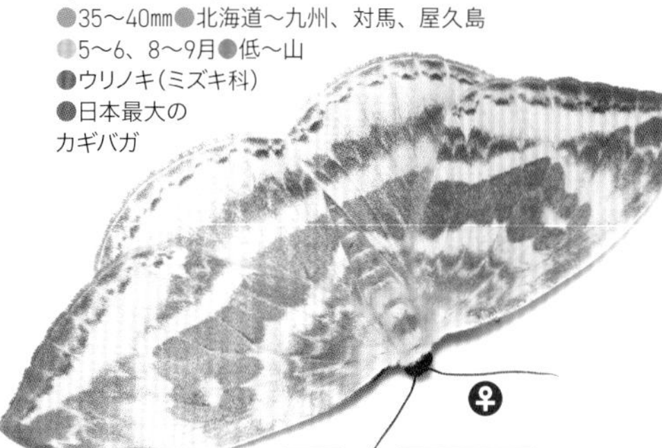

トガリバガ亜科
ナガトガリバ
Euparyphasma maximum
●27～29mm●本州～九州、対馬
◐6～7月●山●ヤマボウシ、ミズキ
●大型

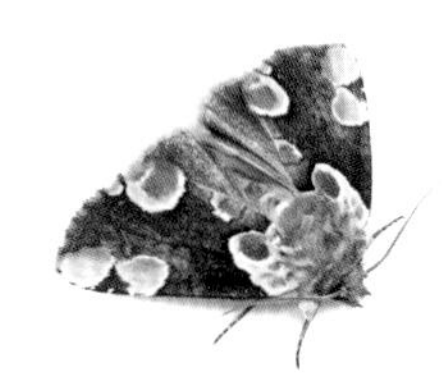

トガリバガ亜科
モントガリバ
Thyatira batis
●17mm前後●北海道～九州、対馬、南西諸島◐5～10月●低～山
●エビガライチゴ、カジイチゴ、クロイチゴ、モミジイチゴ

トガリバガ亜科
キマダラトガリバ
Macrothyatira flavida
●21～23mm●北海道、本州、九州
◐7～8月●山●オオカメノキ
●寒地性

トガリバガ亜科
ウスベニトガリバ
Monothyatira pryeri
●20mm前後●北海道～九州
◐3～4月●低～山
●ミズキ、ヤマボウシ

トガリバガ亜科
ヒメウスベニトガリバ
Habrosyne aurorina
●16mm前後●北海道～九州
◐5～9月●低～山●コゴメウツギ、モミジイチゴ

トガリバガ亜科
ウスベニアヤトガリバ
Habrosyne dieckmanni
●17～19mm●北海道～四国
◐7～8月●山●キイチゴ類

トガリバガ亜科
アヤトガリバ
Habrosyne pyritoides
●18mm前後●北海道～九州、対馬
◐5～6、9～10月●低～山
●クサイチゴ

トガリバガ亜科
オオアヤトガリバ
Habrosyne fraterna
●22mm前後●本州～九州、対馬、屋久島、奄美大島、沖縄本島
◐5～6、9～10月●低～山
●クサイチゴ

トガリバガ亜科
フタテントガリバ
Ochropacha duplaris
●17mm前後●北海道、本州
◐7～8月●山●シラカンバ

トガリバガ亜科
ヒトテントガリバ
Tetheella fluctuosa
●20mm前後●北海道～四国
◐5～10月●山
●クマシデ、サワシバ

トガリバガ亜科
オオバトガリバ
Tethea ampliata
●21mm前後●北海道～九州、対馬
◐6～7月●低～山
●クヌギ、コナラなど(ブナ科)

トガリバガ亜科
ホソトガリバ
Tethea octogesima
●20～21mm●北海道～九州
◐5～8月●低～山●クヌギ

トガリバガ亜科
ナカジロトガリバ
Nemacerota suzukiana
●20mm前後●本州～九州、対馬
◐10～11月●山●ヤマザクラ

トガリバガ亜科
ウスジロトガリバ
Parapsestis albida
●20mm前後●北海道～九州
◐5～8月●山●ブナ

トガリバガ亜科
ギンモントガリバ
Parapsestis argenteopicta
●22mm前後●北海道～九州、対馬
◐5～7月●山●ケヤキ、シナノキ

トガリバガ亜科
ネグロトガリバ
Mimopsestis basalis
●20～21mm●北海道～九州
◐6～8月●低～山●オニグルミ

トガリバガ亜科
サカハチトガリバ
Kurama mirabilis
●19mm前後●北海道～九州◐3～4月●低～山●クヌギ、カシワ、ミズナラ、アカガシ

トガリバガ亜科
オオマエベニトガリバ
Tethea consimilis
●18～22mm●北海道～九州◐6～8月●低～山●ナナカマド、ソメイヨシノ、ウワミズザクラ

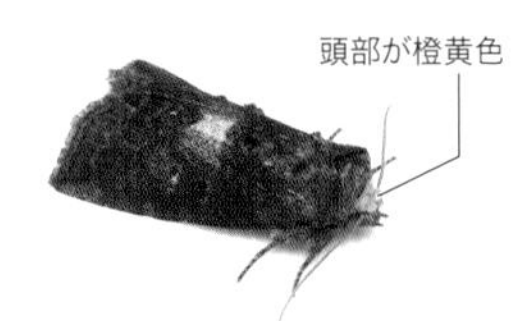

トガリバガ亜科
ニッコウトガリバ
Epipsestis nikkoensis
●14～15mm●本州～九州、対馬
◐9～12月●低～山●コナラ、サクラ

トガリバガ亜科
ムラサキトガリバ
Epipsestis ornata
●14～16mm●北海道～九州、対馬
◐10～11月●低～山●アラカシ、アカガシ、ミズナラ、コナラ、シラカシ、カシワ

トガリバガ亜科
ウスムラサキトガリバ
Epipsestis nigropunctata
●14〜15㎜●北海道〜四国●10月●山●未知

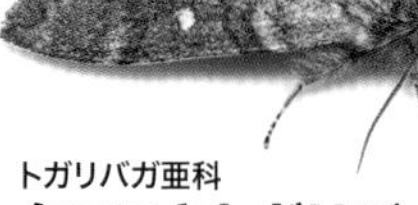

トガリバガ亜科
キボシミスジトガリバ
Achlya longipennis
●19〜20㎜●北海道、本州●4〜5月●山●未知

トガリバガ亜科
タマヌキトガリバ
Neodaruma tamanukii
●17〜19㎜●北海道、本州●4〜5月●山●シラカンバ、ダケカンバ

トガリバガ亜科
クラマトガリバ
Sugitaniella kuramana
●15㎜前後●本州〜九州●3〜4月●低〜山●クマシデ

トガリバガ亜科
ホシボシトガリバ
Demopsestis punctigera
●14〜15㎜●北海道〜九州●3〜4月●低〜山●クヌギ、ミズナラ、カシワ

トガリバガ亜科
マユミトガリバ
Neoploca arctipennis
●17㎜前後●北海道〜九州●3〜4月●低〜山●クヌギ、コナラなど（ブナ科）

トガリバガ亜科
ナミスジトガリバ
Mesopsestis undosa
●18㎜前後●本州〜九州●6、8月●山●サワグルミ

トガリバガ亜科
タケウチトガリバ
Betapsestis umbrosa
●15㎜前後●北海道〜九州●6〜8月●低〜山●ミズキ

アゲハモドキガのなかま

世界で30種に満たない小さなグループだが、種ごとの外見の違いははっきりしている。昼行性の種が多い。体内に食草由来の毒素を蓄積するジャコウアゲハに擬態しているというアゲハモドキがよく知られている。

アゲハモドキ
Epicopeia hainesii
●31〜39㎜●北海道〜九州、対馬●6〜8月●低〜山●ミズキ、クマノミズキ、ヤマボウシなど（ミズキ科）●昼行性だが灯火にも来る

フジキオビ
Schistomitra funeralis
●27㎜前後●本州〜九州●6月●山●ナツツバキ●昼行性

黄色い紋は地域によって全体あるいは部分的に白い変異がある ♂

キンモンガ
Psychostrophia melanargia
●20㎜前後●本州〜九州●6〜8月●低〜山●リョウブ●昼行性

ツバメガのなかま

シャクガ科に近いなかまだが、幼虫の腹脚は4対。鼓膜器官の場所に性差があり、チョウ目では例外的。成虫は林縁の葉上で見つかることが多い。フタオガ亜科は後翅をすぼめた独特のフォルムで静止する。別亜科のギンツバメも昼間草の葉の上に静止しておりよく目立つ。

♂は白い部分が少ない ♀

フタオガ亜科
クロフタオ
Epiplema styx
●10㎜前後●北海道〜九州●7〜8月●山●ナナカマド、ハシドイ

フタオガ亜科
クロホシフタオ
Dysaethria moza
●13㎜前後●北海道〜九州、対馬、種子島、屋久島、奄美大島●5〜6、8〜10月●低〜山●ガマズミ、コバノガマズミ、オトコヨウゾメ

フタオガ亜科
クロオビシロフタオ
Oroplema plagifera
●9㎜前後●北海道〜九州、対馬、屋久島●3〜10月●低〜山●ガマズミ、オオカメノキ

ギンツバメガ亜科
ギンツバメ
Acropteris iphiata
●15〜19㎜●北海道〜九州●6〜7、9〜10月●低〜山●ガガイモ、オオカモメヅル、コカモメヅル、トキワカモメヅル、ナンゴクカモメヅル

シャクガのなかま

とても種類の多いなかま。翅型はチョウに似るが、広げてとまる種が多い。幼虫はいわゆる「尺取り虫」で、腹脚の最後部を残して退化させた種がほとんど。成虫は摂食する種としない種がおり、♀が翅を退化させた「冬尺蛾」のなかまを含む。

カバシャク亜科
カバシャク
Archiearis parthenias
●16㎜前後●北海道、本州●4～5月●山●シラカンバなどカバノキ科●早春に出現

カバシャク亜科
クロフカバシャク
Archiearis notha
●16㎜前後●本州（東北地方、長野）●3～4月●山●ヤマナラシ、イタリアポプラなどヤナギ科●早春に出現するが局所的

エダシャク亜科
クロミスジシロエダシャク
Myrteta angelica
●23㎜前後●北海道～九州、南西諸島●6～10月●低～山●エゴノキ、ハクウンボク

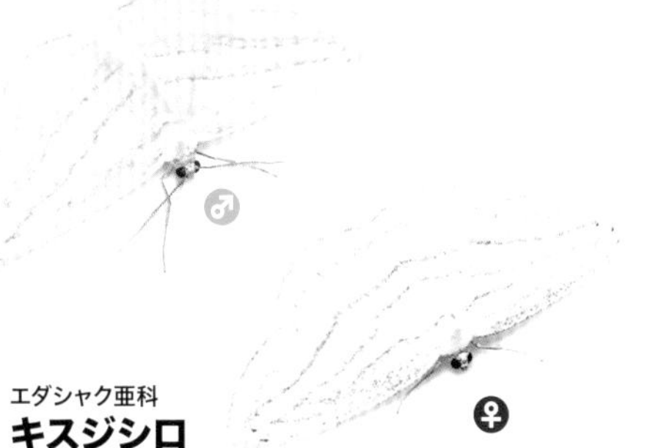

エダシャク亜科
キスジシロエダシャク
Orthocabera sericea
●16～18㎜●本州～九州、屋久島●4～5、8～9月●低～山●ナツツバキ、ヒメシャラ、ヤブツバキ

エダシャク亜科
ミスジシロエダシャク
Taeniophila unio
●16～20㎜●北海道～九州●6、8月●山●未知

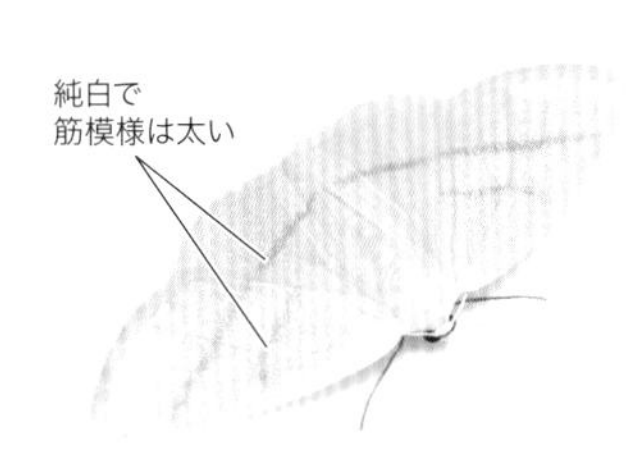

エダシャク亜科
ウスオビシロエダシャク
Lomographa nivea
●15㎜前後●北海道、本州、九州●5～6月●山●未知

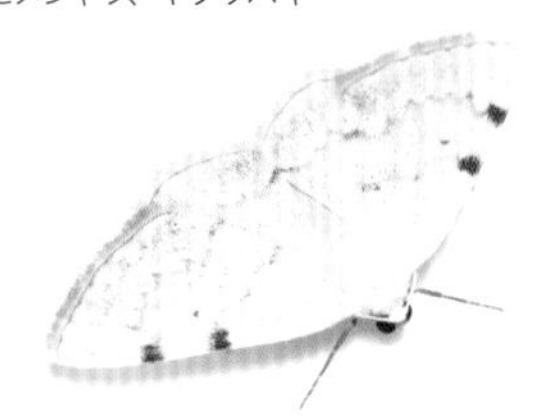

エダシャク亜科
フタホシシロエダシャク
Lomographa bimaculata
●13～14㎜●北海道～九州、対馬、屋久島●4～7月●低～山●サクラ類など（バラ科）

エダシャク亜科
ウスフタスジシロエダシャク
Lomographa subspersata
●13～14㎜●北海道～九州、対馬●4～6、8月●山●サクラ類、ズミなど（バラ科）

エダシャク亜科
バラシロエダシャク
Lomographa temerata
●14㎜前後●北海道～九州、対馬、屋久島●4～9月●低～山●バラ科

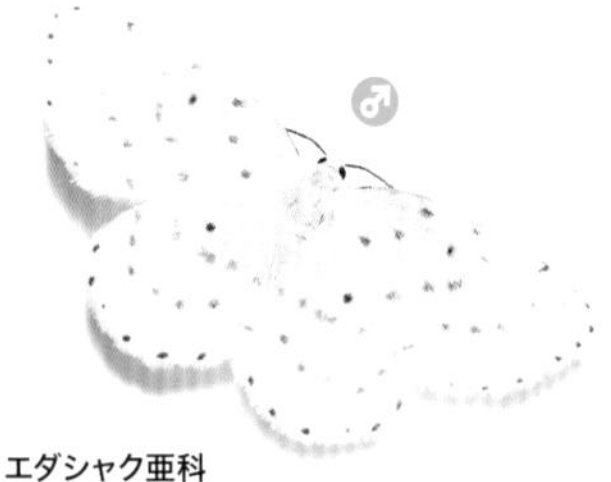

エダシャク亜科
ホシスジシロエダシャク
Myrteta punctata
●17㎜前後●北海道～九州●6～8月●低～山●ヤマモミジ

エダシャク亜科
シロオビヒメエダシャク
Lomaspilis opis
●13～14㎜●北海道、本州●6～8月●山●オオヤマザクラ、オノエヤナギ

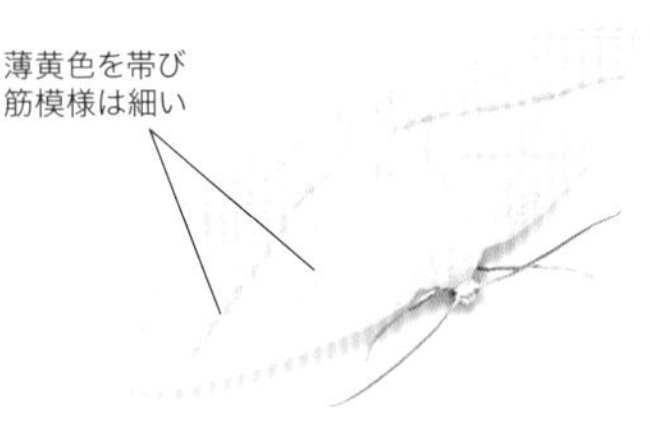

エダシャク亜科
ウスアオエダシャク
Parabapta clarissa
●14～15㎜●北海道～九州、対馬●5～7月●低～山●クヌギ、ミズナラ、クリ

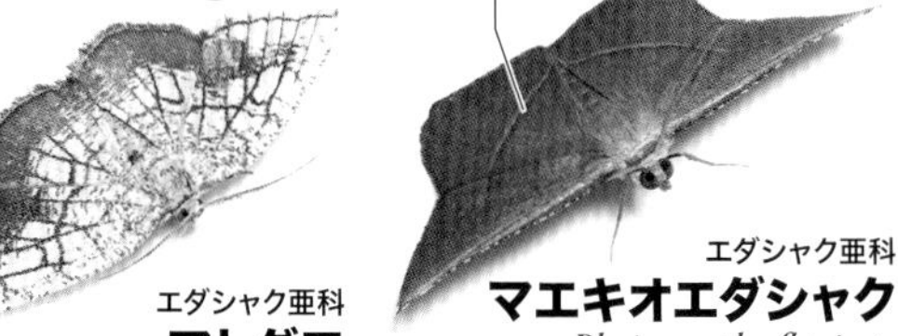

エダシャク亜科
アトグロアミメエダシャク
Cabera griseolimbata
●14㎜前後●北海道～九州、対馬●5～8月●山●未知

エダシャク亜科
マエキオエダシャク
Plesiomorpha flaviceps
●14㎜●本州～九州、対馬、南西諸島●4、6～8月●低～山●イヌツゲ、ソヨゴ、アオハダ、ミヤマウメモドキ、タラヨウ、ナナメノキ、クロガネモチ、ケヤキ

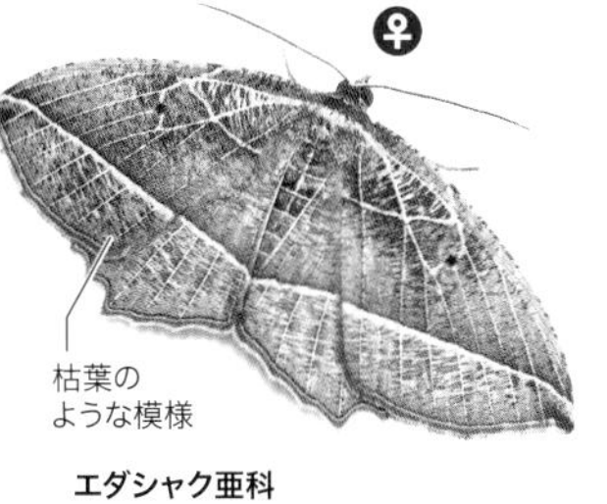

エダシャク亜科
シロミャクオエダシャク
Rhynchobapta eburnivena
●20㎜前後●本州～九州、対馬、屋久島●4、6～9月●低～山●未知

エダシャク亜科
ハグルマエダシャク
Synegia hadassa
●17㎜前後●本州～九州、対馬、屋久島●6～7月●低～山●イヌツゲ、アオハダ、ソヨゴ、ツクバネウツギ

エダシャク亜科
フタテンオエダシャク
Chiasmia defixaria
●14㎜前後●本州～九州、対馬、屋久島●5～9月●低●ネムノキ

エダシャク亜科
ウスオエダシャク
Chiasmia cinerearia
●11～12㎜●北海道～九州、対馬、南西諸島●5～9月●低●ハギ類●原っぱに多い

エダシャク亜科
ウスオビヒメエダシャク
Euchristophia cumulata
●13㎜前後●本州～九州●5～8月●山●ウリハダカエデ、ウリカエデ、ホザキカエデ

エダシャク亜科
クロハグルマエダシャク
Synegia esther
●16㎜前後●本州～九州、対馬、南西諸島●5～10月●低～山●クロガネモチ、イヌツゲなど（モチノキ科）

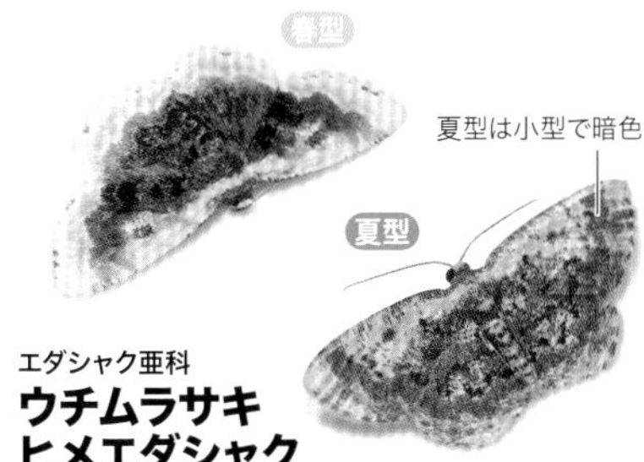

エダシャク亜科
ウチムラサキヒメエダシャク
Ninodes splendens
●8～10㎜●北海道～九州、対馬●5～8月●低●エノキ

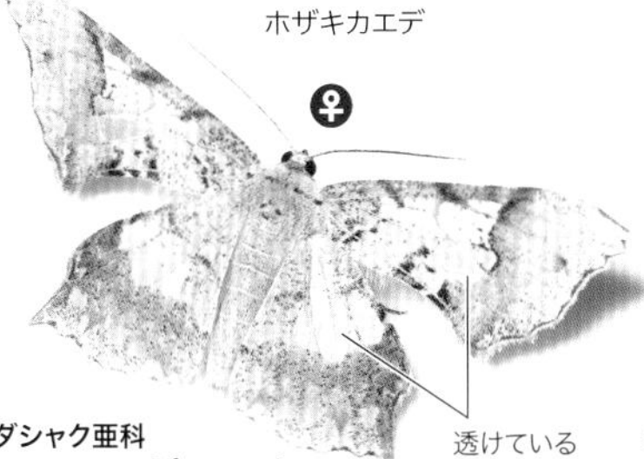

エダシャク亜科
スカシエダシャク
Krananda semihyalina
●24㎜前後●本州～九州、対馬、南西諸島●5～8月●低●未知●暖地性

エダシャク亜科
ツマジロエダシャク
Krananda latimarginaria
●20㎜前後●本州～九州、対馬、南西諸島●3～5、7～8、10～11月●低●クスノキなど（クスノキ科）

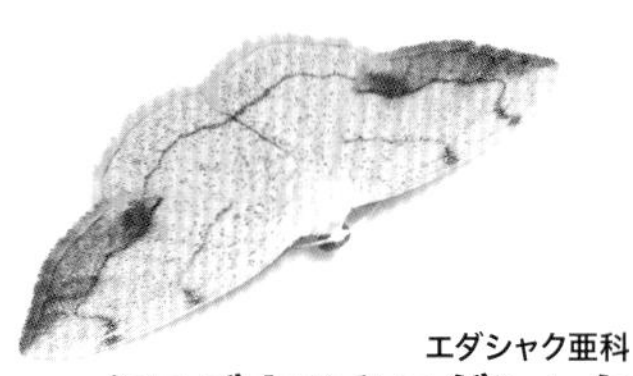

エダシャク亜科
クロズウスキエダシャク
Lomographa simplicior
●14㎜前後●本州～九州、対馬、屋久島●6～10月●低～山●ミズナラ、ズミ、マメザクラ、ナナカマド、ウワミズザクラ、クヌギ●秋に多い

エダシャク亜科
ヤマトエダシャク
Peratostega deletaria
●16㎜前後●本州～九州、対馬、屋久島、奄美大島●6、8～9月●低～山●ウラジロガシ

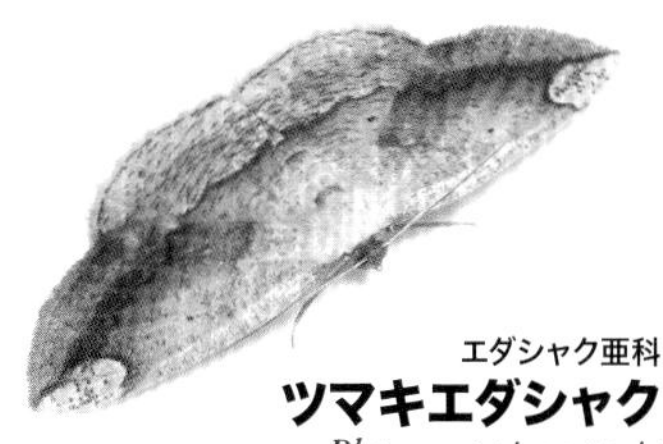

エダシャク亜科
ツマキエダシャク
Platycerota incertaria
●16㎜前後●北海道～九州、対馬●7～8月●低～山●イヌツゲ、ソヨゴ、ミヤマウメモドキ

エダシャク亜科
ウスゴマダラエダシャク
Metabraxas paucimaculata
●37㎜前後●北海道～四国●9～11月●低～山●モクレン●♀は出会いにくい

エダシャク亜科
ユウマダラエダシャク
Abraxas miranda

●25㎜前後●北海道～九州、対馬、南西諸島●5～6、8～10月●低～山●マサキなど（ニシキギ科）●似た数種がいる

エダシャク亜科
クロフシロエダシャク
Dilophodes elegans

●20～25㎜●本州～九州、対馬、南西諸島●3～5、7～8月●低～山●未知

エダシャク亜科
クロフオオシロエダシャク
Pogonopygia nigralbata

●25～26㎜●本州～九州、対馬、南西諸島●4、7～8月●低～山●シキミ

エダシャク亜科
ヒメマダラエダシャク
Abraxas niphonibia

●20㎜前後●北海道～九州、屋久島、奄美大島、沖縄本島●5～9月●低～山●ツルウメモドキ、クロヅルなど（ニシキギ科）

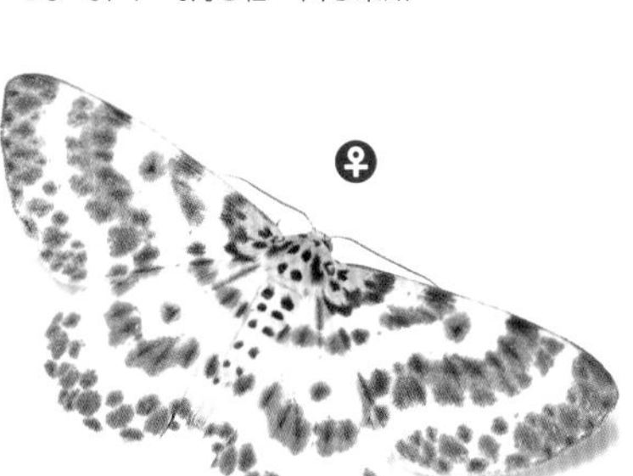

エダシャク亜科
オオシロエダシャク
Metabraxas clerica

●27～32㎜●北海道～九州、対馬●6～8月●低～山●未知●やや大型

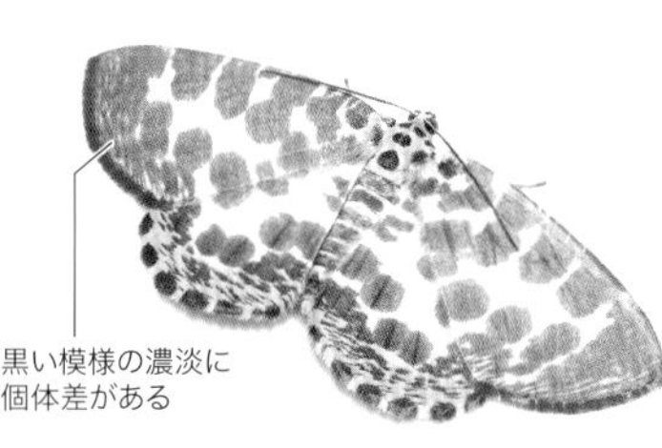

エダシャク亜科
シロジマエダシャク
Euryobeidia languidata

●23㎜前後●本州～九州、対馬、屋久島●7～8月●低～山●モチノキ

エダシャク亜科
オオゴマダラエダシャク
Parapercnia giraffata

●37㎜前後●本州～九州、対馬、種子島、屋久島●4～8月●低～山●カキノキなど（カキノキ科）●大型

エダシャク亜科
ゴマダラシロエダシャク
Antipercnia albinigrata

●28～32㎜●本州～九州、対馬●5～8月●低～山●アオモジ、ダンコウバイ、ヤマコウバシ、クロモジ●やや大型

エダシャク亜科
ウメエダシャク
Cystidia couaggaria

●22～26㎜●北海道～九州、対馬●6～7月●低～山●バラ科、ニシキギ科など●昼行性

エダシャク亜科
キシタエダシャク
Arichanna melanaria

●23㎜前後●北海道～九州●7～8月●山●アセビ、ミヤマキリシマ、レンゲツツジ、ヤマツツジ

エダシャク亜科
ヒロオビトンボエダシャク
Cystidia truncangulata

●24～30㎜●北海道～九州、対馬、屋久島●6～8月●低～山●ツルウメモドキ、マユミ●昼行性

エダシャク亜科
トンボエダシャク
Cystidia stratonice

●24～30㎜●北海道～九州、対馬、屋久島●6～8月●低～山●ツルウメモドキ●昼行性

エダシャク亜科
ヒョウモンエダシャク
Arichanna gaschkevitchii

●27㎜前後●北海道～九州、屋久島●6～9月●低～山●アセビ、ハナヒリノキ、レンゲツツジ、クロマメノキなど（ツツジ科）●昼間も飛ぶためチョウと間違われやすい

エダシャク亜科
ナカウス エダシャク
Alcis angulifera
●17㎜前後●本州～九州、屋久島、奄美大島●5～7、10月●低～山●マツ、ブナ、バラ科、ツバキ科、ツツジ科●高地にはよく似たヒメナカウスエダシャクがいる

エダシャク亜科
ウスバキ エダシャク
Pseuderannis lomozemia
●15㎜前後●北海道～九州、対馬●4～5月●低～山●ヒメヤシャブシ、クマシデ、イヌツゲ、コマユミ、ナツハゼ、エゴノキ、ハルニレ

エダシャク亜科
ウスバシロ エダシャク
Pseuderannis amplipennis
●15～19㎜●本州～九州●3～5月●山●コナラ、マンサク

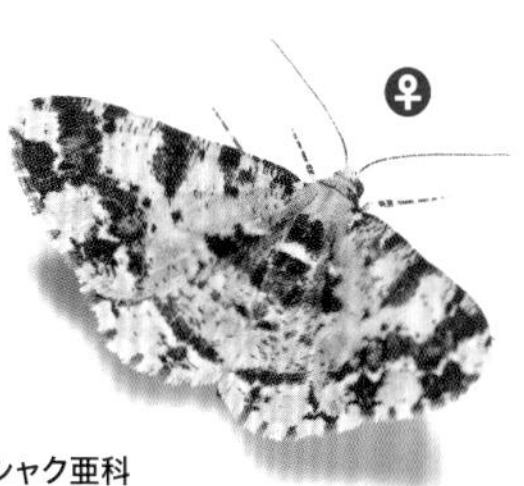

エダシャク亜科
オオナカホシエダシャク
Alcis pryeraria
●17～18㎜●北海道～九州、屋久島●5～7月●低～山●未知

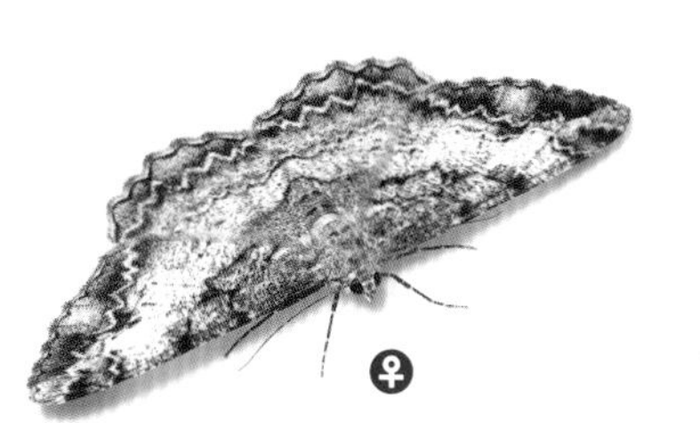

エダシャク亜科
シロシタオビエダシャク
Alcis picata
●22～26㎜●北海道、本州●7～9月●山●カラマツなど

エダシャク亜科
イツスジエダシャク
Alcis extinctaria
●21㎜前後●北海道、本州●7～8月●山●未知●高山帯にもいることがある

エダシャク亜科
キジマエダシャク
Arichanna tetrica
●20㎜前後●北海道～九州●4～5月●山●ガマズミ、オオカメノキ

エダシャク亜科
フタヤマ エダシャク
Rikiosatoa grisea
●20㎜前後●北海道～九州、対馬、屋久島●5～7、9月●低～山●アカマツ、クロマツ

エダシャク亜科
シロホシエダシャク
Arichanna albomacularia
●20～22㎜●北海道～九州●4～5月●低～山●未知

エダシャク亜科
ネグロ エダシャク
Ramobia basifuscaria
●20㎜前後●北海道～九州●9～10月●山●ホオノキ●秋に見られる

エダシャク亜科
フタキスジ エダシャク
Gigantalcis flavolinearia
●23～25㎜●北海道～四国●9～10月●山●サクラ類、ズミなど（バラ科）●秋に見られる

エダシャク亜科
マツオオエダシャク
Deileptenia ribeata
●20～27㎜●北海道～九州、対馬、屋久島●6～7、9月●低～山●カラマツ、アカトドマツ、モミ、ツタウルシ、キイチゴ類、ツルマサキ、コナラ、ミヤマキリシマ

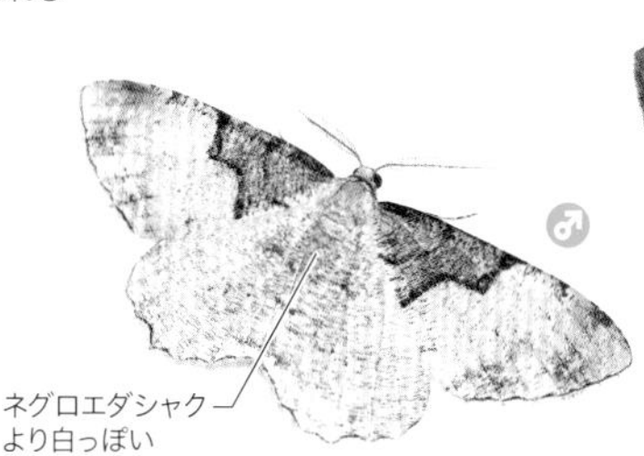

エダシャク亜科
ナカジロネグロエダシャク
Ramobia mediodivisa
●24～25㎜●北海道、本州●10～11月●山●未知●晩秋に見られる

エダシャク亜科
クロクモエダシャク
Apocleora rimosa
●16～23㎜●本州～九州、対馬、屋久島、奄美大島●5～9月●低～山●ヒノキ科

エダシャク亜科
ルリモンエダシャク
Cleora insolita
●17〜18㎜●北海道〜九州、屋久島●5〜6月●低〜山●コナラ、リンゴ、カスミザクラ、シラカンバ

エダシャク亜科
ヨモギエダシャク
Ascotis selenaria
●20㎜前後●北海道〜九州、対馬、種子島、屋久島、奄美大島●5〜6、8月●低〜山●クワ科、バラ科、マメ科、ミカン科、キク科、セリ科、ナス科、イチョウ科、ヒノキ科など極めて広食性

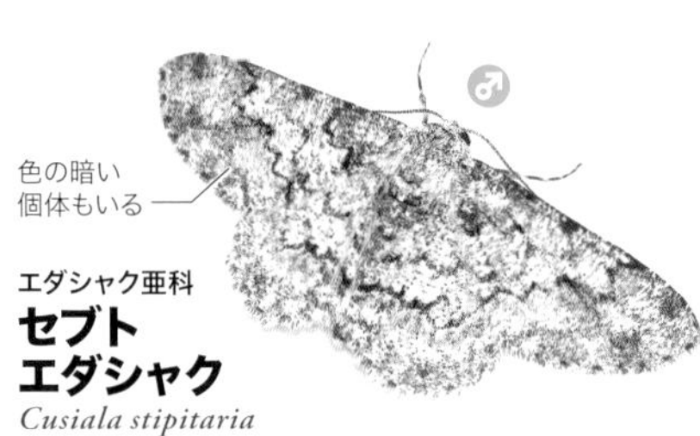

エダシャク亜科
セブト エダシャク
Cusiala stipitaria
●22〜24㎜●北海道〜九州、対馬、屋久島、奄美大島●4〜8月●低〜山●カバノキ科、ヤナギ科、バラ科、ミカン科、トウダイグサ科など広食性

エダシャク亜科
ウスジロエダシャク
Ectropis obliqua
●16〜20㎜●北海道〜九州、対馬●4〜8月●低〜山●ヤナギ科、クルミ科、ブナ科、バラ科、マメ科、ムクロジ科、スイカズラ科、マツ科など広食性

エダシャク亜科
ウスバミスジ エダシャク
Hypomecis punctinalis
●16〜21㎜●北海道〜九州、対馬、屋久島●5〜8月●低〜山●ヤナギ科、クルミ科、カバノキ科、ブナ科、ニレ科、クワ科、クスノキ科、バラ科、マメ科、ムクロジ科、グミ科など極めて広食性

エダシャク亜科
シロテン エダシャク
Cleora leucophaea
●18〜20㎜●北海道〜九州、対馬、屋久島●3〜5月●低〜山●ウラジロガシ、クリ、リンゴ、フジ●早春に見られる

赤褐色の紋が目立つ

エダシャク亜科
ウストビスジエダシャク
Ectropis aigneri
●18〜22㎜●北海道〜九州、対馬●5〜9月●山●サワグルミ、フサザクラ、ミズキ、カツラ

エダシャク亜科
フトフタオビエダシャク
Ectropis crepuscularia
●15〜20㎜●北海道〜九州、対馬、南西諸島●3〜10月●低〜山●ヤナギ科、クスノキ科、マメ科、ミカン科、トウダイグサ科、ツバキ科、ツツジ科、ミズキ科など広食性●夏の個体は小型化する

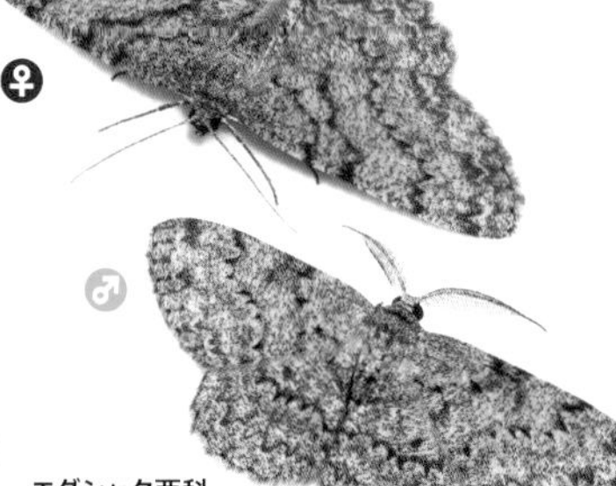

エダシャク亜科
アキバ エダシャク
Hypomecis akiba
●20〜22㎜●本州、九州、屋久島●6〜8月●低〜山●ミズナラ、カシワ、オニグルミ、アカメガシワ●やや局所的

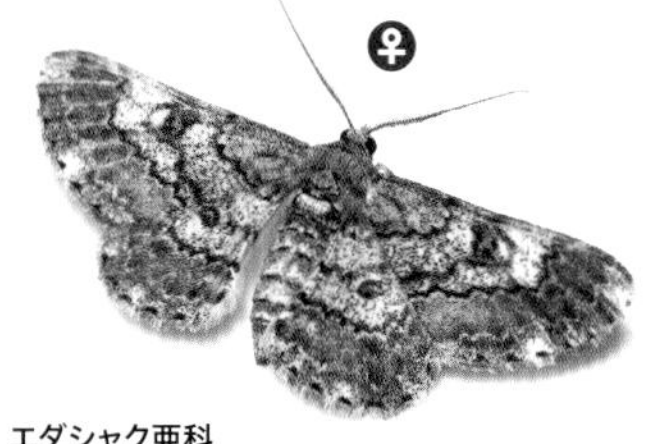

エダシャク亜科
フトスジエダシャク
Cleora repulsaria
●20㎜前後●本州〜九州、対馬、南西諸島●5、7、9月●低●センダン

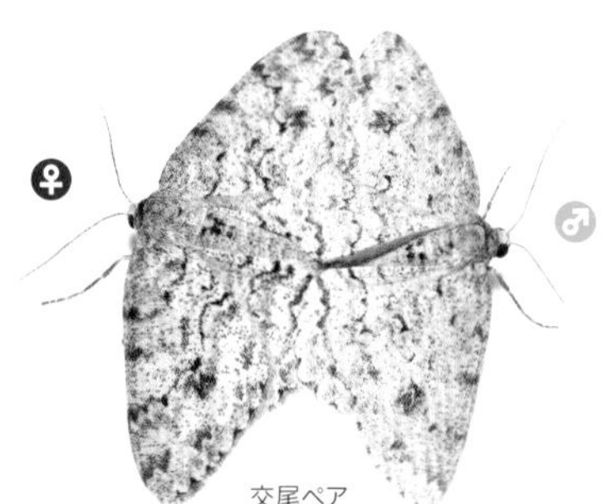
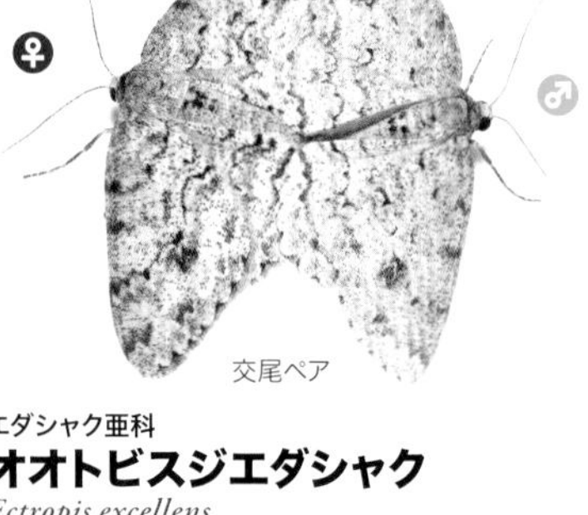

エダシャク亜科
オオトビスジエダシャク
Ectropis excellens
●18〜25㎜●北海道〜九州、対馬、南西諸島●4〜9月●低〜山●ヤナギ科、ヤマモモ科、カバノキ科、ブナ科、マンサク科、バラ科、マメ科、ツバキ科、キク科、イチョウ科、スギ科、スイカズラ科、アヤメ科、タデ科など極めて広食性●夏の個体は小型化する

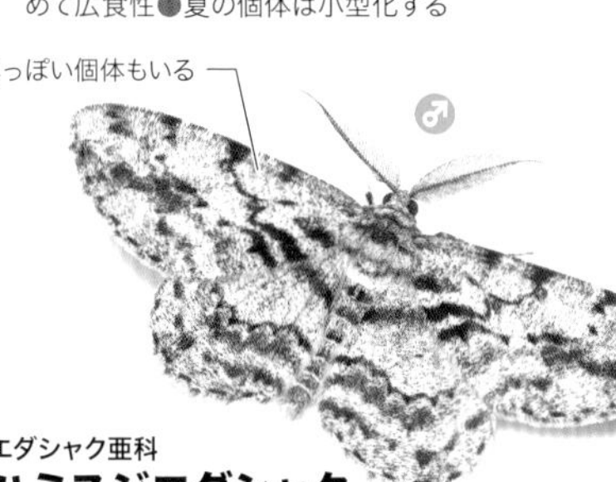

エダシャク亜科
ハミスジエダシャク
Hypomecis roboraria
●18〜29㎜●北海道〜九州、対馬●5〜7月●低〜山●ブナ科、バラ科など●大型だが夏の個体は小型化する

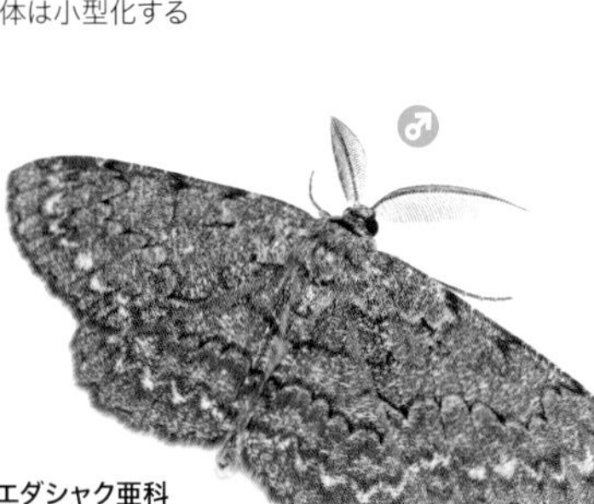

エダシャク亜科
オオバナミガタ エダシャク
Hypomecis lunifera
●23〜30㎜●北海道〜九州、対馬、屋久島●6〜7、9月●低〜山●バラ科、ブナ科、ニレ科、カバノキ科など広食性●秋の個体は小型化する

エダシャク亜科
ソトシロオビエダシャク
Calicha ornataria
●22mm前後●北海道～九州●5～9月●低～山●マユミ、コマユミ

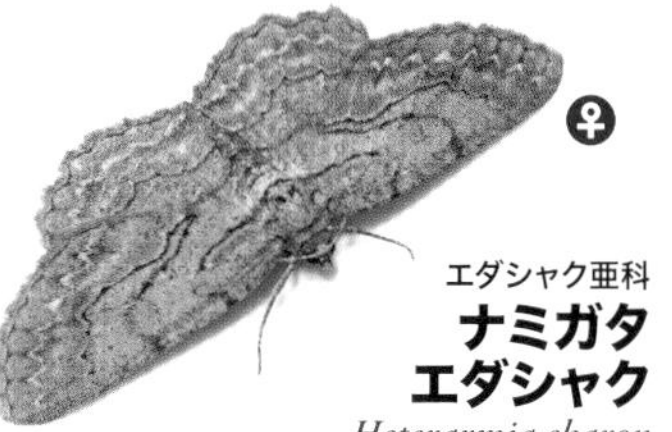

エダシャク亜科
ナミガタエダシャク
Heterarmia charon
●20～24mm●北海道～九州、対馬●5～6月●低～山●ソメイヨシノ、コナラ、アカガシ、マサキ、チャノキ、ウメ、エノキ

エダシャク亜科
オレクギエダシャク
Protoboarmia simpliciaria
●14～18mm●北海道～九州、対馬●5～9月●低～山●ハルニレ、ソメイヨシノ、ズミ、枯葉、樹皮●夏秋の個体は小型化する

エダシャク亜科
ヨツメエダシャク
Ophthalmitis albosignaria
●25～28mm●北海道～九州、対馬●5～9月●低～山●オニグルミ●やや大型

エダシャク亜科
シナトビスジエダシャク
Paradarisa consonaria
●20mm前後●北海道～九州、対馬●4～5月●山●コナラ、マルバマンサク、ハナヒリノキ、ナナカマド

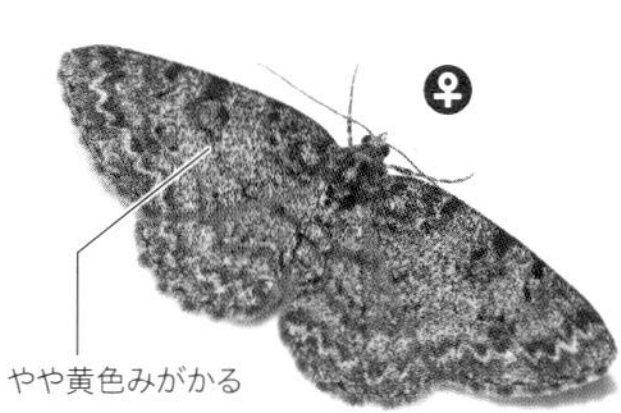

エダシャク亜科
ニセオレクギエダシャク
Protoboarmia faustinata
●13～18mm●北海道～九州●4～9月●低～山●スギ、ヒノキ、枯葉、樹皮●夏秋の個体は小型化する

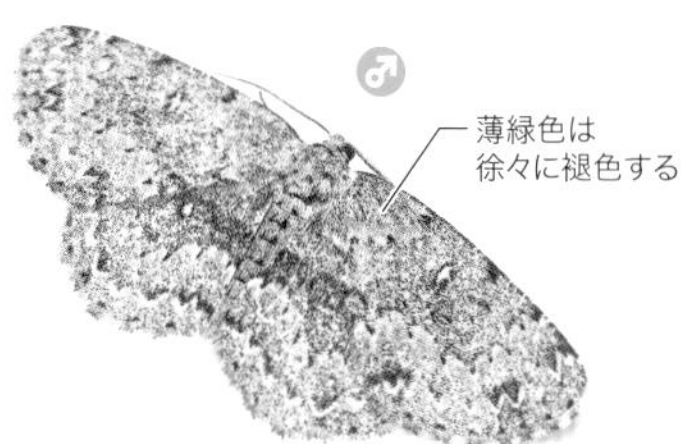

エダシャク亜科
コヨツメエダシャク
Ophthalmitis irrorataria
●21～24mm●北海道～九州●5～8月●山●ズミ、リンゴ、カイドウ、カマツカなど(バラ科)

エダシャク亜科
トビネオオエダシャク
Phthonosema invenustarium
●25～30mm●北海道～九州●5～8月●低～山●ヤナギ科、バラ科、ニシキギ科、ウコギ科、ミズキ科、ツツジ科、モクセイ科、スイカズラ科、ボタンヅル、シソ科など広食性●大型

エダシャク亜科
チャノウンモンエダシャク
Jankowskia fuscaria
●20～25mm●北海道～九州、対馬、屋久島●5～6、9月●低～山●チャノキ、コナラ、ソメイヨシノ、イヌツゲ

エダシャク亜科
シロスジオオエダシャク
Xandrames latiferaria
●29～35mm●北海道～九州●6、8月●山●ダンコウバイ●大型

エダシャク亜科
リンゴツノエダシャク
Phthonosema tendinosarium
●26～31mm●北海道～九州、対馬、屋久島、奄美大島●5～8月●低～山●ヤナギ科、ブナ科、ニレ科、バラ科、ムクロジ科、ツツジ科、キク科など広食性●やや大型

エダシャク亜科
ヒロオビオオエダシャク
Xandrames dholaria
●32～38mm●北海道～九州、対馬、屋久島●7～8月●山●ダンコウバイ、オオバクロモジ●大型

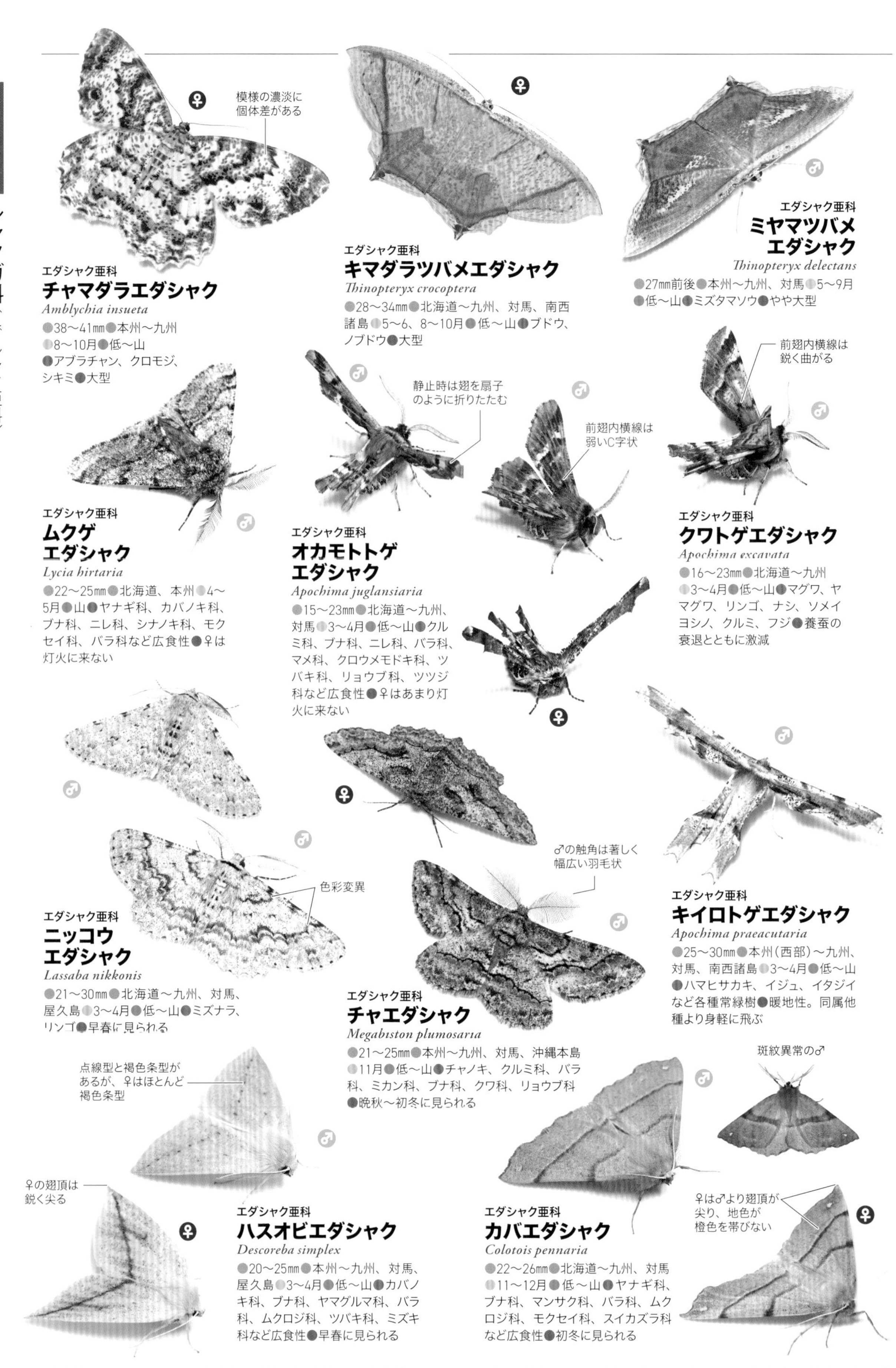

エダシャク亜科
チャマダラエダシャク
Amblychia insueta
●38〜41㎜●本州〜九州
●8〜10月●低〜山
●アブラチャン、クロモジ、シキミ●大型

エダシャク亜科
キマダラツバメエダシャク
Thinopteryx crocoptera
●28〜34㎜●北海道〜九州、対馬、南西諸島●5〜6、8〜10月●低〜山●ブドウ、ノブドウ●大型

エダシャク亜科
ミヤマツバメエダシャク
Thinopteryx delectans
●27㎜前後●本州〜九州、対馬●5〜9月●低〜山●ミズタマソウ●やや大型

エダシャク亜科
ムクゲエダシャク
Lycia hirtaria
●22〜25㎜●北海道、本州●4〜5月●山●ヤナギ科、カバノキ科、ブナ科、ニレ科、シナノキ科、モクセイ科、バラ科など広食性●♀は灯火に来ない

エダシャク亜科
オカモトトゲエダシャク
Apochima juglansiaria
●15〜23㎜●北海道〜九州、対馬●3〜4月●低〜山●クルミ科、ブナ科、ニレ科、バラ科、マメ科、クロウメモドキ科、ツバキ科、リョウブ科、ツツジ科など広食性●♀はあまり灯火に来ない

エダシャク亜科
クワトゲエダシャク
Apochima excavata
●16〜23㎜●北海道〜九州●3〜4月●低〜山●マグワ、ヤマグワ、リンゴ、ナシ、ソメイヨシノ、クルミ、フジ●養蚕の衰退とともに激減

エダシャク亜科
ニッコウエダシャク
Lassaba nikkonis
●21〜30㎜●北海道〜九州、対馬、屋久島●3〜4月●低〜山●ミズナラ、リンゴ●早春に見られる

エダシャク亜科
チャエダシャク
Megabiston plumosaria
●21〜25㎜●本州〜九州、対馬、沖縄本島●11月●低〜山●チャノキ、クルミ科、バラ科、ミカン科、ブナ科、クワ科、リョウブ科●晩秋〜初冬に見られる

エダシャク亜科
キイロトゲエダシャク
Apochima praeacutaria
●25〜30㎜●本州(西部)〜九州、対馬、南西諸島●3〜4月●低〜山●ハマヒサカキ、イジュ、イタジイなど各種常緑樹●暖地性。同属他種より身軽に飛ぶ

エダシャク亜科
ハスオビエダシャク
Descoreba simplex
●20〜25㎜●本州〜九州、対馬、屋久島●3〜4月●低〜山●カバノキ科、ブナ科、ヤマグルマ科、バラ科、ムクロジ科、ツバキ科、ミズキ科など広食性●早春に見られる

エダシャク亜科
カバエダシャク
Colotois pennaria
●22〜26㎜●北海道〜九州、対馬●11〜12月●低〜山●ヤナギ科、ブナ科、マンサク科、バラ科、ムクロジ科、モクセイ科、スイカズラ科など広食性●初冬に見られる

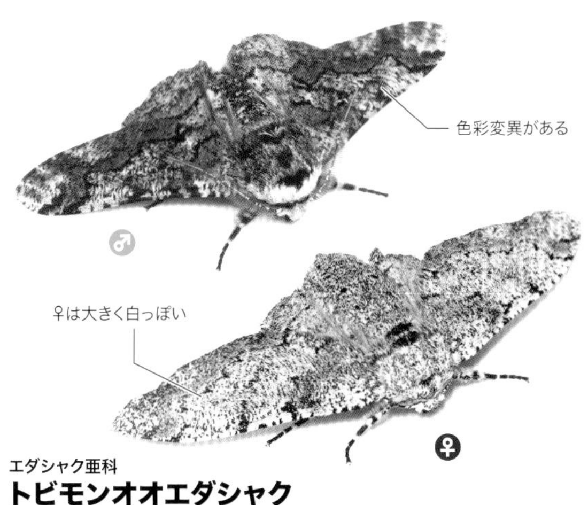

エダシャク亜科
トビモンオオエダシャク
Biston robusta

●25〜38㎜●北海道〜九州、対馬、屋久島●3〜4月●低〜山●ブナ科、ニレ科、バラ科、マメ科、ニシキギ科、ムクロジ科、ツバキ科、ミズキ科、モクセイ科、スイカズラ科など広食性●大型で早春に見られる

エダシャク亜科
チャオビトビモンエダシャク
Biston strataria

●23〜30㎜●北海道〜四国●3〜5月●低〜山●ブナ科、カバノキ科など広食性●やや局所的で♀は灯火に来ない

エダシャク亜科
オオシモフリエダシャク
Biston betularia

●22〜28㎜●北海道、本州●7〜8月●山●カラマツ、ハルニレ、ダケカンバ、ヤマハンノキ

エダシャク亜科
タケウチエダシャク
Biston takeuchii

●30〜38㎜●本州〜九州●4月●山●ヤマモモ●大型で局所的。♀は灯火にほとんど来ない

エダシャク亜科
ハイイロオオエダシャク
Biston regalis

●30〜40㎜●北海道〜九州、対馬●6〜8月●低〜山●ブナ科、ニレ科、ムクロジ科、スイカズラ科など広食性●大型で、♀はあまり灯火にこない

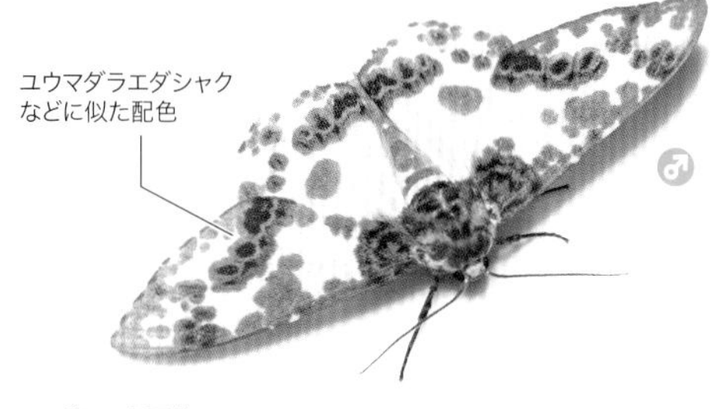

エダシャク亜科
キオビゴマダラエダシャク
Biston panterinaria

●25〜35㎜●北海道〜九州、対馬●6〜7月●低〜山●リンゴ、アブラギリ、サワグルミ、ヌルデ●♀はあまり灯火に来ない

エダシャク亜科
ウスイロオオエダシャク
Amraica superans

●30〜40㎜●北海道〜九州、対馬、屋久島●5〜7月●低〜山●マユミ、マサキなど(ニシキギ科)●大型

エダシャク亜科
アミメオオエダシャク
Mesastrape fulguraria

●35㎜前後●北海道〜九州●4〜6月●山●未知●大型で他に似た種はいない

♂

エダシャク亜科
ニトベエダシャク
Wilemania nitobei

●15〜17㎜●本州〜九州●11月●低〜山●カバノキ科、ブナ科、ニレ科、クワ科、マンサク科、バラ科、ムクロジ科、ツツジ科、モクセイ科、スイカズラ科など広食性●晩秋に見られる。他に似た種はいない

♂

エダシャク亜科
アトジロエダシャク
Pachyligia dolosa

●19㎜前後●北海道〜九州、対馬、屋久島●3〜4月●低〜山●クルミ科、カバノキ科、ブナ科、ニレ科、バラ科、ムクロジ科、ミズキ科など広食性●早春に見られる。一見ヤガのなかまに見える

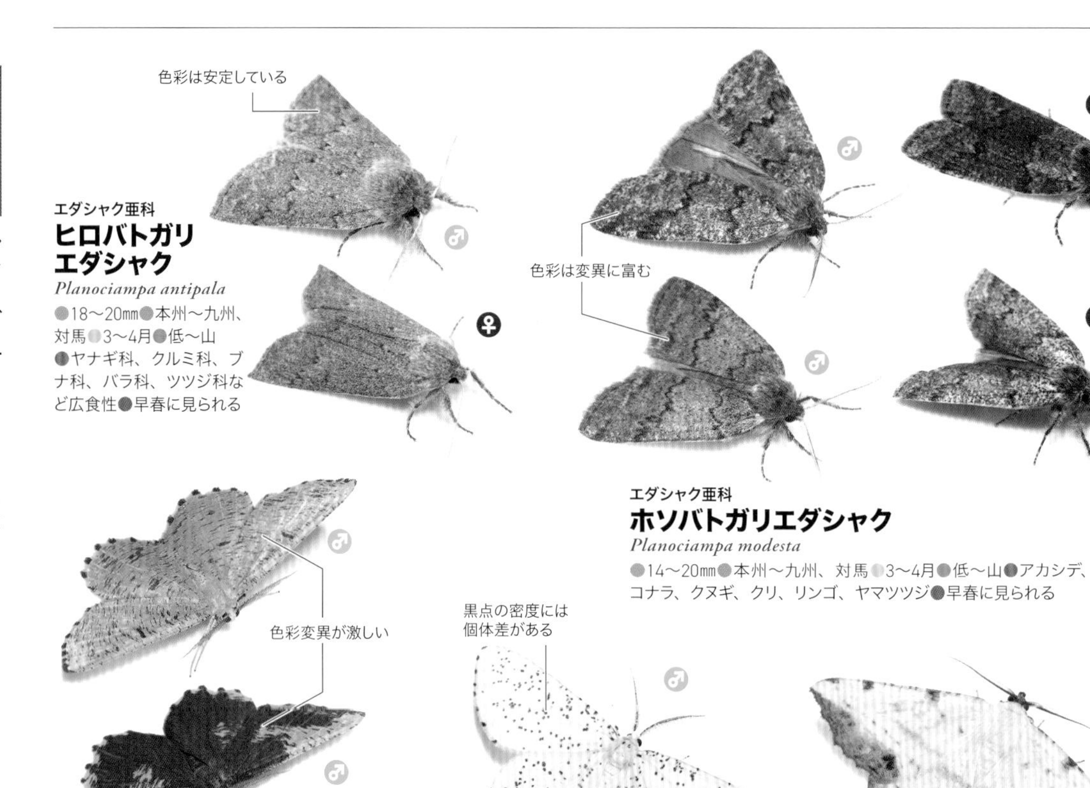

エダシャク亜科
ヒロバトガリエダシャク
Planociampa antipala

●18〜20㎜●本州〜九州、対馬●3〜4月●低〜山●ヤナギ科、クルミ科、ブナ科、バラ科、ツツジ科など広食性●早春に見られる

エダシャク亜科
ホソバトガリエダシャク
Planociampa modesta

●14〜20㎜●本州〜九州、対馬●3〜4月●低〜山●アカシデ、コナラ、クヌギ、クリ、リンゴ、ヤマツツジ●早春に見られる

黒点の密度には個体差がある

エダシャク亜科
スモモエダシャク
Angerona prunaria

●18〜23㎜●北海道、本州、四国●7〜8月●山●マツ科、ブナ科、カバノキ科、クルミ科、ヤナギ科など広食性

エダシャク亜科
ゴマフキエダシャク
Angerona nigrisparsa

●23㎜前後●北海道〜九州●5〜8月●低〜山●カバノキ科、ブナ科、ニレ科、マメ科、ムクロジ科、アワブキ科、ツツジ科、スイカズラ科、ミカン科など広食性

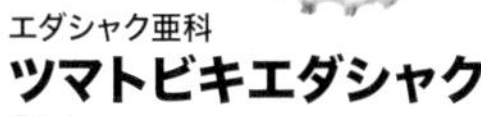

エダシャク亜科
ツマトビキエダシャク
Bizia aexaria

●20〜25㎜●北海道〜九州●5〜9月●低〜山●マグワなど

エダシャク亜科
クワエダシャク
Phthonandria atrilineata

●18〜24㎜●北海道〜九州、対馬●6、8〜9月●低〜山●マグワ（クワ科）●幼虫はマグワなどの枝に擬態する

エダシャク亜科
ギンスジエダシャク
Chariaspilates formosaria

●20〜22㎜●北海道〜九州、対馬●7〜8月●低〜山●ヨメナ、エニシダ

エダシャク亜科
ヒゲマダラエダシャク
Cryptochorina amphidasyaria

●24〜28㎜●北海道〜九州●3〜4月●低〜山●カバノキ科、アオイ科、ブナ科、クルミ科、ムクロジ科など広食性●早春に見られる

エダシャク亜科
シロモンクロエダシャク
Proteostrenia leda

●19〜20㎜●北海道〜九州●6〜8月●山●ニシキギ科

エダシャク亜科
クロモンキリバエダシャク
Psyra bluethgeni

●25㎜前後●本州〜九州●3〜4月●山●ブナ科、バラ科、ヤナギ科、ムクロジ科、タデ科など広食性●早春に見られる

エダシャク亜科
ハスオビカバエダシャク
Pseudaspilates obliquizona
●14㎜前後●本州●7〜10月●山●未知

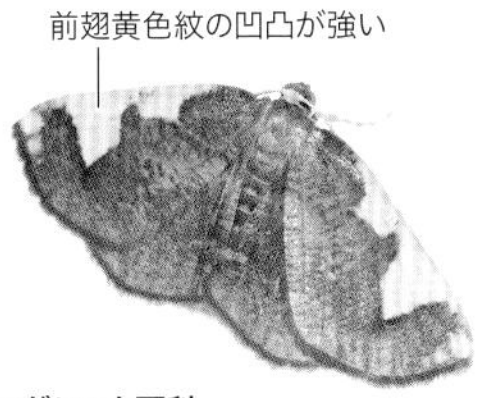

エダシャク亜科
マエキトビエダシャク
Nothomiza formosa
●15㎜前後●北海道〜九州●5〜7、9〜10月●低〜山●イヌツゲ、ソヨゴ、アオハダ、ミヤマウメモドキ

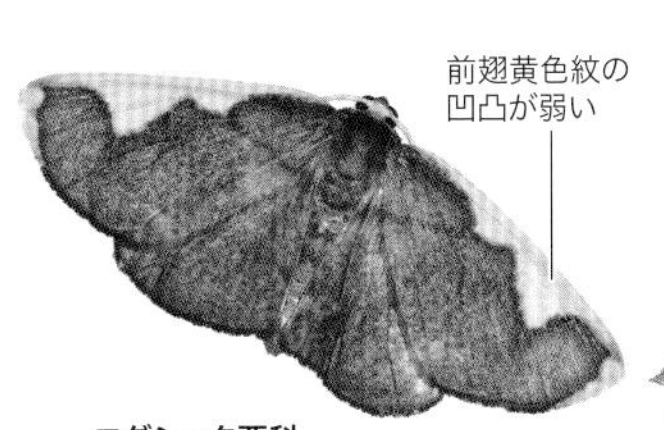

エダシャク亜科
オオマエキトビエダシャク
Nothomiza oxygoniodes
●14〜18㎜●本州〜九州、対馬、屋久島、奄美大島、沖縄本島●3〜10月●低●アラカシ、モチノキ、ナナメノキ、タラヨウ●暖地性

エダシャク亜科
ウスグロノコバエダシャク
Odontopera bidentata
●20〜22㎜●北海道、本州、四国●6〜7月●山●ダケカンバ

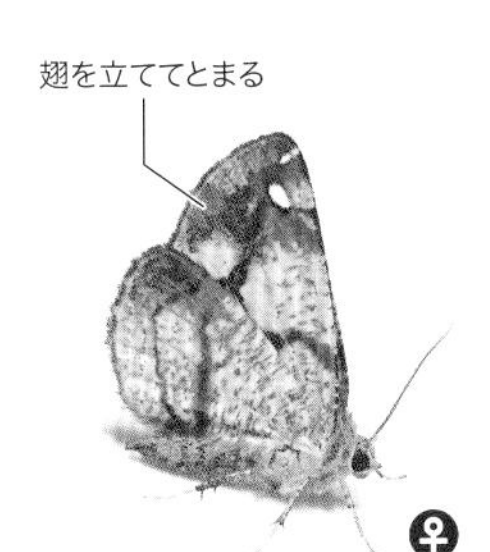

エダシャク亜科
サラサエダシャク
Epholca arenosa
●15㎜前後●北海道〜九州●5〜8月●山●ブナ科、クルミ科、バラ科、キブシ科、スイカズラ科、ムクロジ科、ミツバウツギ科など広食性

エダシャク亜科
キリバエダシャク
Ennomos nephotropa
●22〜23㎜●北海道〜九州●7〜10月●低〜山●ミズナラ、ニレ、サクラ、リンゴ、マメザクラ、ヤシャブシ、シナノキ、ヤナギ科

エダシャク亜科
エグリヅマエダシャク
Odontopera arida
●23㎜前後●北海道〜九州、対馬、屋久島、奄美大島●4〜6、9〜11月●低〜山●ブナ科、バラ科、ツバキ科、ミズキ科、ツツジ科、スイカズラ科など広食性

エダシャク亜科
キイロエグリヅマエダシャク
Odontopera aurata
●23㎜前後●北海道、本州●4〜7月●山●クリ、チャノキ

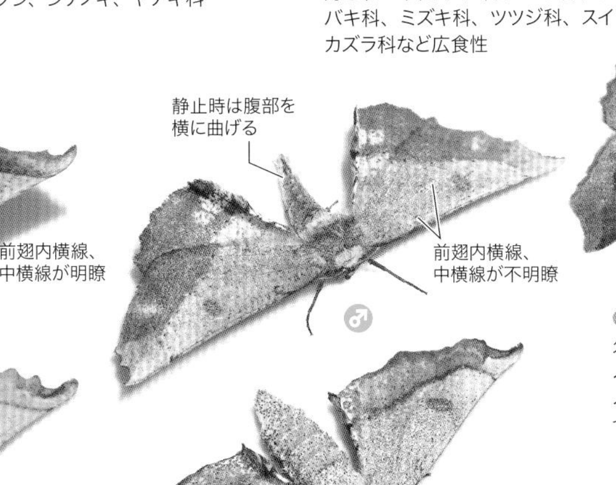

エダシャク亜科
オオノコメエダシャク
Acrodontis fumosa
●28〜32㎜●北海道〜九州●10〜11月●低〜山●キブシ、ミツバウツギ、ゴンズイ●晩秋の大型種

ヒメノコメエダシャク
Acrodontis kotshubeji
●27〜30㎜●北海道〜九州、対馬●10〜11月●低〜山●ブナ科、ニレ科、バラ科、ニシキギ科、ミズキ科、ツツジ科、エゴノキ科、カバノキ科、ミツバウツギ科、キブシ科など広食性●晩秋の大型種

エダシャク亜科
モンシロツマキリエダシャク
Xerodes albonotaria
●23㎜前後●北海道〜九州、対馬、屋久島●4〜6月●低〜山●ヤナギ科、カバノキ科、ブナ科、ニレ科、クワ科、クスノキ科、バラ科、ツツジ科、オトギリソウ、ゼンマイなど広食性

エダシャク亜科
ツマキリウスキエダシャク
Pareclipsis gracilis
●15〜18㎜●本州〜九州、対馬、屋久島、奄美大島、沖縄本島●4〜10月●低●エゴノキ

エダシャク亜科
キマダラツマキリエダシャク
Zanclidia testacea
●22〜26㎜●北海道〜九州●7〜8月●山●ツルウメモドキ

エダシャク亜科
キエダシャク
Auaxa sulphurea
●18㎜前後●本州〜九州、対馬●6〜7月●低〜山●ノイバラ、サンショウバラ

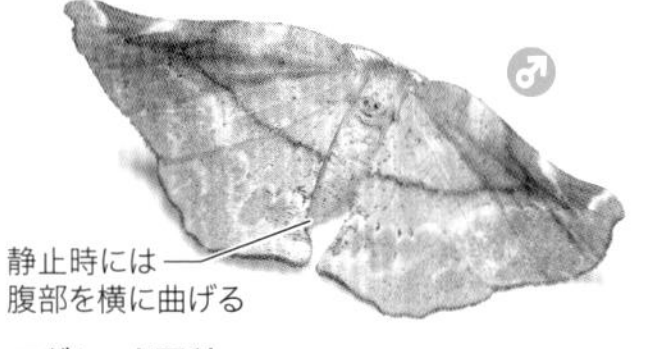

エダシャク亜科
コガタイチモジエダシャク
Agaraeus parva
●18㎜前後●北海道～九州、対馬●7、9～10月●低～山●イボタノキ

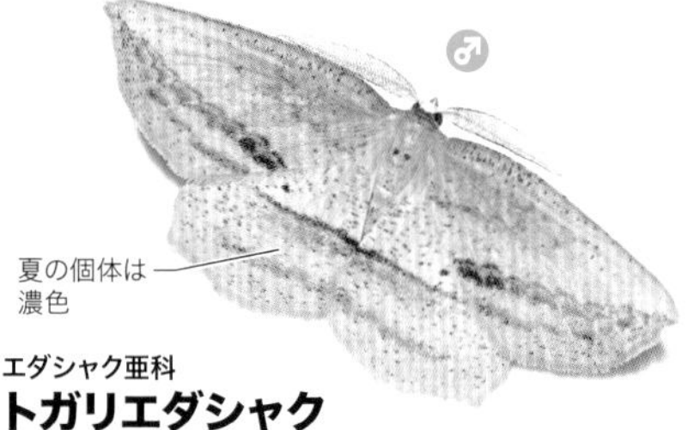

エダシャク亜科
トガリエダシャク
Xyloscia subspersata
●21㎜前後●本州～九州、西表島●4～8月●低●アケビ、ミツバアケビ

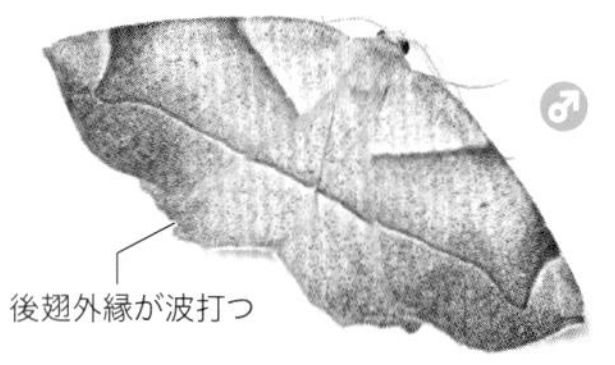

エダシャク亜科
ツマキリエダシャク
Endropiodes abjecta
●14～19㎜●北海道～九州、対馬●4～5、7～8月●山●ヤマモミジ、カラコギカエデ

春型　夏型
夏型は小型化し
白紋が発達しない

エダシャク亜科
ナシモンエダシャク
Garaeus mirandus
●13～18㎜●本州～九州●4～5、7～9月●低～山●コメツガ、アカトドマツ、モミ

エダシャク亜科
キバラエダシャク
Garaeus specularis
●18～24㎜●北海道～九州●7～10月●山●モミジイチゴ、ヤマツツジ、エゾイボタ、イボタノキ、ヤブデマリ、ミズキ、カバノキ科、ニレ科●♀は黄褐色

エダシャク亜科
モミジツマキリエダシャク
Endropiodes indictinaria
●13～19㎜●本州～九州●4～8月●低～山●クマシデ、アカシデ、ヤマモミジ、ハウチワカエデ、イタヤカエデ●夏の個体は小型化する

翅を斜めに
立ててとまる

エダシャク亜科
ムラサキエダシャク
Selenia tetralunaria
●20～24㎜●北海道～九州●4～9月●山●ヤナギ科、カバノキ科、ブナ科、バラ科など広食性

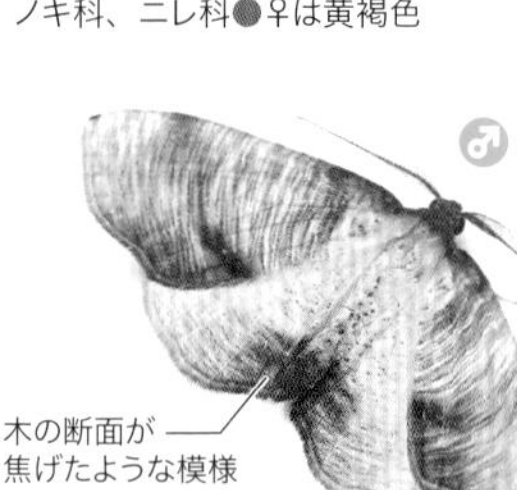

エダシャク亜科
ナカキエダシャク
Plagodis dolabraria
●14～17㎜●北海道～九州、対馬●4～5、7～8月●低～山●コナラ

エダシャク亜科
ツツジツマキリエダシャク
Endropiodes circumflexa
●14～18㎜●本州、四国●4～8月●山●ヤマツツジ

翅を立ててとまる

エダシャク亜科
ウスムラサキエダシャク
Selenia adustaria
●18～19㎜●北海道～九州●5～7月●低～山●マンサク科、バラ科、ムクロジ科、リョウブ科、ツツジ科、エゴノキ科、カバノキ科

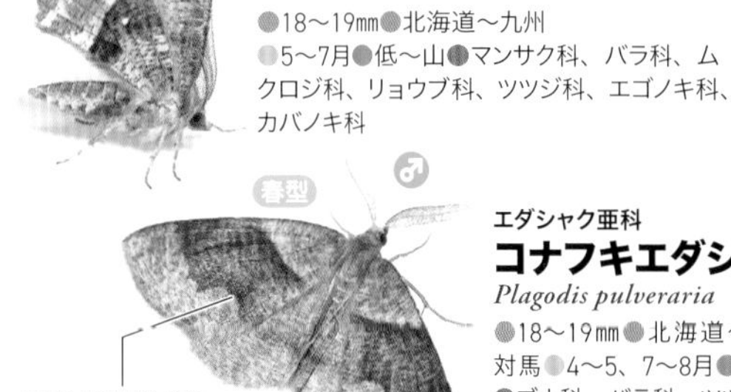

エダシャク亜科
コナフキエダシャク
Plagodis pulveraria
●18～19㎜●北海道～九州、対馬●4～5、7～8月●低～山●ブナ科、バラ科、ツツジ科

エダシャク亜科
シダエダシャク
Petrophora chlorosata
●18㎜前後●北海道～九州、対馬、屋久島●4～7月●山（草原）●ワラビ

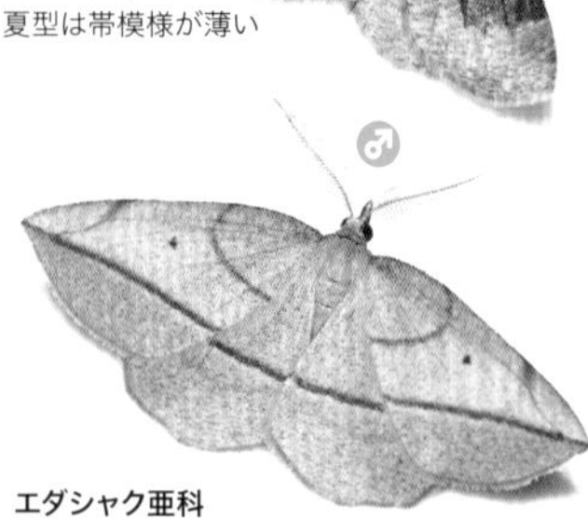

エダシャク亜科
ウラモンアカエダシャク
Parepione grata
●14～17㎜●本州～九州、屋久島●4～5、7～9月●山●クマヤナギ、イソノキ

エダシャク亜科
ウラベニエダシャク
Heterolocha aristonaria
●11～14㎜●本州～九州、対馬、種子島、屋久島、奄美大島、沖縄本島●4～10月●低～山●スイカズラ、ヒョウタンボク

エダシャク亜科
ツマトビシロエダシャク
Spilopera debilis
●19㎜前後●北海道～九州●7月●山●タニウツギ、ツクシヤブウツギ

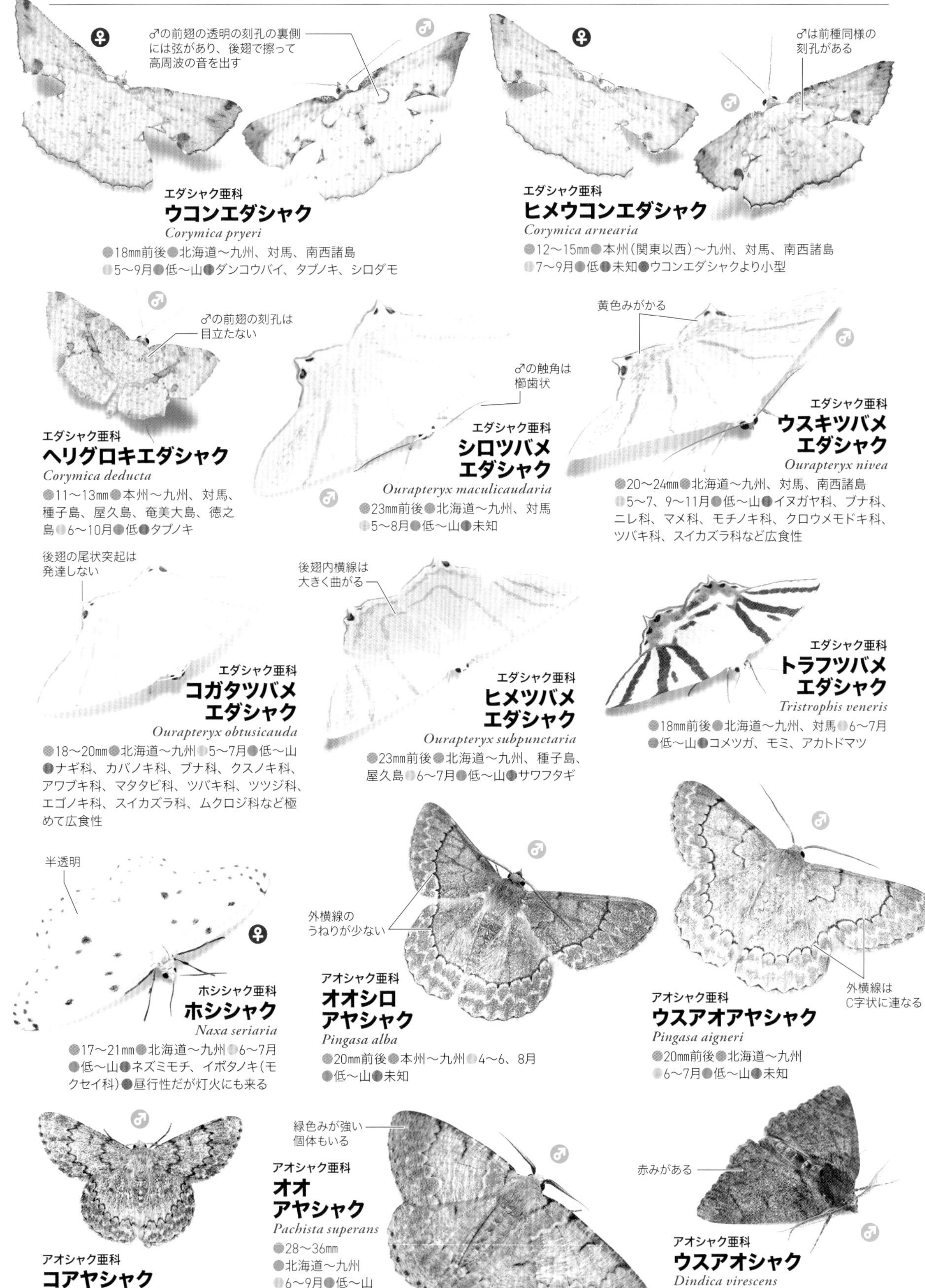

エダシャク亜科
ウコンエダシャク
Corymica pryeri
●18㎜前後●北海道〜九州、対馬、南西諸島
●5〜9月●低〜山●ダンコウバイ、タブノキ、シロダモ

エダシャク亜科
ヒメウコンエダシャク
Corymica arnearia
●12〜15㎜●本州（関東以西）〜九州、対馬、南西諸島
●7〜9月●低●未知●ウコンエダシャクより小型

エダシャク亜科
ヘリグロキエダシャク
Corymica deducta
●11〜13㎜●本州〜九州、対馬、種子島、屋久島、奄美大島、徳之島●6〜10月●低●タブノキ

エダシャク亜科
シロツバメエダシャク
Ourapteryx maculicaudaria
●23㎜前後●北海道〜九州、対馬
●5〜8月●低〜山●未知

エダシャク亜科
ウスキツバメエダシャク
Ourapteryx nivea
●20〜24㎜●北海道〜九州、対馬、南西諸島
●5〜7、9〜11月●低〜山●イヌガヤ科、ブナ科、ニレ科、マメ科、モチノキ科、クロウメモドキ科、ツバキ科、スイカズラ科など広食性

エダシャク亜科
コガタツバメエダシャク
Ourapteryx obtusicauda
●18〜20㎜●北海道〜九州●5〜7月●低〜山
●ナギ科、カバノキ科、ブナ科、クスノキ科、アワブキ科、マタタビ科、ツバキ科、ツツジ科、エゴノキ科、スイカズラ科、ムクロジ科など極めて広食性

エダシャク亜科
ヒメツバメエダシャク
Ourapteryx subpunctaria
●23㎜前後●北海道〜九州、種子島、屋久島●6〜7月●低〜山●サワフタギ

エダシャク亜科
トラフツバメエダシャク
Tristrophis veneris
●18㎜前後●北海道〜九州、対馬●6〜7月
●低〜山●コメツガ、モミ、アカトドマツ

ホシシャク亜科
ホシシャク
Naxa seriaria
●17〜21㎜●北海道〜九州●6〜7月
●低〜山●ネズミモチ、イボタノキ（モクセイ科）●昼行性だが灯火にも来る

アオシャク亜科
オオシロアヤシャク
Pingasa alba
●20㎜前後●本州〜九州●4〜6、8月
●低〜山●未知

アオシャク亜科
ウスアオアヤシャク
Pingasa aigneri
●20㎜前後●北海道〜九州
●6〜7月●低〜山●未知

アオシャク亜科
コアヤシャク
Pingasa pseudoterpnaria
●15〜16㎜●本州〜九州、屋久島
●4〜5、7〜8月●山●ハギ類

アオシャク亜科
オオアヤシャク
Pachista superans
●28〜36㎜
●北海道〜九州
●6〜9月●低〜山
●シデコブシ、ホオノキ、モクレン、オオヤマレンゲ、タムシバ●大型

アオシャク亜科
ウスアオシャク
Dindica virescens
●20㎜前後●北海道〜九州、対馬、奄美大島●5〜8月●低〜山●ダンコウバイ、クロモジ、ヤマコウバシ、アブラチャン

アオシャク亜科
チズモン アオシャク
Agathia carissima

●18㎜前後●北海道～九州●6～8月●低～山●コイケマ、ガガイモ

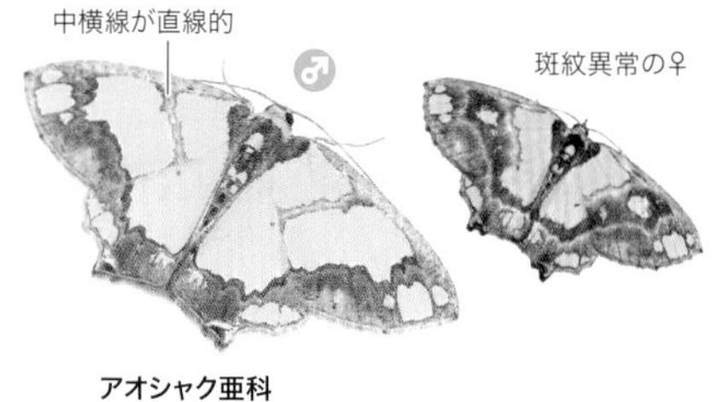

アオシャク亜科
アシブトチズモンアオシャク
Agathia visenda

●17㎜前後●本州～九州、対馬、屋久島●4～5、7～8月●低～山●テイカカズラ

アオシャク亜科
アトヘリアオシャク
Aracima muscosa

●20～22㎜●北海道～九州●7～8月●山●ヤマハンノキ、タニガワハンノキ、ミヤマハンノキ

褐色紋の出方には個体差がある

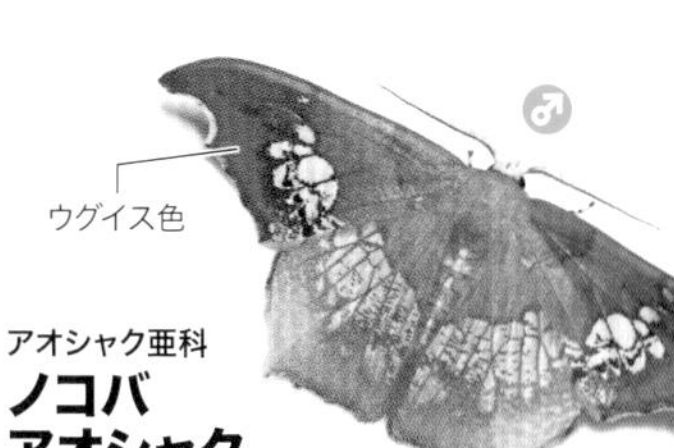

アオシャク亜科
ノコバ アオシャク
Timandromorpha enervata

●20～22㎜●本州～九州、対馬●5～6、8月●低●キヌヤナギ

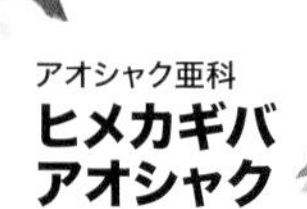

アオシャク亜科
ヒメカギバ アオシャク
Mixochlora vittata

●23㎜前後●本州～九州、対馬、屋久島●5～11月●低～山●コナラ

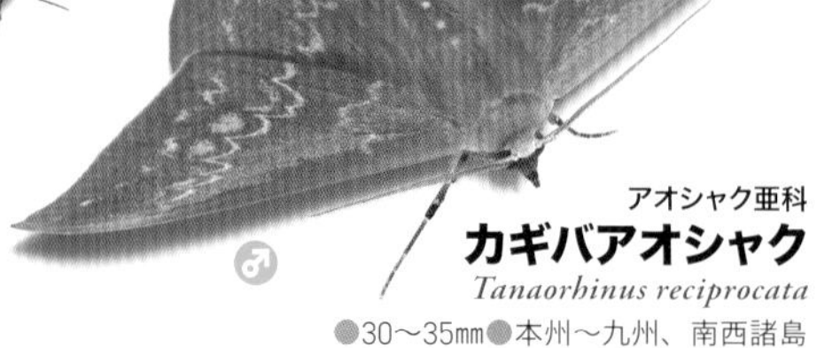

アオシャク亜科
カギバアオシャク
Tanaorhinus reciprocata

●30～35㎜●本州～九州、南西諸島●5～10月●低～山●コナラ、クヌギ、カシ類●日本のアオシャクでは最大

外横線の外側が黄白色

アオシャク亜科
オオシロオビアオシャク
Geometra papilionaria

●26㎜前後●北海道～九州●7月●山●シラカンバ、ヤマハンノキ、ダケカンバ●大型

カギシロスジアオシャク
Geometra dieckmanni

●21㎜前後●北海道～九州、対馬●5～8月●低～山●クリ球果、コナラ、クヌギ、ミズナラ

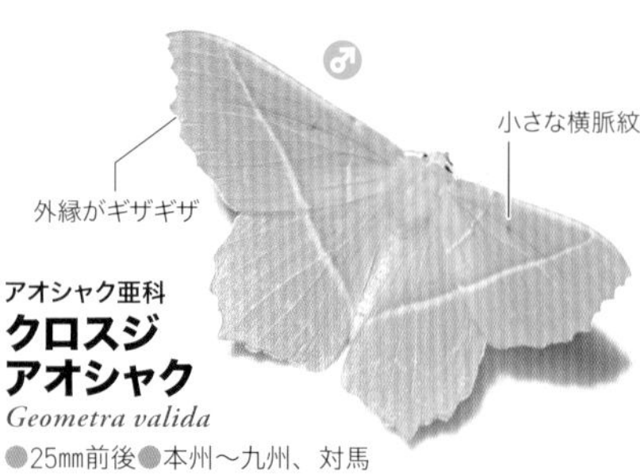

アオシャク亜科
クロスジ アオシャク
Geometra valida

●25㎜前後●本州～九州、対馬●6～7月●低～山●コナラ、クヌギ、アラカシ、クリ

アオシャク亜科
キマエアオシャク
Neohipparchus vallata

●16㎜前後●北海道～九州、対馬●6～10月●低～山●クヌギ、コナラなど(ブナ科)

顔面は赤褐色

アオシャク亜科
クスアオシャク
Pelagodes subquadraria

●15～16㎜●本州～九州、対馬、屋久島●6～7、9～10月●低～山●クスノキ

アオシャク亜科
コシロオビ アオシャク
Geometra glaucaria

●25～26㎜●北海道、本州●7～8月●低●コナラ●コとつくがやや大型

アオシャク亜科
ヒメシロフアオシャク
Eucyclodes infracta

●14～15㎜●本州～九州、対馬、屋久島、奄美大島、沖縄本島●7～8月●低●ヒサカキ

アオシャク亜科
シロフアオシャク
Eucyclodes difficta

●15～16㎜●本州～九州●6～7、9月●低●カワヤナギ、コリヤナギ

アオシャク亜科
ナミガタウスキ アオシャク
Jodis lactearia

●10㎜前後●北海道～九州、対馬●5、8月●低～山●クマシデ、コナラ、ミヤマザクラ、ヤマツツジ●小型

アオシャク亜科
マルモンヒメアオシャク
Jodis praerupta

●10～15㎜●本州～九州、対馬●5、8月●低～山●コナラ

アオシャク亜科
ウスキヒメアオシャク
Jodis urosticta

●12㎜前後●本州〜九州、屋久島●4〜5、9月●低〜山●ヒメヤシャブシ、カシ類、ヤマモミジ、ヤマツツジ、ヤマアジサイ

アオシャク亜科
ウスミズアオシャク
Jodis argutaria

●15㎜前後●本州、四国●6〜7月●山●ミツバウツギ、ニワトコ、カツラ

アオシャク亜科
スジモンツバメアオシャク
Maxates albistrigata

●18㎜前後●本州〜九州、対馬●5〜7月●低〜山●コナラ

アオシャク亜科
ツバメアオシャク
Maxates ambigua

●14〜15㎜●本州〜九州、対馬、屋久島●6〜7月●低〜山●未知

アオシャク亜科
ヒメツバメアオシャク
Maxates protrusa

●15〜17㎜●本州〜九州、対馬、南西諸島●6〜9月●低●ブナ科、ミカン科、モチノキ科●暖地性

アオシャク亜科
キバラヒメアオシャク
Hemithea aestivaria

●15〜16㎜●北海道〜九州、対馬●6〜9月●低〜山●マツ科、ヤナギ科、クルミ科、カバノキ科、ブナ科、クワ科、バラ科、ミカン科、ツバキ科、ツツジ科など広食性

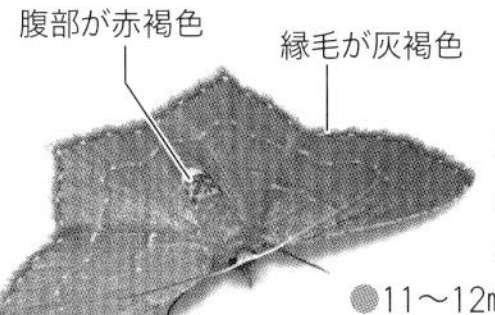

アオシャク亜科
ヘリグロヒメアオシャク
Hemithea tritonaria

●11〜12㎜●本州〜九州、対馬●5、7、10月●低●ブナ科、ツバキ科など

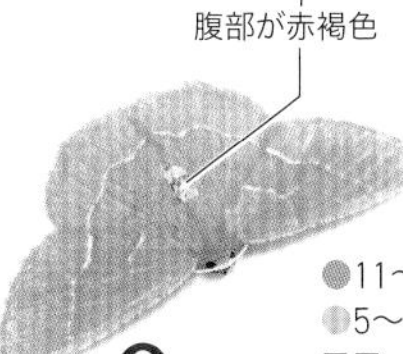

アオシャク亜科
ホソバハラアカアオシャク
Chlorissa anadema

●11〜12㎜●北海道〜九州、対馬●5〜6、8〜9月●低〜山●クリ、コウゾ、モモ、ヤマハギ、ソメイヨシノ

アオシャク亜科
ナミスジコアオシャク
Idiochlora ussuriaria

●10㎜前後●北海道〜九州、対馬、屋久島●6〜9月●低〜山●クリ、ノイバラ、ネムノキ、チャノキ、ウコギ●小型

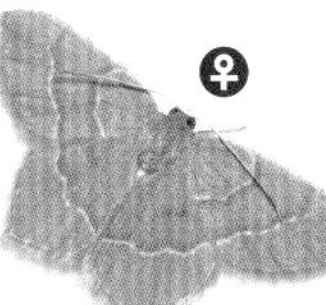

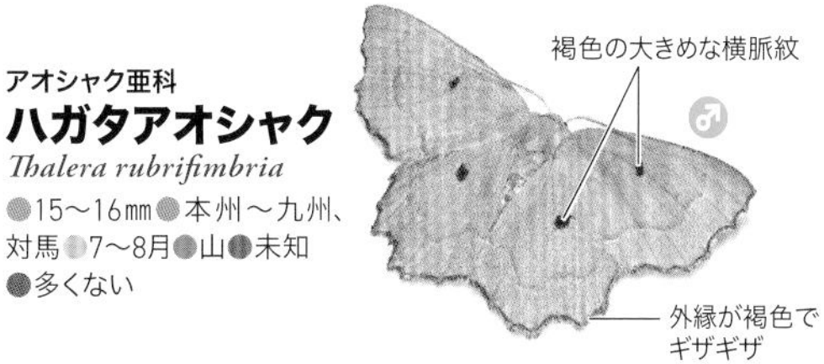

アオシャク亜科
ハガタアオシャク
Thalera rubrifimbria

●15〜16㎜●本州〜九州、対馬●7〜8月●山●未知●多くない

アオシャク亜科
ヨツモンマエジロアオシャク
Comibaena procumbaria

●12〜13㎜●本州〜九州、対馬、南西諸島●6〜10月●低〜山●イヌマキ、ヤマモモ、ヤマハギ、マルバハギ、アカメガシワ

アオシャク亜科
ギンスジアオシャク
Comibaena argentataria

●15㎜前後●北海道〜九州、対馬●6〜9月●低〜山●クサイチゴ、クサフジ

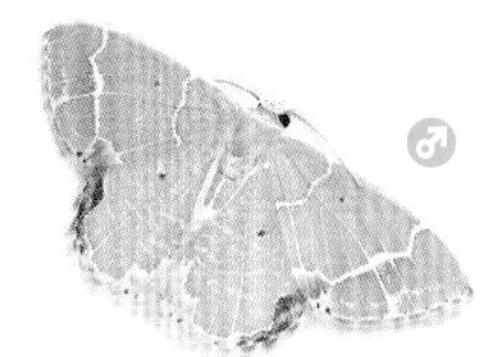

アオシャク亜科
クロモンアオシャク
Comibaena nigromacularia

●11〜12㎜●北海道〜九州、対馬●5〜9月●低〜山●マメ科、ブナ科、ウルシ科

アオシャク亜科
ヘリジロヨツメアオシャク
Comibaena amoenaria

●14㎜前後●北海道〜九州、対馬●6〜8月●低〜山●コナラ

アオシャク亜科
カラフトウスアオシャク
Comibaena ingrata

●13〜14㎜●北海道〜四国●7〜8月●山●未知●寒地性

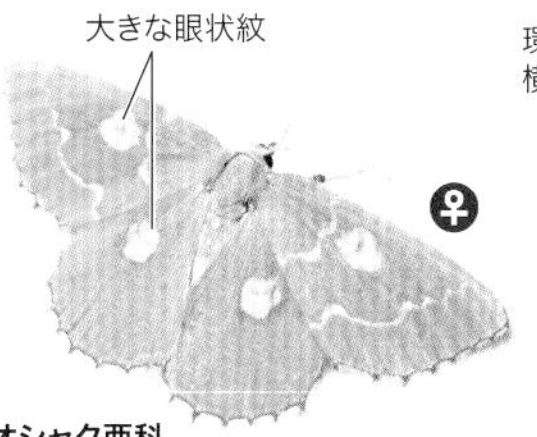

アオシャク亜科
ヨツメアオシャク
Thetidia albocostaria

●15〜16㎜●北海道〜九州、対馬●6〜7、9月●低〜山●ヨモギ、キク類

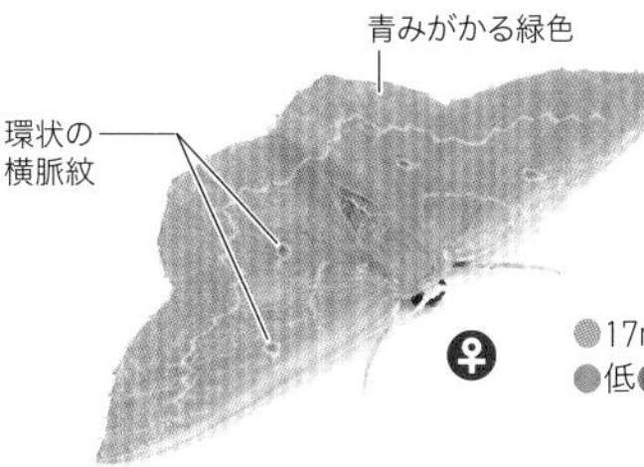

アオシャク亜科
ハガタキスジアオシャク
Hemistola tenuilinea

●17㎜前後●本州〜九州●6〜7月●低●コナラ、アカガシ、クヌギ

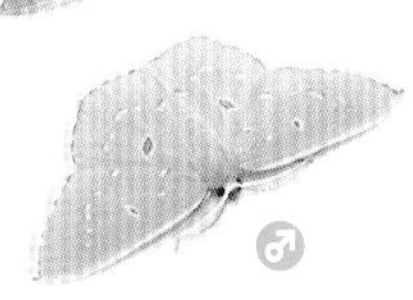

アオシャク亜科
コヨツメアオシャク
Comostola subtiliaria

●10〜12㎜●北海道〜九州、対馬、屋久島●5〜7、8〜11月●低〜山●バラ科、リョウブ科、ツツジ科など●小型

ヒメシャク亜科
シロモンアオヒメシャク
Dithecodes erasa
●10㎜前後●本州〜九州●6〜8月●山●サクラ、ズミ、アズキナシ、ナナカマド

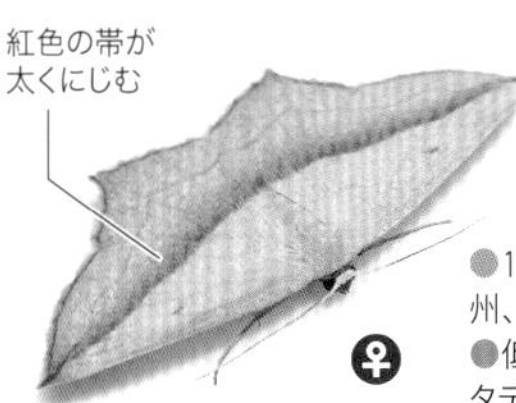

ヒメシャク亜科
ベニスジヒメシャク
Timandra recompta
●13㎜前後●北海道〜九州、対馬●5〜9月●低〜山●ミゾソバ、イヌタデ、イタドリ、スイバ

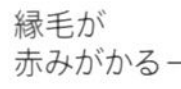

ヒメシャク亜科
コベニスジヒメシャク
Timandra comptaria
●13㎜前後●本州〜九州、対馬、屋久島●6〜9月●低〜山●ニワヤナギ、イヌタデ、ママコノシリヌグイ●酷似する他種がいる

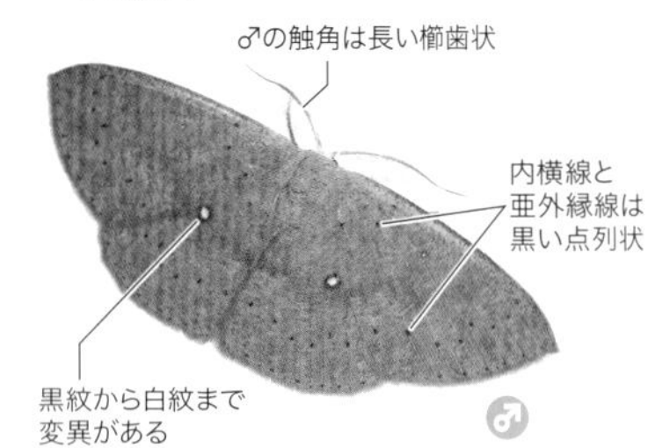

ヒメシャク亜科
クロモンウスチャヒメシャク
Perixera absconditaria
●17㎜前後●本州〜九州、対馬、屋久島●7月●低〜山●未知

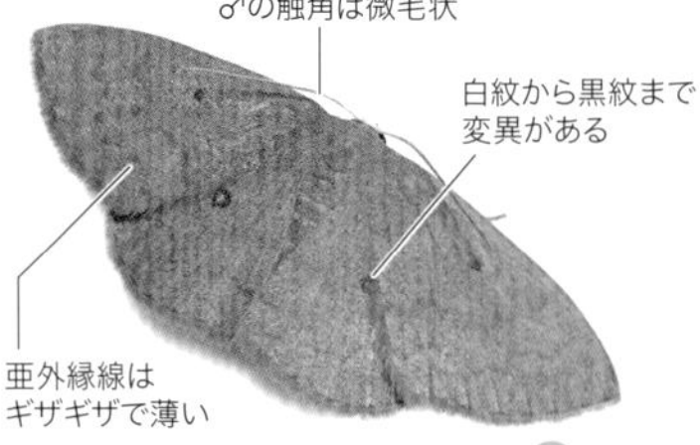

ヒメシャク亜科
シロモンウスチャヒメシャク
Organopoda carnearia
●15㎜前後●本州〜九州、対馬、屋久島、奄美大島、沖縄本島●4、7〜8月●低〜山●タブノキ

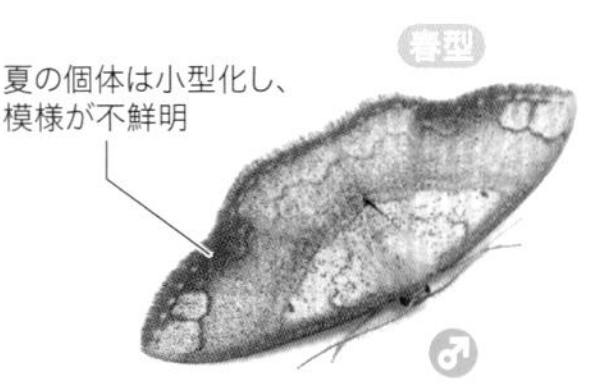

ヒメシャク亜科
フタナミトビヒメシャク
Pylargosceles steganioides
●12〜13㎜●北海道〜九州、対馬、種子島、屋久島●4〜5、7〜8月●低〜山●広食性

小型で後翅の紋が薄め

ヒメシャク亜科
フタツメオオシロヒメシャク
Problepsis albidior
●13〜15㎜●本州〜九州、対馬、南西諸島●4〜11月●低●モクセイ科●暖地性

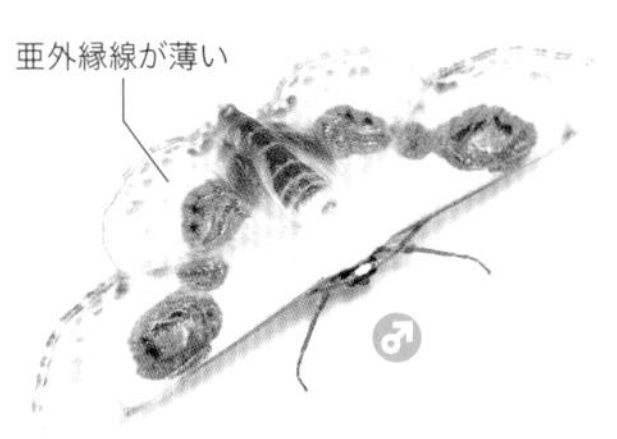

ヒメシャク亜科
ウススジオオシロヒメシャク
Problepsis plagiata
●18〜20㎜●北海道〜九州、対馬●5〜9月●低〜山●未知

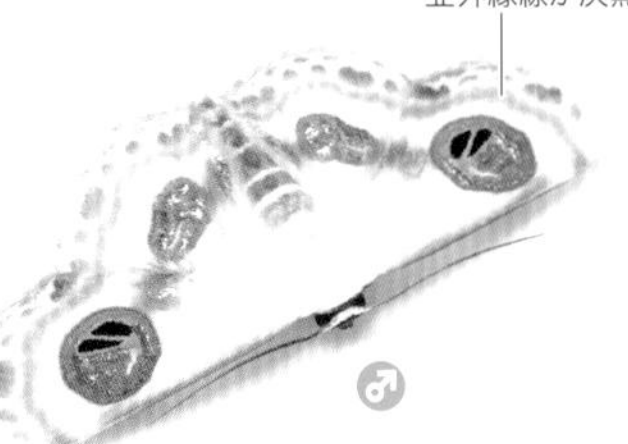

ヒメシャク亜科
クロスジオオシロヒメシャク
Problepsis diazoma
●20〜24㎜●本州〜九州●6〜9月●低〜山●未知

ヒメシャク亜科
ナミスジチビヒメシャク
Scopula personata
●7〜8㎜●本州〜九州、対馬、南西諸島●5〜6、8〜9月●低●未知●住宅地にもいる

ヒメシャク亜科
ウンモンオオシロヒメシャク
Somatina indicataria
●16〜17㎜●北海道〜九州、対馬、屋久島●5〜9月●低〜山●スイカズラ、オオバヒョウタンボク

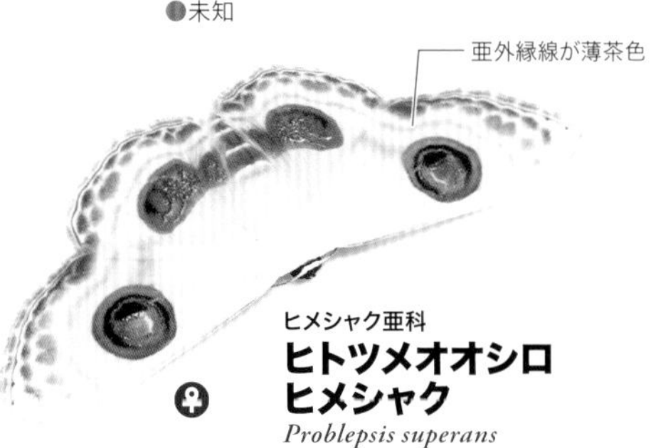

ヒメシャク亜科
ヒトツメオオシロヒメシャク
Problepsis superans
●23〜28㎜●北海道〜九州、対馬●6〜7月●低〜山●イボタノキ●日本のヒメシャクでは最大

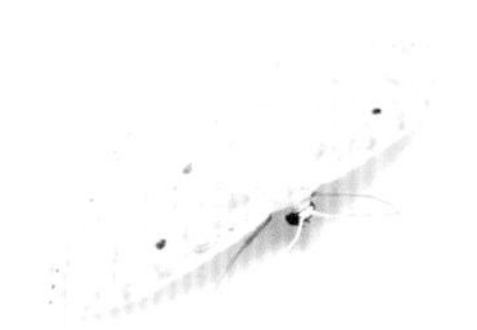

ヒメシャク亜科
キナミシロヒメシャク
Scopula superior
●8㎜前後●本州〜九州、対馬、屋久島●5〜9月●低●ソメイヨシノ

ヒメシャク亜科
ギンバネヒメシャク
Scopula epiorrhoe
●10㎜前後●本州〜九州、対馬、南西諸島●6、8月●低●未知

ヒメシャク亜科
ベニヒメシャク
Idaea muricata
●8〜9㎜●北海道〜九州、対馬、屋久島●6〜9月●低〜山●未知

ヒメシャク亜科
ホソスジキヒメシャク
Idaea remissa
●8㎜前後●北海道〜九州、対馬●6〜8月●低〜山●未知

ナミシャク亜科
シロテンコバネナミシャク
Trichopteryx grisearia
●13〜14㎜●本州〜九州、対馬、屋久島●3〜4月●低〜山●カバノキ科、ブナ科●早春に見られる

ナミシャク亜科
シロシタコバネナミシャク
Trichopteryx fastuosa
●13〜14㎜●北海道〜九州●3〜4月●山●ブナ、クマシデ●早春に見られる

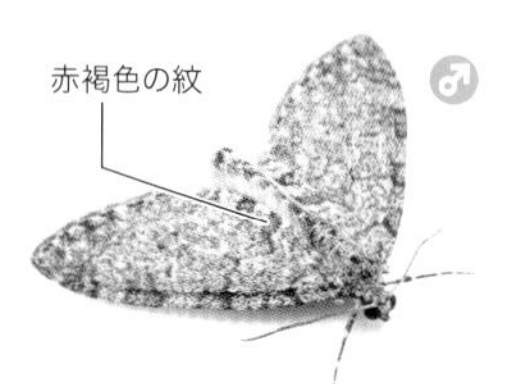

ナミシャク亜科
シタコバネナミシャク
Trichopteryx hemana
●12〜15㎜●北海道〜九州、対馬●4月●低〜山●クヌギ、イタヤカエデ、マンサク●春に見られる

ナミシャク亜科
ウスミドリコバネナミシャク
Trichopteryx miracula
●16〜17㎜●北海道〜九州●3〜4月●山●未知

ナミシャク亜科
マダラコバネナミシャク
Trichopteryx ussurica
●16〜17㎜●北海道〜九州●4月●山●未知

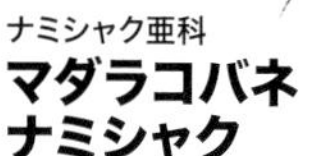

ナミシャク亜科
クロオビシロナミシャク
Trichopteryx ustata
●17㎜前後●北海道〜九州●4月●山●未知●春に見られる

ナミシャク亜科
アカモンナミシャク
Trichopterigia costipunctaria
●17㎜前後●本州〜九州●3〜4月●低●シラカシ、アラカシ、ナラガシワ●早春に見られる

ナミシャク亜科
ウスベニスジナミシャク
Esakiopteryx volitans
●13〜16㎜●本州〜九州●3〜5月●低〜山●アベマキ、コナラなどブナ科●早春に見られる

ナミシャク亜科
アトスジグロナミシャク
Epilobophora obscuraria
●15〜16㎜●本州〜九州、対馬●5〜7月●低〜山●ヒノキ科

ナミシャク亜科
ゴマダラシロナミシャク
Naxidia maculata
●12㎜前後●本州〜九州●5〜8月●山●未知

ナミシャク亜科
ホソバトガリナミシャク
Carige scutilimbata
●14㎜前後●本州〜九州、対馬●8月●低〜山●未知

ナミシャク亜科
シロオビクロナミシャク
Trichobaptria exsecuta
●12㎜前後●北海道〜九州●5〜7、9月●山●ツルアジサイ●昼行性だが灯火にも来る

ナミシャク亜科
ウスクモナミシャク
Heterophleps fusca
●13㎜前後●本州〜九州、対馬、奄美大島●5〜7月●山●未知

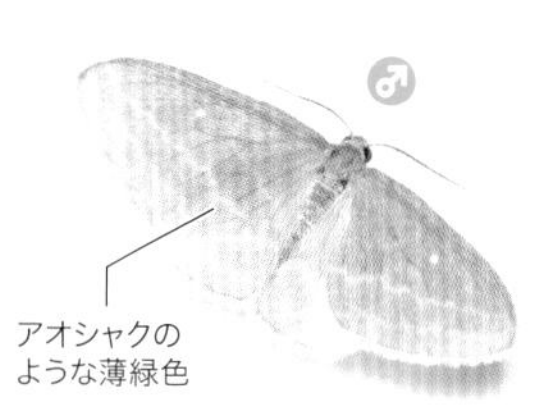

ナミシャク亜科
アオナミシャク
Leptostegna tenerata
●13㎜前後●北海道〜四国●7〜8月●山●アカトドマツ

ナミシャク亜科
ホソバナミシャク
Tyloptera bella
●15〜16㎜●北海道〜九州、屋久島、奄美大島●3〜5、9月●低〜山●タラノキ

ナミシャク亜科
ウスミドリナミシャク
Episteira nigrilinearia
●14〜15㎜●北海道〜九州、南西諸島●7〜8、10〜11月●低〜山●イヌマキ

ナミシャク亜科
フトジマナミシャク
Xanthorhoe saturata
●16〜17㎜●北海道〜九州、対馬、屋久島●2〜7、9〜11月●低●キク科、タデ科、セリ科、バラ科

ナミシャク亜科
フタトビスジナミシャク
Xanthorhoe hortensiaria
●14㎜前後●北海道〜九州、対馬●4〜5、9〜10月●低〜山●未知

ナミシャク亜科
ウラウスキナミシャク
Protonebula umbrifera
●15〜16㎜●本州〜九州●5、7〜8月●低〜山●未知

ナミシャク亜科
ナカモンキナミシャク
Idiotephria evanescens
●13〜15㎜●北海道、本州、九州、対馬●3〜5月●低〜山●コナラ、ミズナラ、クヌギ

ナミシャク亜科
モンキキナミシャク
Idiotephria amelia
●14〜15㎜●北海道〜九州●3〜5月●低〜山●コナラ、ブナ

ナミシャク亜科
キンオビナミシャク
Electrophaes corylata
●17㎜前後●北海道〜九州●5〜8月●山●ダケカンバ●よく似たヒメキンオビナミシャクがいる

ナミシャク亜科
サザナミナミシャク
Entephria caesiata
●17㎜前後●本州（中部山地）●7〜8月●山●キバナシャクナゲ、クロマメノキ、ガンコウラン●高山性

ナミシャク亜科
オオネグロウスベニナミシャク
Photoscotosia lucicolens
●25㎜前後●北海道〜九州、屋久島●6〜7、10〜11月●低〜山●各種広葉樹

ナミシャク亜科
ネグロウスベニナミシャク
Photoscotosia atrostrigata
●24㎜前後●北海道〜四国●5〜6、9〜10月●低〜山●ヨモギ、オオヨモギ

ナミシャク亜科
マルモンシロナミシャク
Gandaritis evanescente
●20〜22㎜●本州〜九州、屋久島●6〜7月●低〜山●ガクアジサイ、イワガラミ

ナミシャク亜科
キベリシロナミシャク
Gandaritis placida
●20㎜前後●北海道〜九州、屋久島●8〜9月●低〜山●ガクウツギ、イワガラミ、ノリウツギ

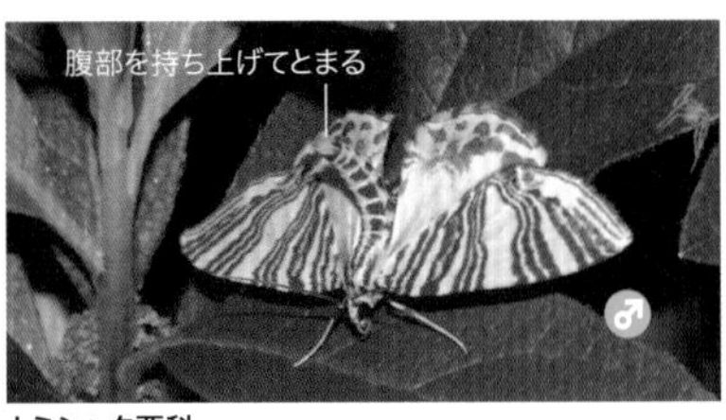

ナミシャク亜科
ナミガタシロナミシャク
Callabraxas compositata
●26㎜前後●本州〜九州、対馬、屋久島●5〜7月●低〜山●ツタ

ナミシャク亜科
キマダラオオナミシャク
Gandaritis fixseni
●26〜30㎜●北海道〜九州、対馬、種子島、屋久島、奄美大島●7〜8、10〜11月●低〜山●サルナシ、マタタビ

ナミシャク亜科
セスジナミシャク
Evecliptopera illitata
●15㎜前後●本州〜九州、対馬、屋久島●3〜7、9〜12月●低〜山●アケビ、ミツバアケビ

ナミシャク亜科
オオハガタナミシャク
Ecliptopera umbrosaria
●16〜18㎜●北海道〜九州、対馬、南西諸島●5〜9月●低〜山●ノブドウ、ヤブガラシ、ツタ

ナミシャク亜科
ハガタナミシャク
Eustroma melancholica
●19〜20㎜●北海道〜九州、屋久島●5、8〜10月●低〜山●ブドウ科●オオハガタナミシャクよりやや大きい

ナミシャク亜科
ウストビモンナミシャク
Eulithis ledereri
●18〜22㎜●北海道〜九州、対馬、屋久島●6〜7、10月●低〜山●ブドウ、ヤマブドウ、ツタ、イワガラミ

ナミシャク亜科
ヨコジマナミシャク
Eulithis convergenata
●18㎜前後●北海道〜九州、対馬●5〜9月●低〜山●ヤマモミジ、コハウチワカエデ、イヌシデ、ヒメヤシャブシ、クマシデ、ハウチワカエデ、ウリハダカエデ

ナミシャク亜科
キホソスジナミシャク
Lobogonodes erectaria
●12〜13㎜●北海道〜九州、対馬、屋久島●4〜9月●山●ツルアジサイ

ナミシャク亜科
ビロードナミシャク
Sibatania mactata
●23㎜前後●北海道〜九州、屋久島●5〜7、9〜10月●低〜山●ヤマアジサイ●やや大型

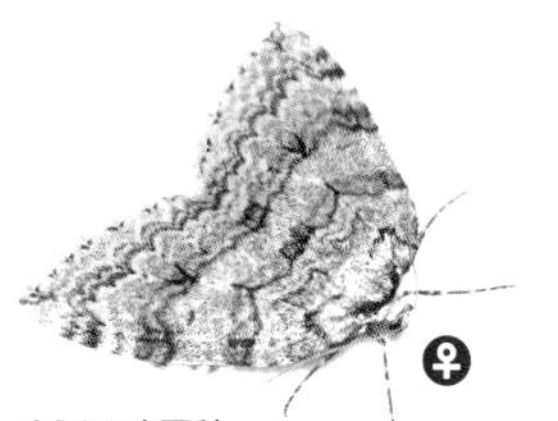

ナミシャク亜科
アキナミシャク
Epirrita autumnata
●21㎜前後●北海道〜九州●10〜11月●山●シラカンバ、ハンノキ属●晩秋に見られる

ナミシャク亜科
ミドリアキナミシャク
Epirrita viridipurpurescens
●14〜17㎜●北海道〜九州●11〜12月●山●ミズナラ、コナラ、カシワ、イロハモミジ、イヌシデ、サワシバ●初冬に見られる

ナミシャク亜科
ナカオビアキナミシャク
Nothoporinia mediolineata
●17㎜前後●本州〜九州、屋久島●11〜12月●低〜山●リョウブ●初冬に見られる

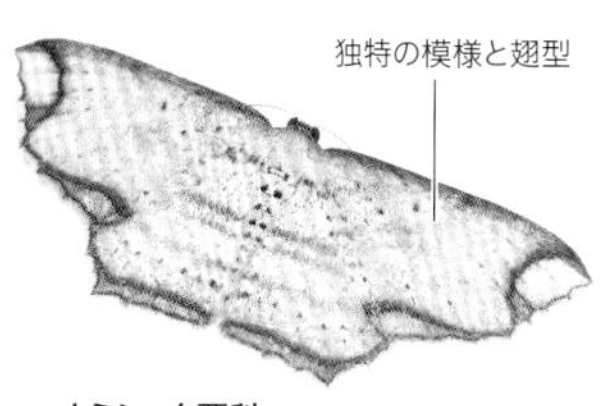

ナミシャク亜科
ヘリスジナミシャク
Eschatarchia lineata
●15〜17㎜●本州〜九州、対馬、屋久島、奄美大島●4〜6月●低〜山●アカメガシワ

ナミシャク亜科
フタオモドキナミシャク
Macrobastina azela
●11〜12㎜●本州〜九州●6〜8月●山●未知

ナミシャク亜科
ソトカバナミシャク
Eupithecia signigera
●10㎜前後●本州〜九州、対馬、屋久島●3〜4月●低〜山●ヤマツツジ、ウゴツクバネウツギ、サワフタギ、コマユミ、コゴメウツギ、メグスリノキ、イボタノキ、アセビ●早春に見られる

ナミシャク亜科
ナガイカバナミシャク
Eupithecia nagaii
●12〜14㎜●本州〜九州、屋久島●3〜4月●山●未知●局所的

ナミシャク亜科
ナカオビカバナミシャク
Eupithecia subbreviata
●10〜12㎜●北海道〜九州、対馬、屋久島●2〜5月●低〜山●未知●早春に見られる

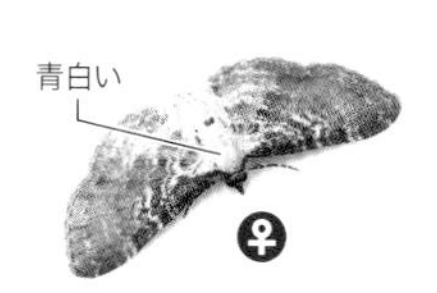

ナミシャク亜科
ナカアオナミシャク
Eupithecia sophia
●9㎜前後●本州〜九州●4〜5、9〜10月●低〜山●未知

ナミシャク亜科
アキカバナミシャク
Eupithecia subfumosa
●12㎜前後●本州、四国●11〜1月●低●未知●晩秋〜初冬に見られる

ナミシャク亜科
ハネナガカバナミシャク
Eupithecia takao
●12〜14㎜●北海道〜九州、対馬●3〜4月●低〜山●未知

ナミシャク亜科
シロテンカバナミシャク
Eupithecia tripunctaria
●12㎜前後●北海道〜四国●4〜5、8〜11月●低〜山●セリ科、ニワトコ属の花や果実

ナミシャク亜科
トシマカバナミシャク
Eupithecia tenuisquama
●12〜13㎜●本州〜九州、屋久島●3〜4、10月●低〜山●サザンカ、チャノキの花

ナミシャク亜科
クロスジアオナミシャク
Chloroclystis v-ata
●9〜10㎜●北海道〜九州、対馬、屋久島●4〜7月●低〜山●イタドリの花、ムラサキシキブの花

ナミシャク亜科
ウラモンアオナミシャク
Pasiphila subcinctata
●11㎜前後●北海道〜九州●6〜9月●山●サラサドウダンの花

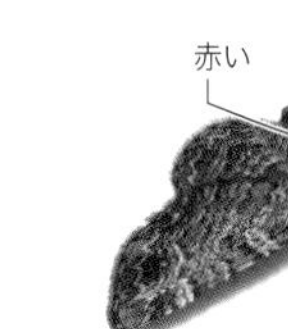

ナミシャク亜科
ハラアカウスアオナミシャク
Pasiphila obscura
●12㎜前後●北海道〜九州、対馬●5〜8月●低〜山●未知

ナミシャク亜科
テングナミシャク
Collix stellata
●15〜17㎜●本州〜九州、屋久島●6〜12月●低●タイミンタチバナ、オカトラノオ●北上中の暖地性種

ナミシャク亜科
ソトシロオビナミシャク
Pasiphila excisa
●11〜12㎜●北海道〜九州、対馬、屋久島●2〜3、5、11〜12月●低〜山●ツツジ類、ヒサカキ

ナミシャク亜科
ナカジロナミシャク
Melanthia procellata
●20㎜前後●北海道〜九州●4〜7、9〜10月●低〜山●センニンソウ、ボタンヅル

冬尺蛾のなかま

天敵が少ない冬を繁殖期に選んだシャクガで、3亜科から日本では26種が知られる。成虫は摂食せず、♀は交尾・産卵に限られたエネルギーを注ぐため、飛ぶことを捨てて翅を退化させた。樹幹や枝などに登って性フェロモンを放出し、飛来した♂と交尾する。

エダシャク亜科
ヒロバフユエダシャク
Lareranis miracula
●♀体長12㎜前後　♂前翅長20㎜前後●本州～九州●2～3月●低●バラ科、カバノキ科、ブナ科

エダシャク亜科
フタマタフユエダシャク
Larerannis filipjevi
●♀体長11～12㎜　♂前翅長19㎜前後●北海道～四国●3～5月●山●ヤナギ科、カバノキ科、ブナ科、バラ科、モクセイ科

エダシャク亜科
ウスオビフユエダシャク
Larerannis orthogrammaria
●♀体長11～12㎜　♂前翅長18～19㎜●北海道～四国●11月●山●シラカンバ、ブナ

エダシャク亜科
ナカジマフユエダシャク
Larerannis nakajimai
●♀体長12㎜前後　♂前翅長20㎜前後●本州～九州●11～12月●山●ケヤキなどニレ科●やや局所的

エダシャク亜科
シロフフユエダシャク
Agriopis dira
●♀体長9㎜前後　♂前翅長12～17㎜●北海道～九州、対馬●1～3月●低～山●ブナ科

エダシャク亜科
トギレフユエダシャク
Protalcis concinnata
●♀前翅長9～10㎜　♂前翅長15～17㎜●北海道～九州●2～3　寒冷地4～5月●低～山●アブラチャン、サクラ類、リンゴ、アワブキなど広食性

雌雄嵌合体(しゆうかんごうたい)

♀と♂がある生物では、両性の特徴をあわせ持つ雌雄嵌合体が稀に出現しますが、昆虫も例外ではなく、その嵌合のしかたはさまざまです。♀と♂の特徴がモザイク状に現れる個体、左右あるいは前後にきれいに分かれる個体、あるいは身体の一部だけに現れる個体もいます。このシロフフユエダシャクは胴体と脚が♀、頭部と触角が♂の特徴を持つ個体です。(♂の複眼は♀より大きく、触角は♀が糸状なのに対して♂は短い櫛歯状です。)これはよほど注意深く観察しないと見逃してしまうような例ですが、見るからに雌雄嵌合体というパターンも稀にあるので、頭の片すみに置いておきましょう。

エダシャク亜科
クロスジフユエダシャク
Pachyerannis obliquaria
●♀体長11～12㎜　♂前翅長13～17㎜
●北海道～九州●11～12月●低～山
●ブナ科、ムクロジ科●昼も夜も飛び回る

エダシャク亜科
オオチャバネフユエダシャク
Erannis gigantea
●♀体長13㎜前後　♂前翅長21～24㎜
●北海道、本州●10～11月●山●カラマツ、コメツガ、モミ、アカトドマツ、オオシラビソ

エダシャク亜科
チャオビフユエダシャク
Phigaliohybernia fulvinfula
●♀体長9～10㎜　♂前翅長18～19㎜●本州、四国、九州
●2～3(高地4～5)月●低～山●コナラ、クヌギ、イロハモミジ、ソメイヨシノ●東京都以西に分布

エダシャク亜科
チャバネフユエダシャク
Erannis golda
●♀体長13㎜前後　♂前翅長21～24㎜●北海道～九州、対馬、沖縄本島●11～1月●低～山●ヤナギ科、ブナ科、バラ科、ムクロジ科、カバノキ科、ツツジ科など極めて広食性

エダシャク亜科
ウスシモフリトゲエダシャク
Phigalia djakonovi
●21～24㎜●北海道、本州●3～5月
●山●サクラ類●野生の♀はまだ1頭しか見つかっていない

エダシャク亜科
シモフリトゲエダシャク
Phigalia sinuosaria
●♀体長16～20㎜　♂前翅長20～25㎜
●北海道～九州●12～4月●低～山
●ヤナギ科、ブナ科、バラ科、マメ科など広食性

エダシャク亜科
シロトゲエダシャク
Phigalia verecundaria
●♀体長13～20㎜　♂前翅長18～23㎜●北海道～九州、対馬
●2～3　寒冷地4～5月●低～山●ヤナギ科、クルミ科、ブナ科、バラ科、マメ科、ムクロジ科など広食性●交尾は深夜に行われる

エダシャク亜科
フチグロトゲエダシャク
Nyssiodes lefuarius
●♀体長14～16㎜　♂前翅長15～17㎜●北海道～九州、種子島
●3　寒冷地4～5月●河川敷など開けた草原●キク科、マメ科など各種草本、ノイバラなど広食性●晴れた日中しか活動しない

エダシャク亜科
カバシタムクゲエダシャク
Sebastosema bubonaria
●♀体長15～19㎜　♂前翅長14～16㎜●本州●3月●河畔林
●ニシキギ科●長年幻のガだったが、2016年に再発見された

フユシャク亜科
シロオビフユシャク
Alsophila japonensis

●♀体長10〜11㎜　♂前翅長17〜22㎜●北海道〜九州、対馬、屋久島●12〜2月●低〜山●ヤナギ科、ブナ科、カバノキ科、バラ科、ムクロジ科、マメ科、モクセイ科など極めて広食性

フユシャク亜科
ユキムカエフユシャク
Alsophila inouei

●♀体長10㎜前後　♂前翅長17〜20㎜●北海道、本州、九州●11〜12月●低〜山●ハンノキ、ヤマハンノキ●ハンノキ林に固有

フユシャク亜科
クロバネフユシャク
Alsophila foedata

●♀体長9㎜前後　♂前翅長11〜19㎜●本州〜九州●1〜3月●低〜山●クヌギやコナラなど（ブナ科）

フユシャク亜科
スジモンフユシャク
Alsophiloides acroama

●♀体長7〜8㎜　♂前翅長14〜16㎜●本州、九州●2〜3月●山●モミ●局所的

フユシャク亜科
クロテンフユシャク
Inurois membranaria

●♀体長8㎜前後　♂前翅長14〜17㎜●北海道〜九州、対馬●2〜3　寒冷地11〜12、3〜5月●低〜山●ブナ科、ニレ科、ツツジ科　ムクロジ科など広食性●寒冷地では初冬と早春の2化

フユシャク亜科
ウスバフユシャク
Inurois fletcheri

●♀体長7〜9㎜　♂前翅長14〜17㎜●北海道〜九州●12〜2月●低〜山●バラ科、ブナ科、ニレ科など広食性

フユシャク亜科
フタスジフユシャク
Inurois asahinai

●♀体長8㎜前後　♂前翅長14〜17㎜●北海道〜九州●11〜12月●山●サクラ類、コハウチカエデ

フユシャク亜科
ホソウスバフユシャク
Inurois tenuis

●♀体長7㎜前後　♂前翅長11〜14㎜●北海道〜九州、対馬●2〜3　寒冷地4〜5月●低〜山●カバノキ科、ブナ科、ニレ科、バラ科●フユシャク亜科では最後に出現する

フユシャク亜科
ウスモンフユシャク
Inurois fumosa

●♀体長7〜8㎜　♂前翅長14〜16㎜●北海道〜九州、対馬●12〜1月●低〜山●カリヤナギ、ツノハシバミ、カシワ、アベマキ、ヤマザクラ、ホザキカエデ

フユシャク亜科
ヤマウスバフユシャク
Inurois nikkoensis

●♀体長8〜9㎜　♂前翅長15〜19㎜●北海道、本州●11〜12月●山●バラ科（飼育）●出現期が短く出会いにくい

フユシャク亜科
シュゼンジフユシャク
Inurois kobayashii

●♀体長8㎜前後　♂前翅長15㎜前後●本州（伊豆市周辺）●1月●低〜山●ソメイヨシノ●極めて局所的

フタスジフユシャクに似るが、時期と場所が異なる

交尾をするイチモジフユナミシャク

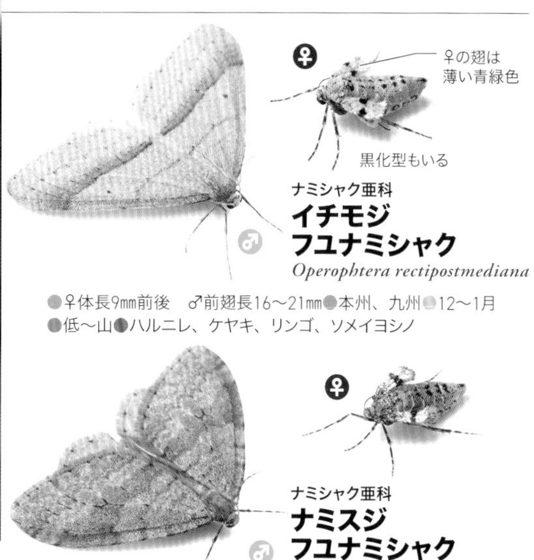

ナミシャク亜科
イチモジフユナミシャク
Operophtera rectipostmediana

●♀体長9mm前後　♂前翅長16～21mm●本州、九州●12～1月
●低～山●ハルニレ、ケヤキ、リンゴ、ソメイヨシノ

ナミシャク亜科
ナミスジフユナミシャク
Operophtera brunnea

●♀体長7.5～9.5mm　♂前翅長14～19mm●北海道～九州●12～1
寒冷地11～12)月●低～山●カバノキ科、ブナ科、クルミ科、ニレ科、ムクロジ科など極めて広食性

ナミシャク亜科
クロオビフユナミシャク
Operophtera relegata

●♀体長11mm前後　♂前翅長16～20mm●北海道～九州●12～1月
●低～山●ブナ科、バラ科、シデ類、ツツジ類など広食性

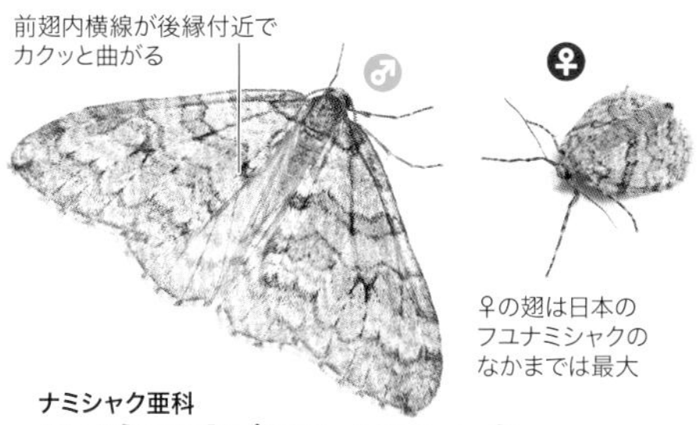

ナミシャク亜科
ヒメクロオビフユナミシャク
Operophtera crispifascia

●♀体長11mm前後　♂前翅長16～20mm●北海道、本州、九州
●10～12月●山●ブナ、イヌブナ

ナミシャク亜科
サザナミフユナミシャク
Operophtera japonaria

●♀体長8～10mm　♂前翅長15mm前後●本州
●11～12月●低●クヌギ、コナラ●やや局所的

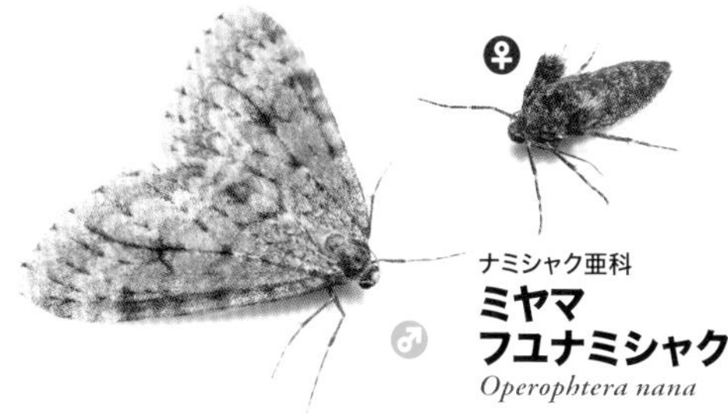

ナミシャク亜科
ミヤマフユナミシャク
Operophtera nana

●♀体長8mm前後　♂前翅長16～17mm●本州●10～11月●山
●カラマツ●フユナミシャクのなかまでは最初に出現する

コーリング

♀が交尾のために♂を呼び寄せる行動をコーリングといいます。♀は樹幹や枝などに静止し（場所によっては人工物も利用します）、腹部先端からフェロモン分泌腺を出し、性フェロモンを放出します。♂はある程度離れたところからでも触角でフェロモンを鋭敏に感知し、飛び回って♀の場所を探り当て交尾に至ります。この行動は冬尺蛾に限らず、♀が飛べる種でも一般的です。♀にライトを当てるとコーリングをやめてしまうことがあるので、交尾を観察する場合は暗くして待つのがよいでしょう。

コーリングする♀
1.カバシタムクゲエダシャク 2.チャバネフユエダシャク 3.ウスモンフユシャク 4.イチモジフユナミシャク 5.フトフタオビエダシャク 6.カシワオビキリガ

カレハガのなかま

中型から大型で、枯葉に擬態した種が多い。灯火によく飛来するが、足場のよい場所に落ち着くまで勢いよく飛び回り続ける。幼虫は毛虫で、頭部付近や尾部付近に毒針毛を持つ種が多い。成虫は無毒で摂食はしない。

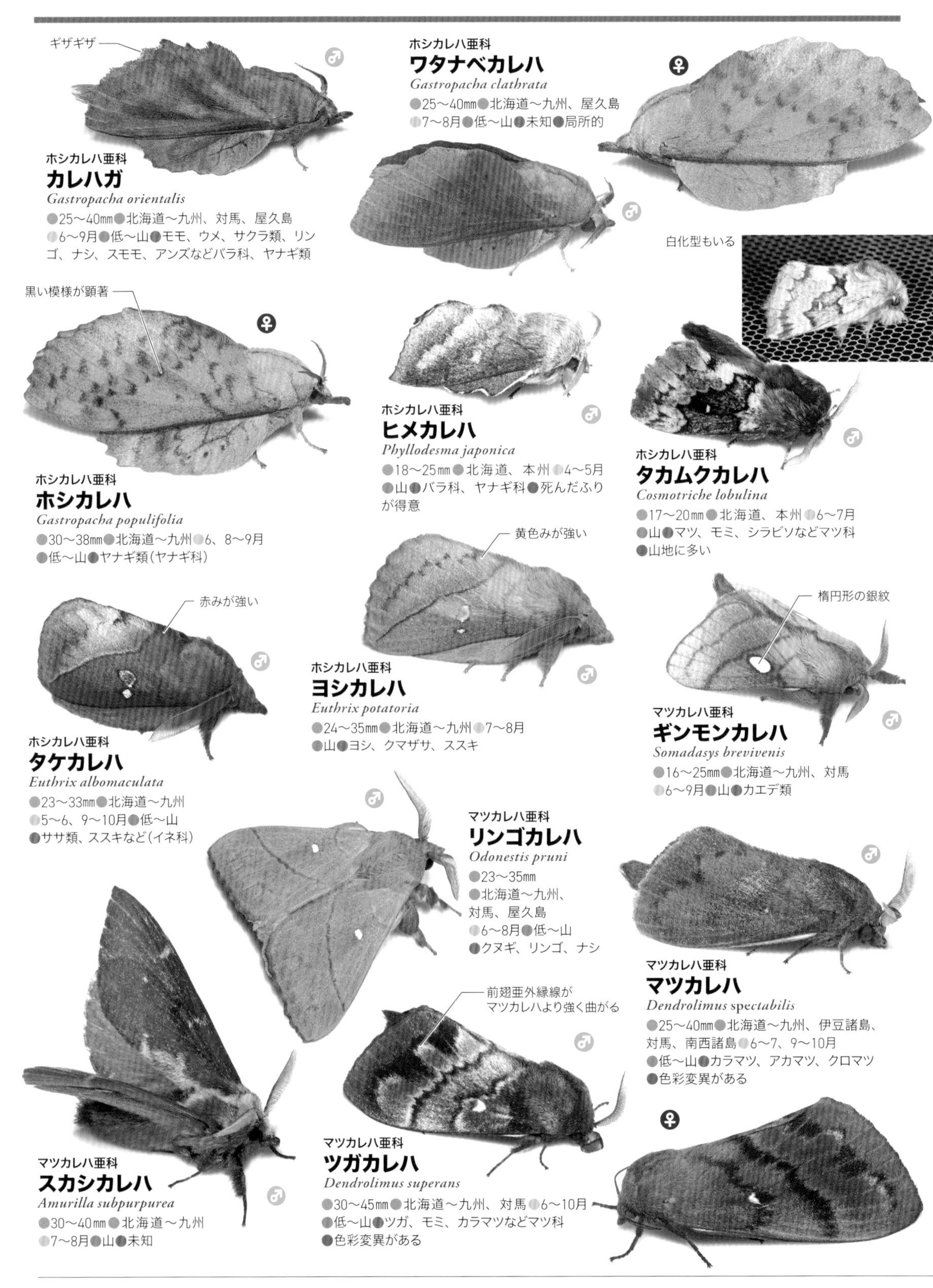

ホシカレハ亜科
カレハガ
Gastropacha orientalis
●25～40㎜●北海道～九州、対馬、屋久島●6～9月●低～山●モモ、ウメ、サクラ類、リンゴ、ナシ、スモモ、アンズなどバラ科、ヤナギ類

ホシカレハ亜科
ワタナベカレハ
Gastropacha clathrata
●25～40㎜●北海道～九州、屋久島●7～8月●低～山●未知●局所的

ホシカレハ亜科
ホシカレハ
Gastropacha populifolia
●30～38㎜●北海道～九州●6、8～9月●低～山●ヤナギ類（ヤナギ科）

ホシカレハ亜科
ヒメカレハ
Phyllodesma japonica
●18～25㎜●北海道、本州●4～5月●山●バラ科、ヤナギ科●死んだふりが得意

ホシカレハ亜科
タカムクカレハ
Cosmotriche lobulina
●17～20㎜●北海道、本州●6～7月●山●マツ、モミ、シラビソなどマツ科●山地に多い

ホシカレハ亜科
タケカレハ
Euthrix albomaculata
●23～33㎜●北海道～九州●5～6、9～10月●低～山●ササ類、ススキなど（イネ科）

ホシカレハ亜科
ヨシカレハ
Euthrix potatoria
●24～35㎜●北海道～九州●7～8月●山●ヨシ、クマザサ、ススキ

マツカレハ亜科
ギンモンカレハ
Somadasys brevivenis
●16～25㎜●北海道～九州、対馬●6～9月●山●カエデ類

マツカレハ亜科
リンゴカレハ
Odonestis pruni
●23～35㎜●北海道～九州、対馬、屋久島●6～8月●低～山●クヌギ、リンゴ、ナシ

マツカレハ亜科
マツカレハ
Dendrolimus spectabilis
●25～40㎜●北海道～九州、伊豆諸島、対馬、南西諸島●6～7、9～10月●低～山●カラマツ、アカマツ、クロマツ●色彩変異がある

マツカレハ亜科
スカシカレハ
Amurilla subpurpurea
●30～40㎜●北海道～九州●7～8月●山●未知

マツカレハ亜科
ツガカレハ
Dendrolimus superans
●30～45㎜●北海道～九州、対馬●6～10月●低～山●ツガ、モミ、カラマツなどマツ科●色彩変異がある

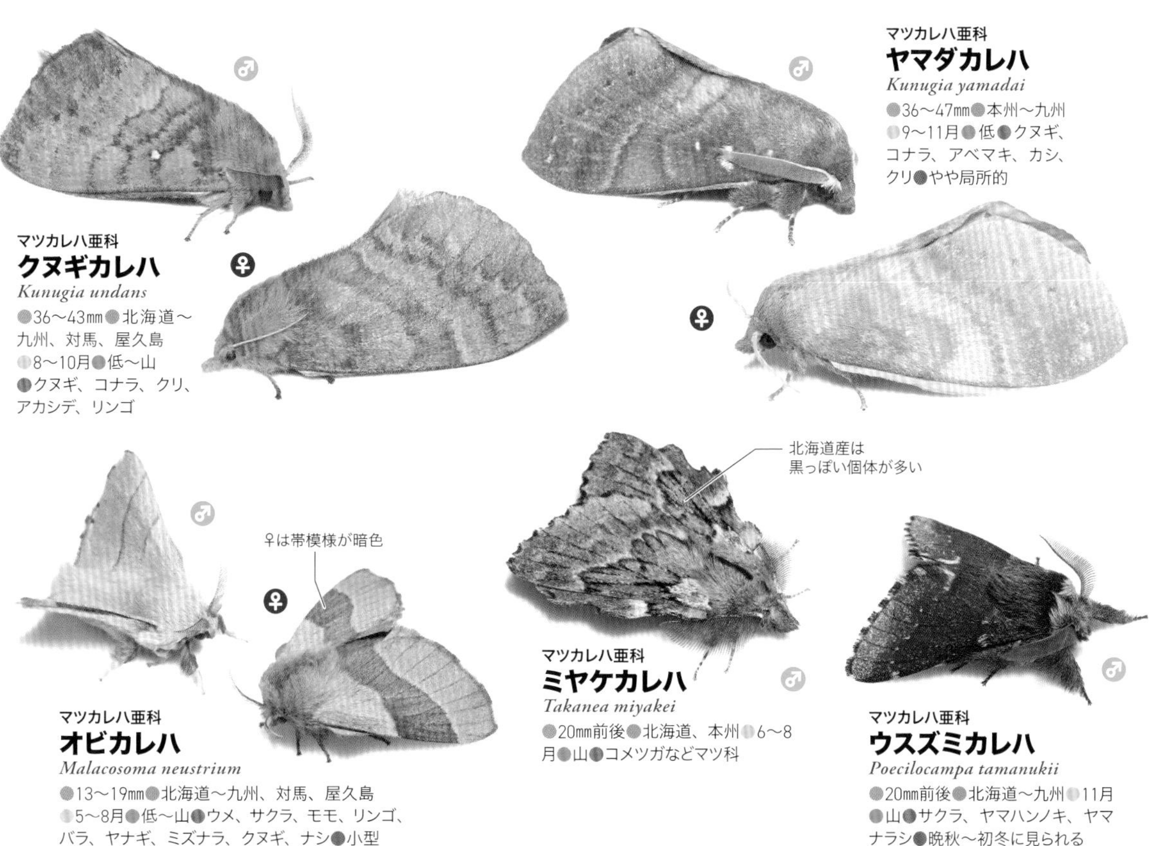

マツカレハ亜科
クヌギカレハ
Kunugia undans
●36〜43㎜●北海道〜九州、対馬、屋久島●8〜10月●低〜山●クヌギ、コナラ、クリ、アカシデ、リンゴ

マツカレハ亜科
ヤマダカレハ
Kunugia yamadai
●36〜47㎜●本州〜九州●9〜11月●低●クヌギ、コナラ、アベマキ、カシ、クリ●やや局所的

マツカレハ亜科
オビカレハ
Malacosoma neustrium
●13〜19㎜●北海道〜九州、対馬、屋久島●5〜8月●低〜山●ウメ、サクラ、モモ、リンゴ、バラ、ヤナギ、ミズナラ、クヌギ、ナシ●小型

マツカレハ亜科
ミヤケカレハ
Takanea miyakei
●20㎜前後●北海道、本州●6〜8月●山●コメツガなどマツ科

マツカレハ亜科
ウスズミカレハ
Poecilocampa tamanukii
●20㎜前後●北海道〜九州●11月●山●サクラ、ヤマハンノキ、ヤマナラシ●晩秋〜初冬に見られる

オビガのなかま

アフリカを中心に世界で100種以上が知られるが、日本には1種のみが分布し、日本固有種。成虫は摂食しない。灯火に飛来するのは♂が多い。幼虫は毛の長いケムシで無毒。

オビガ
Apha aequalis
●26㎜前後●北海道〜九州、屋久島●6、8〜9月●低〜山●ハコネウツギ、ニシキウツギ、スイカズラ、ツクシヤブウツギ、キダチニンドウ、タニワタリノキ

カイコガのなかま

繭から絹糸をとるため、古代から品種改良されてきたカイコの先祖を含むなかま。世界で50種あまりが知られ、日本には野生種が6種分布しているが、糸の採取には利用されていない。成虫は摂食しない。灯火によく飛来する。

クワコ
Bombyx mandarina
●20㎜前後●北海道〜九州、対馬、屋久島、トカラ列島●6〜11月●低〜山●ヤマグワ、マグワ(クワ科)

オオクワゴモドキ
Oberthueria falcigera
●19㎜前後●北海道〜九州●5、7〜8月●低〜山●カエデ類

カギバモドキ
Oberthueria falcigera
●20㎜前後●本州〜九州●4〜5、7〜8月●山●ヒメシャラ

スカシサン
Prismosticta hyalinata
●14〜16㎜●本州〜九州●7〜8月●山●サワフタギ、タンナサワフタギ

ヤママユガのなかま

世界最大種を含む大型のなかま。鳥などを驚かす目玉模様を持つ種が多い。成虫は摂食しない種が多く、寿命は1週間から10日程度。幼虫は一部を除いて広食性種が多い。ヤママユの黄緑色の繭からは上質の絹糸がとれる。灯火によく飛来する。

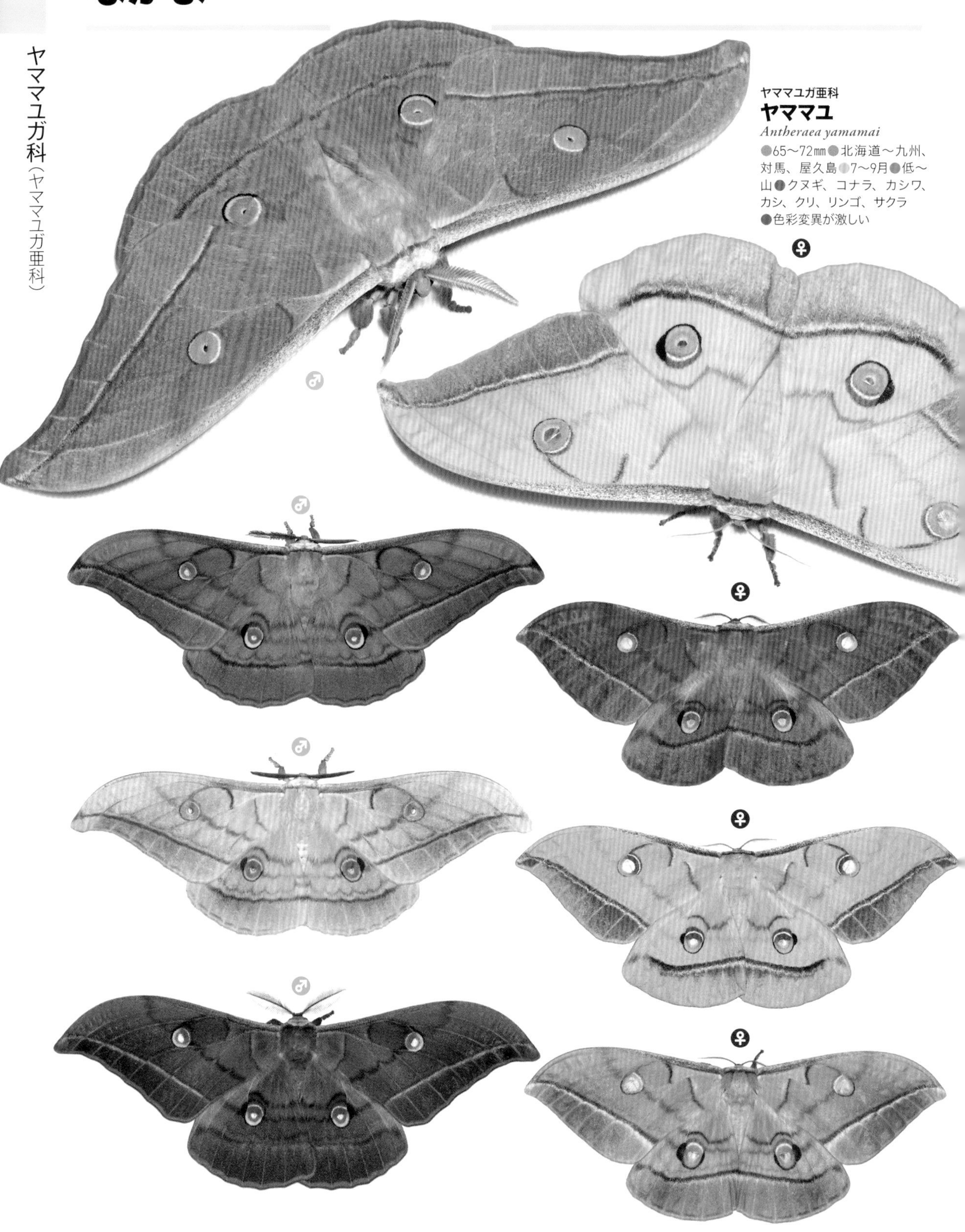

ヤママユガ亜科
ヤママユ
Antheraea yamamai
●65～72㎜●北海道～九州、対馬、屋久島●7～9月●低～山●クヌギ、コナラ、カシワ、カシ、クリ、リンゴ、サクラ●色彩変異が激しい

ヤママユガ亜科
ヒメヤママユ
Rinaca jonasii

●37～45㎜●北海道～九州、対馬、屋久島●9～11月●低～山●ブナ科、バラ科、クルミ科、ニレ科など広食性●秋に出現　色彩変異がある

ヤママユガ亜科
クスサン
Rinaca japonica

●50～68㎜●北海道～九州、屋久島、奄美大島、沖縄本島●9～10月●低～山●クルミ科、ヤナギ科、ブナ科、ニレ科、バラ科、ウルシ科など広食性●色彩変異があり、秋に出現

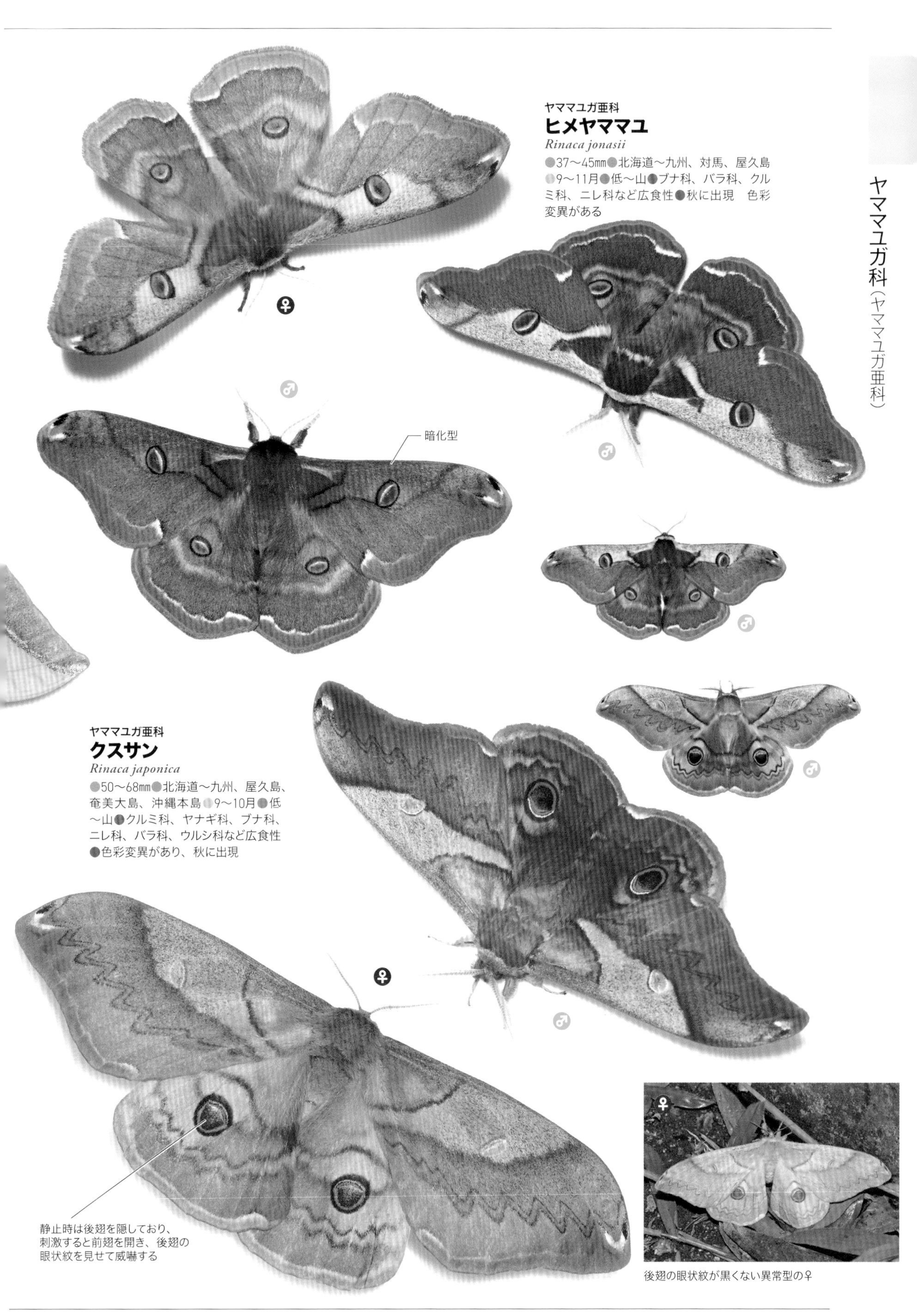

後翅の眼状紋が黒くない異常型の♀

ヤママユガ亜科
シンジュサン
Samia cynthia

●70㎜前後●北海道〜九州、対馬、南西諸島●5〜6、8〜9月●低〜山●ニワウルシ、ニガキ、キハダ、クヌギ、エゴノキ、クスノキ、ゴンズイ、ナンキンハゼ、トウゴマ、カラスザンショウ●水分を摂ることが知られる

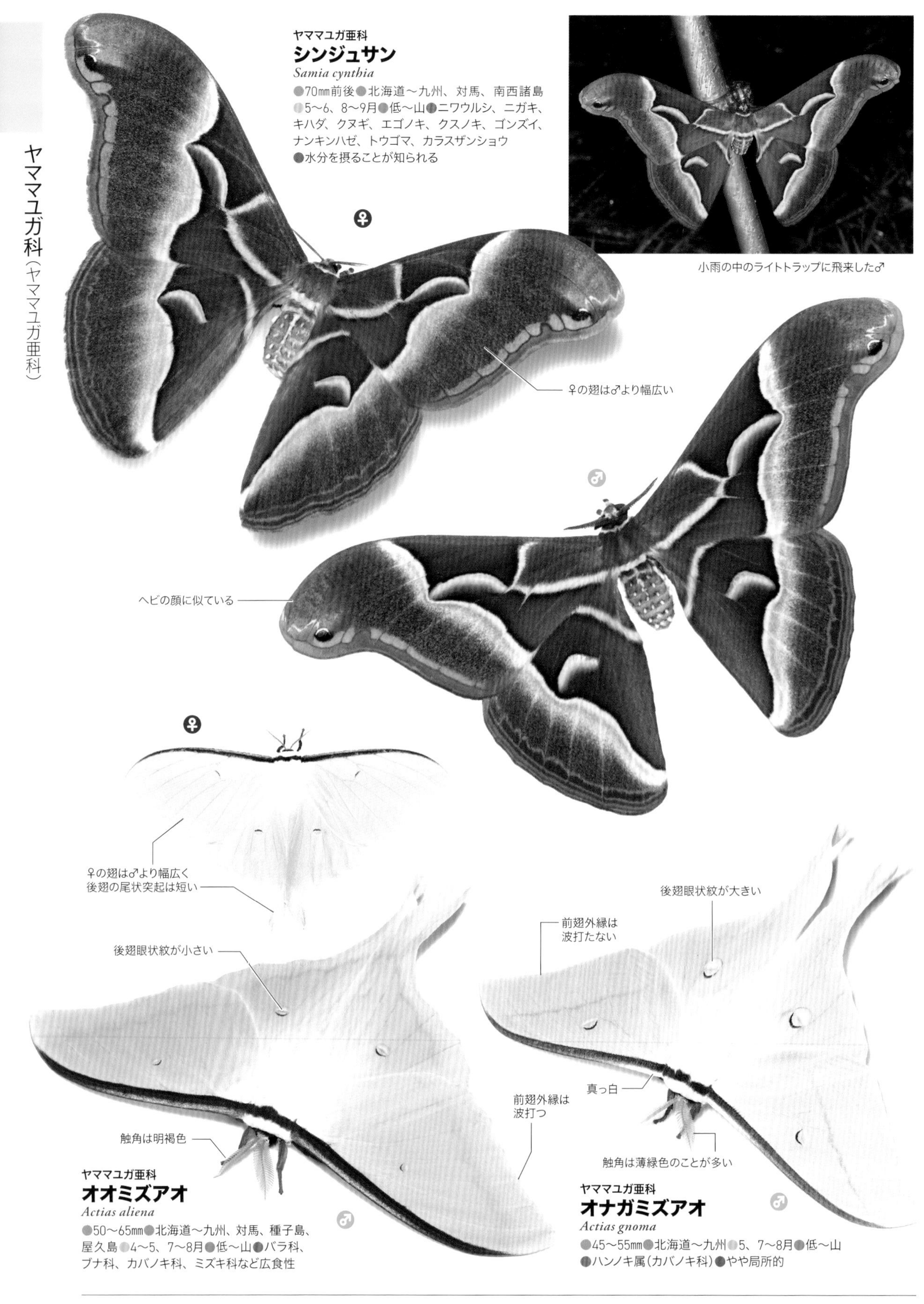

小雨の中のライトトラップに飛来した♂

ヤママユガ亜科
オオミズアオ
Actias aliena

●50〜65㎜●北海道〜九州、対馬、種子島、屋久島●4〜5、7〜8月●低〜山●バラ科、ブナ科、カバノキ科、ミズキ科など広食性

ヤママユガ亜科
オナガミズアオ
Actias gnoma

●45〜55㎜●北海道〜九州●5、7〜8月●低〜山●ハンノキ属（カバノキ科）●やや局所的

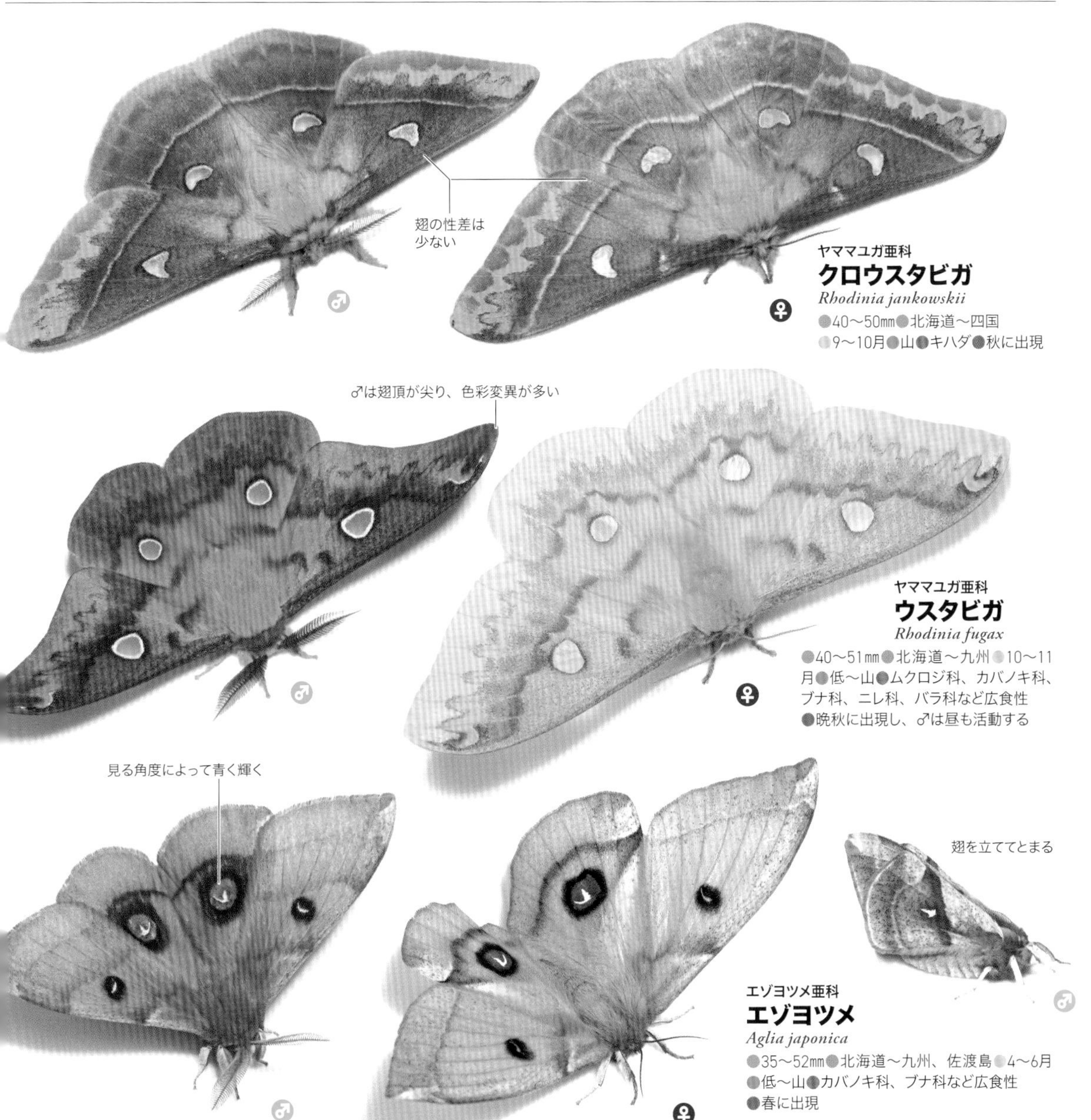

ヤママユガ亜科
クロウスタビガ
Rhodinia jankowskii

●40〜50㎜●北海道〜四国
●9〜10月●山●キハダ●秋に出現

ヤママユガ亜科
ウスタビガ
Rhodinia fugax

●40〜51㎜●北海道〜九州●10〜11月●低〜山●ムクロジ科、カバノキ科、ブナ科、ニレ科、バラ科など広食性
●晩秋に出現し、♂は昼も活動する

エゾヨツメ亜科
エゾヨツメ
Aglia japonica

●35〜52㎜●北海道〜九州、佐渡島●4〜6月
●低〜山●カバノキ科、ブナ科など広食性
●春に出現

イボタガのなかま

日本には1種が分布。成虫は春に出現する。大きさと緻密な模様の美しさは圧倒的。口吻は短いが動かすことができ、水分を摂っている可能性がある。灯火に飛来する。亜終齢までの幼虫は黒く細長い7本の突起を持つ奇妙な姿で、触れると突起を振って威嚇する。

イボタガ
Brahmaea japonica

●45〜52㎜●北海道〜九州、屋久島
●3〜5月●低〜山
●イボタノキ、モクセイ、トネリコ、ネズミモチ、ヒイラギ、マルバアオダモ
●春に出現

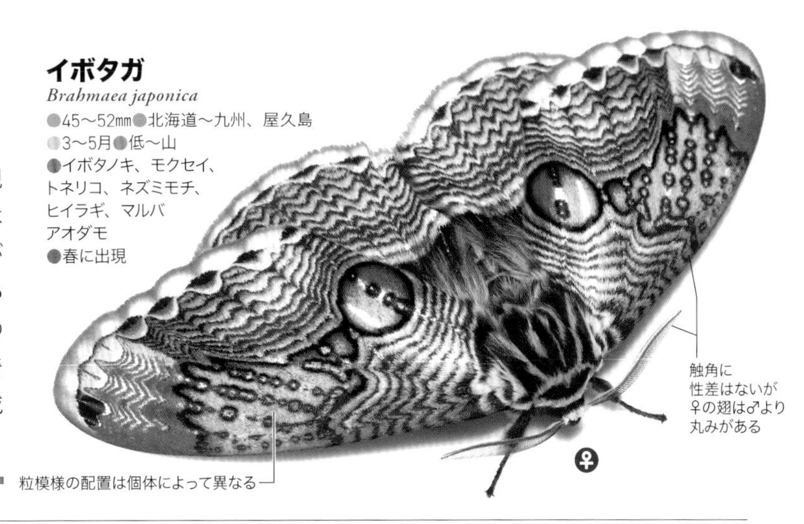

スズメガのなかま

ジェット機のようなフォルムのなかま。体に対して翅の面積が小さく、高速で羽ばたき、空気抵抗が少ないため速く飛べる。ハチドリのように器用にホバリングしながら花の蜜や樹液を吸う種、口吻がとても長い種、成虫になってからは摂食しない種がいる。

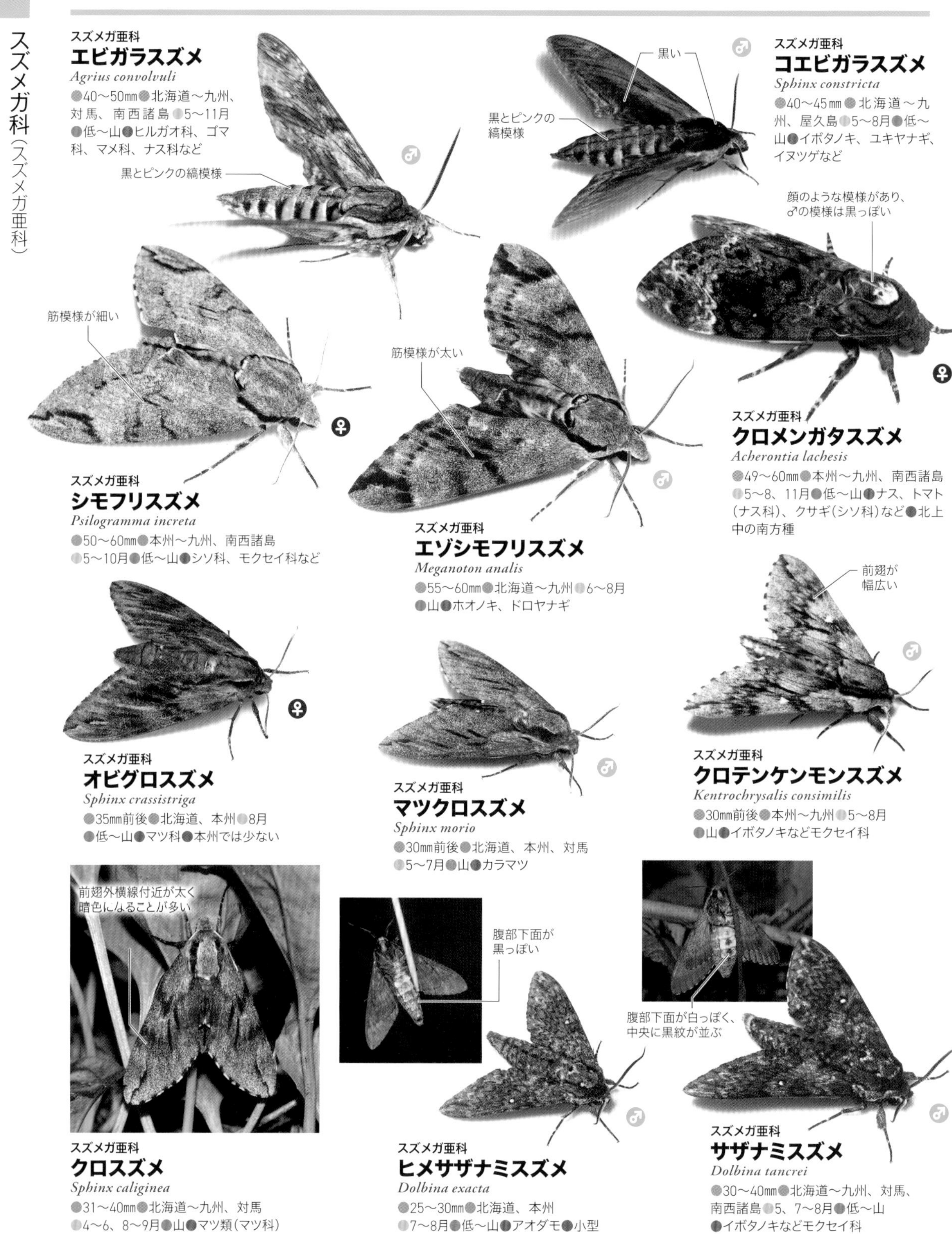

スズメガ亜科
エビガラスズメ
Agrius convolvuli
●40～50㎜●北海道～九州、対馬、南西諸島●5～11月●低～山●ヒルガオ科、ゴマ科、マメ科、ナス科など

スズメガ亜科
コエビガラスズメ
Sphinx constricta
●40～45㎜●北海道～九州、屋久島●5～8月●低～山●イボタノキ、ユキヤナギ、イヌツゲなど

スズメガ亜科
シモフリスズメ
Psilogramma increta
●50～60㎜●本州～九州、南西諸島●5～10月●低～山●シソ科、モクセイ科など

スズメガ亜科
エゾシモフリスズメ
Meganoton analis
●55～60㎜●北海道～九州●6～8月●山●ホオノキ、ドロヤナギ

スズメガ亜科
クロメンガタスズメ
Acherontia lachesis
●49～60㎜●本州～九州、南西諸島●5～8、11月●低～山●ナス、トマト（ナス科）、クサギ（シソ科）など●北上中の南方種

スズメガ亜科
オビグロスズメ
Sphinx crassistriga
●35㎜前後●北海道、本州●8月●低～山●マツ科●本州では少ない

スズメガ亜科
マツクロスズメ
Sphinx morio
●30㎜前後●北海道、本州、対馬●5～7月●山●カラマツ

スズメガ亜科
クロテンケンモンスズメ
Kentrochrysalis consimilis
●30㎜前後●本州～九州●5～8月●山●イボタノキなどモクセイ科

スズメガ亜科
クロスズメ
Sphinx caliginea
●31～40㎜●北海道～九州、対馬●4～6、8～9月●山●マツ類（マツ科）

スズメガ亜科
ヒメサザナミスズメ
Dolbina exacta
●25～30㎜●北海道、本州●7～8月●低～山●アオダモ●小型

スズメガ亜科
サザナミスズメ
Dolbina tancrei
●30～40㎜●北海道～九州、対馬、南西諸島●5、7～8月●低～山●イボタノキなどモクセイ科

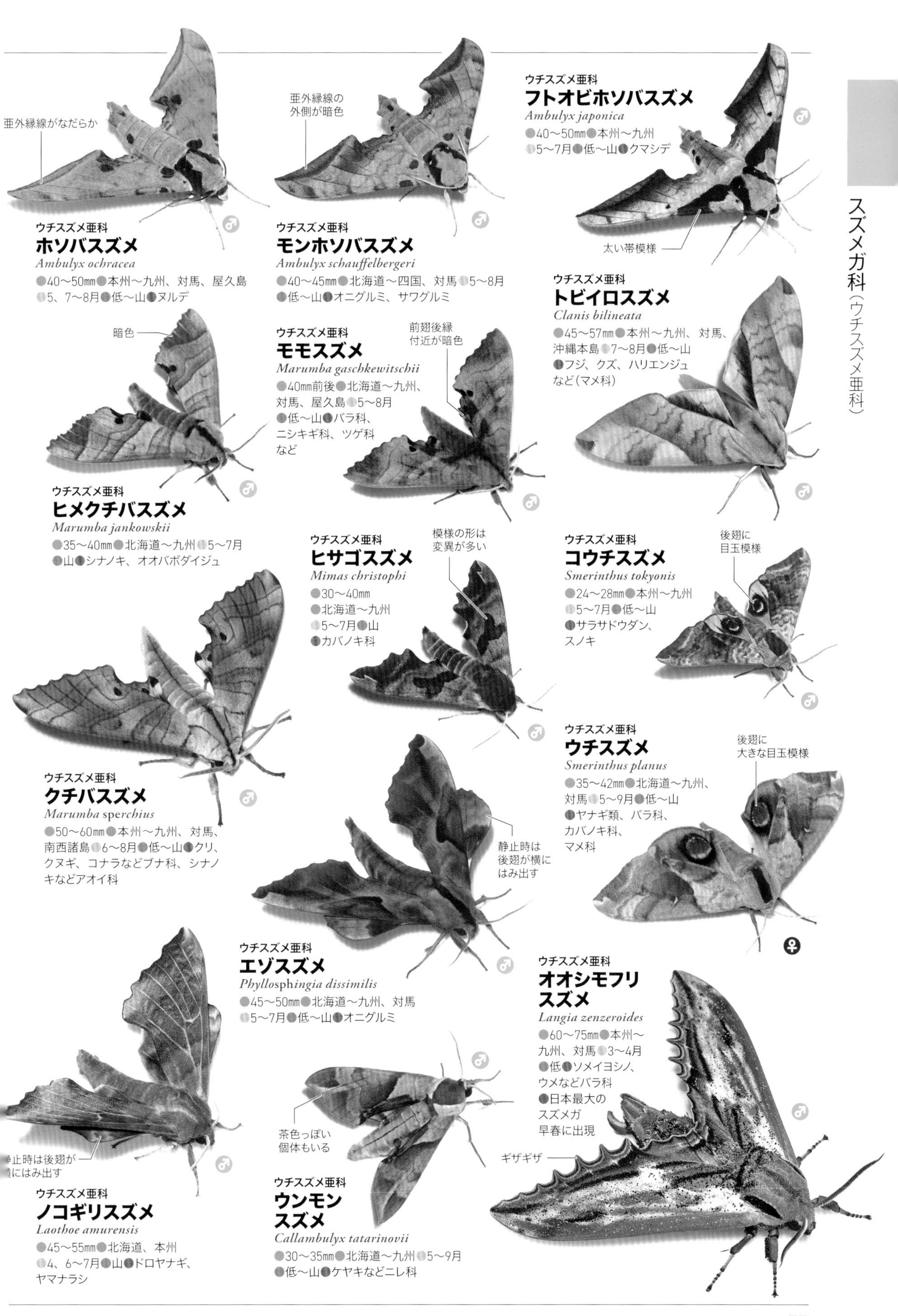

ウチスズメ亜科
ホソバスズメ
Ambulyx ochracea
●40〜50㎜●本州〜九州、対馬、屋久島
●5、7〜8月●低〜山●ヌルデ

ウチスズメ亜科
モンホソバスズメ
Ambulyx schauffelbergeri
●40〜45㎜●北海道〜四国、対馬●5〜8月
●低〜山●オニグルミ、サワグルミ

ウチスズメ亜科
フトオビホソバスズメ
Ambulyx japonica
●40〜50㎜●本州〜九州
●5〜7月●低〜山●クマシデ

ウチスズメ亜科
トビイロスズメ
Clanis bilineata
●45〜57㎜●本州〜九州、対馬、沖縄本島●7〜8月●低〜山●フジ、クズ、ハリエンジュなど(マメ科)

ウチスズメ亜科
モモスズメ
Marumba gaschkewitschii
●40㎜前後●北海道〜九州、対馬、屋久島●5〜8月●低〜山●バラ科、ニシキギ科、ツゲ科など

ウチスズメ亜科
ヒメクチバスズメ
Marumba jankowskii
●35〜40㎜●北海道〜九州●5〜7月
●山●シナノキ、オオバボダイジュ

ウチスズメ亜科
ヒサゴスズメ
Mimas christophi
●30〜40㎜
●北海道〜九州
●5〜7月●山
●カバノキ科

ウチスズメ亜科
コウチスズメ
Smerinthus tokyonis
●24〜28㎜●本州〜九州
●5〜7月●低〜山
●サラサドウダン、スノキ

ウチスズメ亜科
クチバスズメ
Marumba sperchius
●50〜60㎜●本州〜九州、対馬、南西諸島●6〜8月●低〜山●クリ、クヌギ、コナラなどブナ科、シナノキなどアオイ科

ウチスズメ亜科
ウチスズメ
Smerinthus planus
●35〜42㎜●北海道〜九州、対馬●5〜9月●低〜山●ヤナギ類、バラ科、カバノキ科、マメ科

ウチスズメ亜科
エゾスズメ
Phyllosphingia dissimilis
●45〜50㎜●北海道〜九州、対馬
●5〜7月●低〜山●オニグルミ

ウチスズメ亜科
オオシモフリスズメ
Langia zenzeroides
●60〜75㎜●本州〜九州、対馬●3〜4月●低●ソメイヨシノ、ウメなどバラ科●日本最大のスズメガ早春に出現

ウチスズメ亜科
ノコギリスズメ
Laothoe amurensis
●45〜55㎜●北海道、本州
●4、6〜7月●山●ドロヤナギ、ヤマナラシ

ウチスズメ亜科
ウンモンスズメ
Callambulyx tatarinovii
●30〜35㎜●北海道〜九州●5〜9月
●低〜山●ケヤキなどニレ科

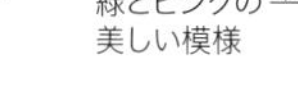

ホウジャク亜科
ブドウスズメ
Acosmeryx castanea
●40㎜前後●北海道～九州、奄美群島、沖縄本島●6～9月●低●ヤブガラシ、ノブドウ、エビヅル、ツタなどブドウ科

ホウジャク亜科
キョウチクトウスズメ
Daphnis nerii
●39～45㎜●九州、南西諸島●5～10月●低●キョウチクトウ、ニチニチソウなど●四国、本州西南部でも稀に見られるが定着はしていない

ホウジャク亜科
ハネナガブドウスズメ
Acosmeryx naga
●43～50㎜●北海道～九州、奄美群島●4～6月●山●サルナシ、ヤブカラシ、ブドウ、ノブドウ

ホウジャク亜科
オオスカシバ
Cephonodes hylas
●26～30㎜●本州～九州、対馬、南西諸島●5～9月●低～山●クチナシ、タニワタリノキなど

ホウジャク亜科
クルマスズメ
Ampelophaga rubiginosa
●40～45㎜●北海道～九州、対馬、屋久島●6～8月●低～山●ツタ、ノブドウ、エビヅル、ノリウツギ、キウイ●コナラなどの樹液を飛びながら吸う

ホウジャク亜科
ホシホウジャク
Macroglossum pyrrhosticta
●23～25㎜●北海道～九州、対馬、南西諸島●7～11月●低～山●ヘクソカズラ、アカネ●朝方と夕方に花の蜜に集まる

ホウジャク亜科
ホシヒメホウジャク
Neogurelca himachala
●16～20㎜●北海道～九州、種子島、屋久島●6～7、8～10月●低～山●ヘクソカズラ

ホウジャク亜科
クロホウジャク
Macroglossum saga
●30㎜前後●北海道～九州、対馬、南西諸島●6～9月●低～山●ユズリハ、ヒメユズリハ

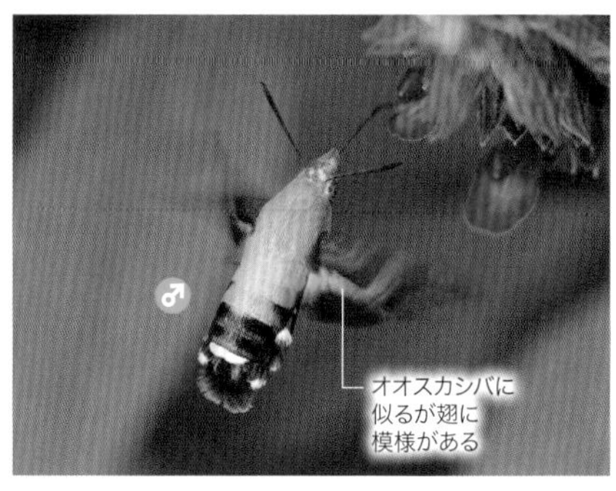

ホウジャク亜科
ヒメクロホウジャク
Macroglossum bombylans
●15～18㎜●北海道～九州、対馬、南西諸島●5、7～10月●低●アカネ、ヘクソカズラ、アケビ

ホウジャク亜科
ベニスズメ
Deilephila elpenor
●20〜25㎜●北海道〜九州、対馬、南西諸島●4〜9月●低〜山
●オオマツヨイグサ、ツキミソウ、ホウセンカ、ツリフネソウ、ミソハギ、ブドウ、シロツメクサなど
●コナラなどの樹液を飛びながら吸う

ホウジャク亜科
ヒメスズメ
Deilephila askoldensis
●20〜25㎜
●北海道〜九州
●6〜8月●草原
●カワラマツバ、キバナカワラマツバ

ホウジャク亜科
コスズメ
Theretra japonica
●25〜30㎜
●北海道〜九州、対馬、南西諸島●5〜9月●低〜山
●ヤブガラシ、ノブドウなど（ブドウ科）

ホウジャク亜科
ビロードスズメ
Rhagastis mongoliana
●25〜30㎜●本州〜九州、対馬、屋久島●5〜8月●低〜山●テンナンショウ類（サトイモ科）、ブドウ科など

ホウジャク亜科
セスジスズメ
Theretra oldenlandiae
●30〜35㎜●北海道〜九州、対馬、南西諸島●5〜10月●低〜山
●ブドウ科、ヒルガオ科

ホウジャク亜科
ミスジビロードスズメ
Rhagastis trilineata
●20〜25㎜
●本州〜九州、対馬、屋久島
●6〜7月●山
●ガクウツギ、ヤマアジサイ、ガクアジサイ

ホウジャク亜科
キイロスズメ
Theretra nessus
●40〜45㎜
●本州〜九州、南西諸島
●5〜10月●低〜山
●ヤマノイモ、ツクネイモ、ナガイモ

スズメガの口吻

スズメガ科はスズメガ、ウチスズメ、ホウジャクの3つの亜科に分けられていますが、そのうちウチスズメ亜科のなかまは成虫になってからは摂食せず、幼虫のときにたくわえた栄養だけで活動します。花の蜜や樹液をなめないので、口吻は小さく退化しているか消失しています。口吻は左右の下唇鬚の間に渦巻き状に丸めて格納されますが、写真左はクロメンガタスズメ（スズメガ亜科）で、がっしりとした口吻が見えます。一方中央のオオシモフリスズメ（ウチスズメ亜科）の口吻はかなり小さく、伸ばしても1cmほどしかありません。右のコウチスズメ（ウチスズメ亜科）では全く見えず、ほぼ退化しているのがわかります。ホウジャク亜科では、種によって多少違いますが、オオスカシバなどの写真でわかるように、伸ばすと体長と同じくらいの長さのある口吻で花の蜜を吸います。スズメガ亜科にはとても長い口吻を持つ種がおり、エビガラスズメでは11cmほど、マダガスカルに生息するキサントパンスズメは30cm近くもあり、世界最長とされています。種それぞれが好みの花の蜜腺に届く長さに対応した進化を遂げているのです。

クロメンガタスズメ

オオシモフリスズメ

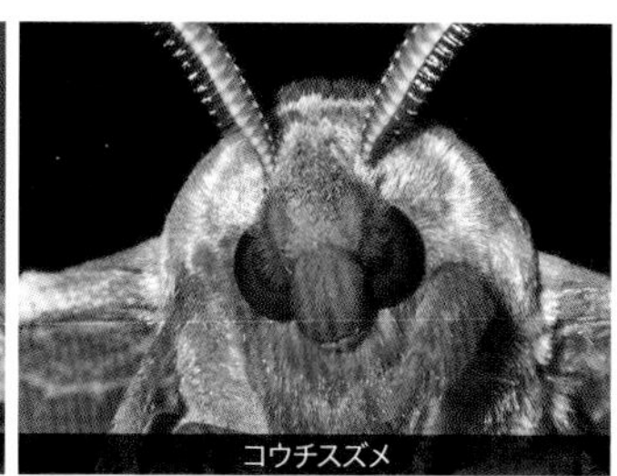
コウチスズメ

シャチホコガのなかま

成虫の口吻は退化傾向で、花蜜や樹液などでの観察例はほとんどないが、水分やミネラルを摂る数種は確認されている。灯火によく飛来する。幼虫は奇抜な姿の種が多く、そり返って威嚇する姿が城の天守の屋根飾りで知られる「鯱鉾」を思わせることが和名の由来。

ハネブサシャチホコ亜科
ハネブサシャチホコ
Platychasma virgo
●17mm前後●本州～九州
●6～8月●山●カジカエデ

ツマアカシャチホコ亜科
ツマアカシャチホコ
Clostera anachoreta
●17mm前後●北海道～九州、対馬、屋久島
●5～8月●低～山●イイギリ、ヤナギ科

ツマアカシャチホコ亜科
ニセツマアカシャチホコ
Clostera albosigma
●16mm前後●北海道～九州●5～8月
●山●ミネヤナギ、ヤナギ、ヤマナラシ

ツマアカシャチホコ亜科
ヒナシャチホコ
Micromelalopha troglodyta
●10～13mm●北海道～四国
●5～9月●低～山●ヤマナラシ、セイヨウハコヤナギ●日本のシャチホコガでは最小

ツマアカシャチホコ亜科
セグロシャチホコ
Clostera anastomosis
●15mm前後●北海道～九州、対馬、沖縄本島
●6～9月●低～山●ヤナギ科、イイギリ

ツマアカシャチホコ亜科
コフタオビシャチホコ
Gluphisia crenata
●15mm前後●北海道、本州
●5～8月●山●ヤマナラシ

トビモンシャチホコ亜科
ヘリスジシャチホコ
Neopheosia fasciata
●22mm前後
●本州～九州、対馬
●5～9月●山
●バラ科、アセビ

ツマアカシャチホコ亜科
クワゴモドキシャチホコ
Gonoclostera timoniorum
●14mm前後●北海道～九州
●4～10月●低～山●イヌコリヤナギ

トビモンシャチホコ亜科
ホソバシャチホコ
Fentonia ocypete
●21mm前後●北海道～九州、対馬、屋久島●5～6、8月●低～山
●コナラ、クヌギ、ミズナラ、アラカシ

トビモンシャチホコ亜科
モンクロギンシャチホコ
Wilemanus bidentatus
●18mm前後●本州～九州、対馬
●6～8月●低～山●ザイフリボク、ソメイヨシノなどバラ科

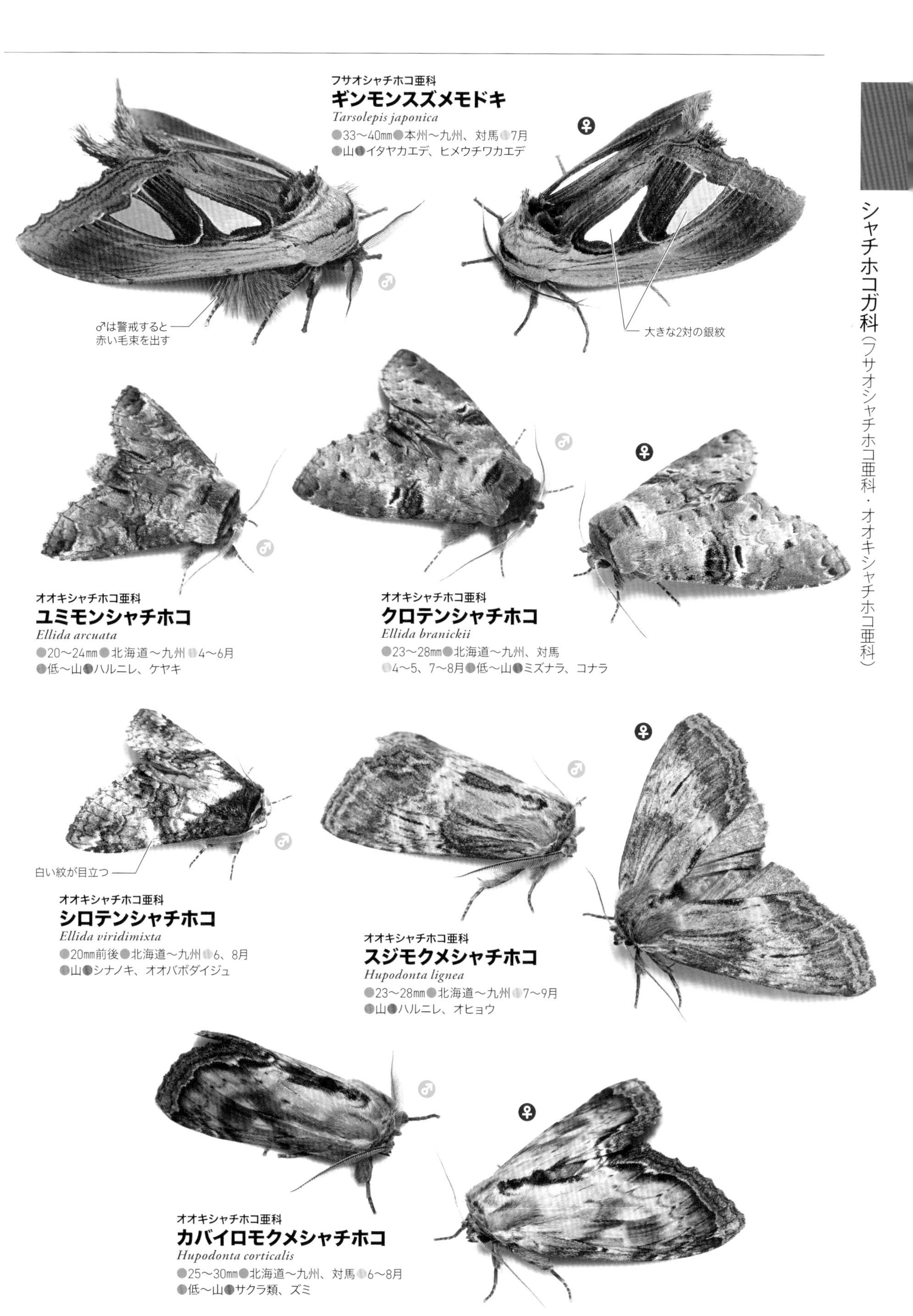

フサオシャチホコ亜科
ギンモンスズメモドキ
Tarsolepis japonica
●33〜40㎜●本州〜九州、対馬●7月
●山●イタヤカエデ、ヒメウチワカエデ

オオキシャチホコ亜科
ユミモンシャチホコ
Ellida arcuata
●20〜24㎜●北海道〜九州●4〜6月
●低〜山●ハルニレ、ケヤキ

オオキシャチホコ亜科
クロテンシャチホコ
Ellida branickii
●23〜28㎜●北海道〜九州、対馬
●4〜5、7〜8月●低〜山●ミズナラ、コナラ

オオキシャチホコ亜科
シロテンシャチホコ
Ellida viridimixta
●20㎜前後●北海道〜九州●6、8月
●山●シナノキ、オオバボダイジュ

オオキシャチホコ亜科
スジモクメシャチホコ
Hupodonta lignea
●23〜28㎜●北海道〜九州●7〜9月
●山●ハルニレ、オヒョウ

オオキシャチホコ亜科
カバイロモクメシャチホコ
Hupodonta corticalis
●25〜30㎜●北海道〜九州、対馬●6〜8月
●低〜山●サクラ類、ズミ

ギンモンシャチホコ亜科 ギンモンシャチホコ族
ウスイロギンモンシャチホコ
Spatalia doerriesi
●16～18㎜●北海道～九州、対馬●5～8月●低～山●ミズナラ、コナラ

ギンモンシャチホコ亜科
ギンモンシャチホコ族
エゾギンモンシャチホコ
Spatalia jezoensis
●20㎜前後●北海道～九州●5～6、8～9月●山●ブナ

ギンモンシャチホコ亜科
キシャチホコ族
ウスキシャチホコ
Mimopydna pallida
●22㎜前後●北海道～九州●5～8月●低～山●ススキ、ササ類

ギンモンシャチホコ亜科
ギンモンシャチホコ族
ギンモンシャチホコ
Spatalia dives
●20㎜前後●北海道～九州、対馬●5～6、7～8月●山●ハルニレ、オヒョウ、ケヤキ

ギンモンシャチホコ亜科
キシャチホコ族
カバイロシャチホコ
Ramesa tosta
●16～18㎜●本州～九州●7～8月●草原●未知●局所的

ギンモンシャチホコ亜科
キシャチホコ族
キシャチホコ
Cutuza straminea
●20㎜前後●北海道～九州、種子島●4～6、8～9月●低～山●ネザサ類、クマザサ類

ギンモンシャチホコ亜科 キシャチホコ族
オオエグリシャチホコ
Pterostoma gigantinum

●26㎜前後●北海道～九州●5～6、7～8月●低～山●フジ、イヌエンジュ、ニセアカシア

ギンモンシャチホコ亜科 キシャチホコ族
トリゲキシャチホコ
Torigea plumosa
●22～24㎜●本州～九州●5～7月●山●クマザサ

ツマキシャチホコ亜科
タカサゴツマキシャチホコ
Phalera takasagoensis
●20～25㎜●本州～九州、対馬●8～9月●低●クヌギ●小型

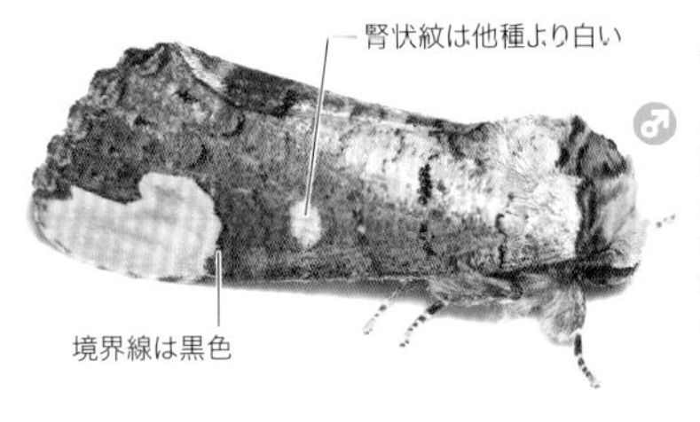

ツマキシャチホコ亜科
ムクツマキシャチホコ
Phalera angustipennis
●28～30㎜●本州～九州、対馬●8月●低～山●ムクノキ、アキニレ、ケヤキ

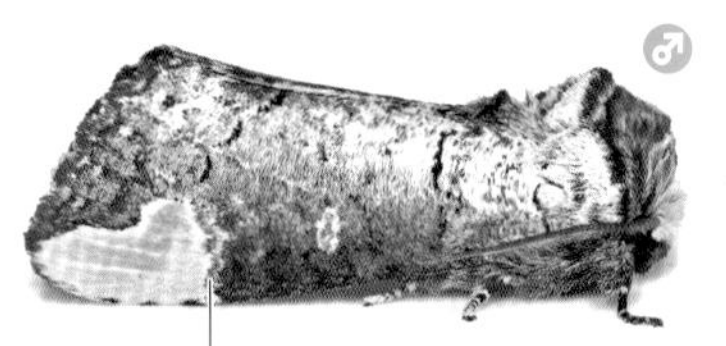

ツマキシャチホコ亜科
ツマキシャチホコ
Phalera assimilis
●24～30㎜●北海道～九州、対馬●6～8月●低～山●コナラ、クヌギ、アラカシ、ウバメガシ

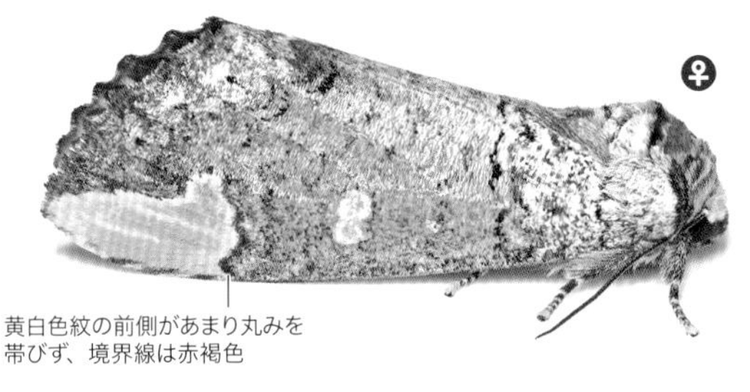

ツマキシャチホコ亜科
クロツマキシャチホコ
Phalera minor
●25～34㎜●本州～九州、屋久島、奄美大島、沖縄本島●7～9月●低～山●ウバメガシ、クヌギ、コナラ、アラカシ●♀は本属中最大

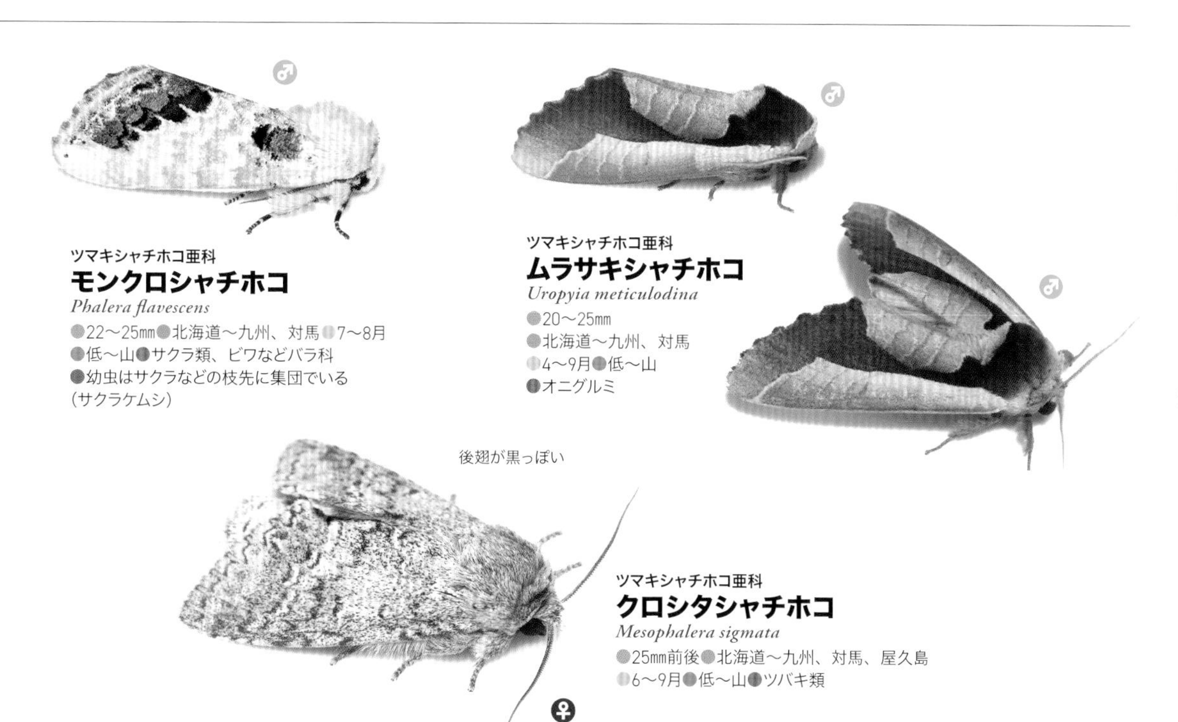

ツマキシャチホコ亜科
モンクロシャチホコ
Phalera flavescens
●22〜25㎜●北海道〜九州、対馬●7〜8月
●低〜山●サクラ類、ビワなどバラ科
●幼虫はサクラなどの枝先に集団でいる（サクラケムシ）

ツマキシャチホコ亜科
ムラサキシャチホコ
Uropyia meticulodina
●20〜25㎜
●北海道〜九州、対馬
●4〜9月●低〜山
●オニグルミ

ツマキシャチホコ亜科
クロシタシャチホコ
Mesophalera sigmata
●25㎜前後●北海道〜九州、対馬、屋久島
●6〜9月●低〜山●ツバキ類

隠蔽的擬態

夜行性のガは、昼間はそれぞれ好みの場所で休んでいます。木の「うろ」の中や樹皮の裂け目、落ち葉の下、石のすきまなどに潜りこんでいる種もいれば、木や草の葉のうらに隠れている種もいます。ほかには木の幹や葉の上など、鳥などからよく見える場所にもかかわらず、それらの場所にそっくりな色や質感を身にまとった種、そしてムラサキシャチホコのように、葉の上に引っかかった枯葉になりすます、状況をふまえた、とても手の込んだ擬態をする種もいます。実際にムラサキシャチホコは昼間は木や草の葉の上で休んでおり、そういうガがいると知っていて見ないと、まず気がつくことはないでしょう。枯葉の色や質感、形そのものを模したガやほかの昆虫は多くいますが、一流の画家が描いたような、絶妙の陰影がついたリアルな立体感は、一体どのような進化をたどって身につけたのでしょうか。自然の大きな不思議のひとつです。

ムラサキシャチホコの擬態のモデルと思われる状況

オオヤマザクラの樹幹にいたムクゲエダシャク

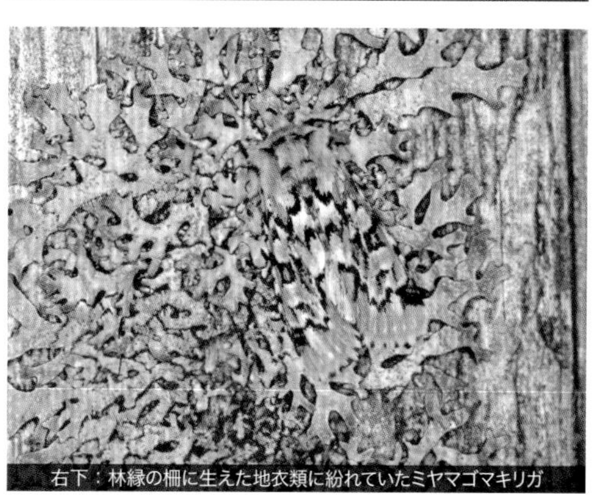
右下：林縁の柵に生えた地衣類に紛れていたミヤマゴマキリガ

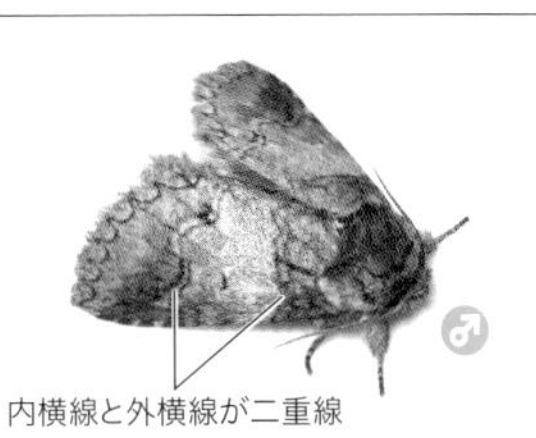

ウチキシャチホコ亜科 ネグロシャチホコ族
フタジマネグロシャチホコ
Neodrymonia delia
●18㎜前後●本州～九州●6、8月
●低～山●サワフタギ

ウチキシャチホコ亜科
ネグロシャチホコ族
オオネグロシャチホコ
Eufentonia nihonica
●25㎜前後●本州～九州、屋久島
●5～8月●低～山●ヒメシャラ、ナツツバキ

ウチキシャチホコ亜科 シャチホコガ族
バイバラシロシャチホコ
Cnethodonta grisescens
●17～23㎜●北海道～九州、対馬●5～6、8～9月
●低●オニグルミ、クマシデ●低地～低山地に多い

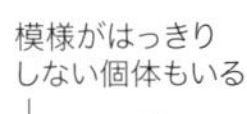

ウチキシャチホコ亜科
ネグロシャチホコ族
ホソバネグロシャチホコ
Disparia diluta
●23㎜前後●本州～九州、対馬、三宅島、南西諸島●5～8月
●低～山●ヒサカキ

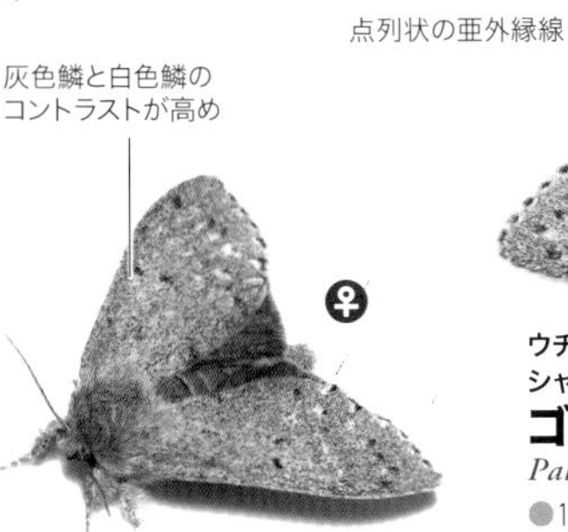

ウチキシャチホコ亜科
シャチホコガ族
シロシャチホコ
Cnethodonta japonica
●20～25㎜●本州～九州●5～6、8～9月●山
●カバノキ科、ブナ科、バラ科など広食性●山地に多い

ウチキシャチホコ亜科
シャチホコガ族
ゴマダラシャチホコ
Palaeostauropus obliteratus
●18㎜前後●本州～九州
●7～8月●山●モミ、シラビソ

ウチキシャチホコ亜科 シャチホコガ族
シャチホコガ
Stauropus fagi
●26～33㎜●北海道～九州、対馬、屋久島●4～9月●低～山●ムクロジ科、ブナ科、バラ科など広食性

ウチキシャチホコ亜科 シャチホコガ族
アオバシャチホコ
Zaranga permagna
●25～33㎜●北海道～九州、対馬、伊豆諸島●5～9月●低～山●ヤマボウシ、ミズキ、クマノミズキ

ウチキシャチホコ亜科
シャチホコガ族
ヒメシャチホコ
Stauropus basalis
●18㎜前後●北海道～九州、対馬
●5～6、8月●草原●ハギ類、ハシバミ、ハリエンジュ

ウチキシャチホコ亜科
シャチホコガ族
ブナアオシャチホコ
Syntypistis punctatella
●18～21㎜●北海道～九州
●5～6、8～9月●山●ブナ、イヌブナ

ウチキシャチホコ亜科 シャチホコガ族
オオアオシャチホコ
Syntypistis cyanea
●20～25㎜●本州～九州、対馬、屋久島
●3～8月●低～山●エゴノキ、ハクウンボク

ウチキシャチホコ亜科
シャチホコガ族
アオシャチホコ
Syntypistis japonica
●20～25㎜●本州～九州●5～6、8月
●低～山●エゴノキ

ウチキシャチホコ亜科
シャチホコガ族
プライヤアオシャチホコ
Syntypistis pryeri
●20㎜前後●北海道～九州
●5～6、8月●低～山
●クヌギ

ウチキシャチホコ亜科
モクメシャチホコ族
ギンシャチホコ
Harpyia umbrosa
●22㎜前後●北海道〜九州、対馬
●5、7月●低〜山●コナラ、クリ
●日本亜種名は「銀閣寺」

ウチキシャチホコ亜科
モクメシャチホコ族
ニッコウシャチホコ
Shachia circumscripta
●16㎜前後●北海道〜九州
●6〜8月●山
●オニグルミ、サワグルミ

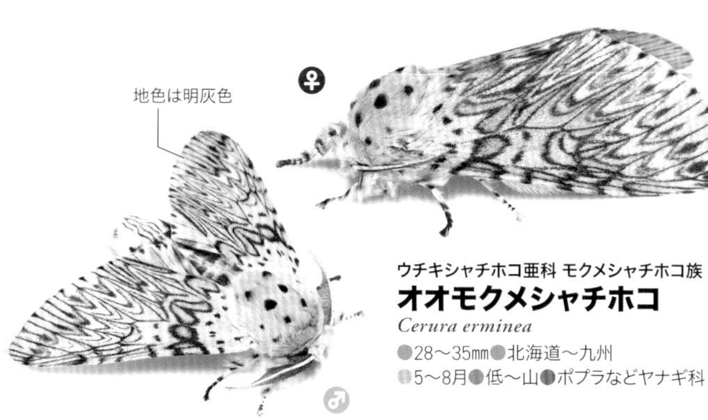

ウチキシャチホコ亜科 モクメシャチホコ族
オオモクメシャチホコ
Cerura erminea
●28〜35㎜●北海道〜九州
●5〜8月●低〜山●ポプラなどヤナギ科

ウチキシャチホコ亜科
モクメシャチホコ族
タッタカ モクメシャチホコ
Kamalia tattakana
●28〜35㎜●本州〜九州、対馬、屋久島、南西諸島
●5〜8月●山●イイギリ

ウチキシャチホコ亜科 モクメシャチホコ族
ホシナカグロ モクメシャチホコ
Furcula bicuspis
●18㎜前後●北海道〜四国●6〜9月
●山●シラカンバ、ヤシャブシ

ウチキシャチホコ亜科 モクメシャチホコ族
ナカグロモクメシャチホコ
Furcula furcula
●17㎜前後●北海道〜九州
●5〜9月●山●ヤナギ、ポプラ

ウチキシャチホコ亜科
ウチキシャチホコ族
タカオシャチホコ
Hiradonta takaonis
●22㎜前後●北海道〜九州、対馬、屋久島●6、8月●低〜山●エノキ
●ウスグロシャチホコ、ツマジロシャチホコに似る

ウチキシャチホコ亜科
ウチキシャチホコ族
カエデシャチホコ
Semidonta biloba
●20㎜前後●北海道〜九州、対馬
●6〜7、9月●山●トチノキ、カエデ類

ウチキシャチホコ亜科
ウチキシャチホコ族
クロスジシャチホコ
Lophocosma sarantuja
●21㎜前後●北海道〜九州、対馬
●4〜6、8〜9月●低〜山●シデ類、ヤシャブシなどカバノキ科

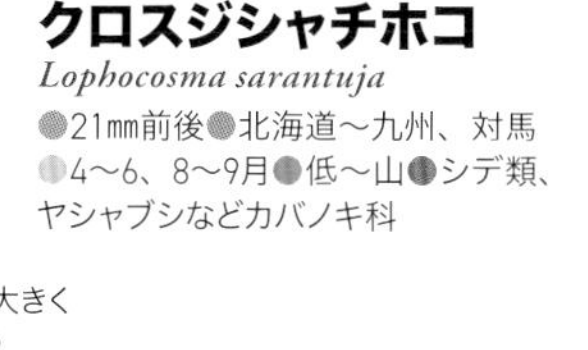

ウチキシャチホコ亜科
ウチキシャチホコ族
アカシャチホコ
Gangaridopsis citrina
●25㎜前後●本州〜九州
●5〜6、8〜9月●山●マンサク

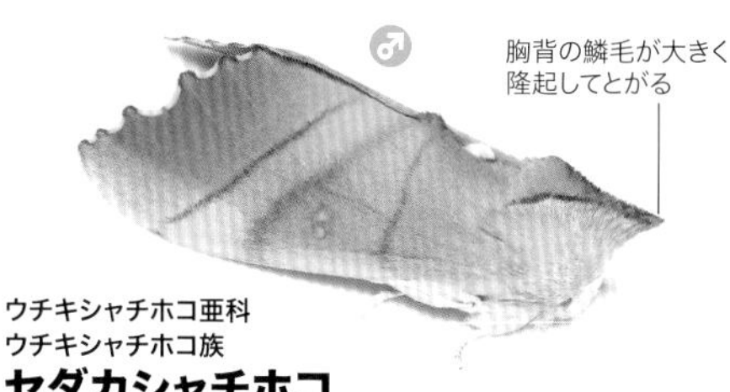

ウチキシャチホコ亜科
ウチキシャチホコ族
セダカシャチホコ
Euhampsonia cristata
●35〜40㎜●北海道〜九州、南西諸島●5〜6、8月
●低〜山●コナラ、クヌギ、カシ類など

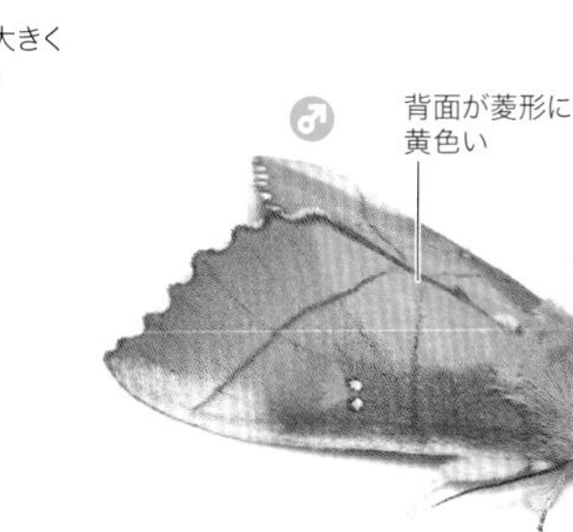

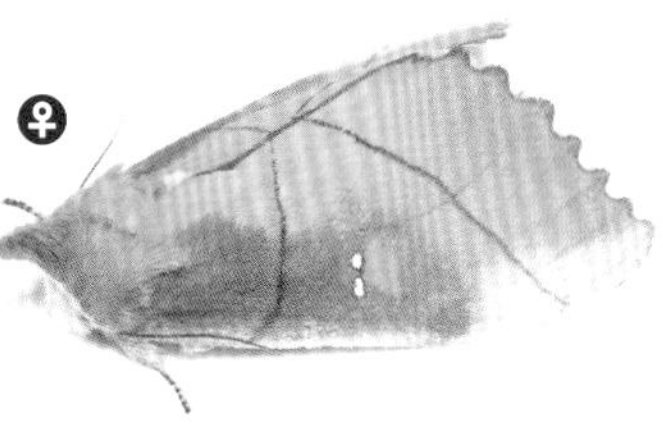

ウチキシャチホコ亜科 ウチキシャチホコ族
アオセダカシャチホコ
Euhampsonia splendida
●26〜35㎜●北海道〜九州●5、8月
●山●コナラ

ウチキシャチホコ亜科
ウチキシャチホコ族
ナカスジシャチホコ
Nerice bipartita
●16～19㎜
●北海道～四国
●7～9月●山
●ナナカマド、マメザクラ

ウチキシャチホコ亜科
ウチキシャチホコ族
シロスジシャチホコ
Nerice shigerosugii
●18㎜前後
●北海道～本州
●6、8月●山
●ハルニレ、オヒョウ

ウチキシャチホコ亜科 ウチキシャチホコ族
タテスジシャチホコ
Togepteryx velutina
●17㎜前後●北海道～九州
●5～8月●山●カエデ類

ウチキシャチホコ亜科
ウチキシャチホコ族
ヤスジシャチホコ
Epodonta lineata
●22～24㎜●北海道～九州、対馬、南西諸島●5～6、8～9月
●低～山●ハリギリ

ウチキシャチホコ亜科
ウチキシャチホコ族
トビモンシャチホコ
Drymonia dodonides
●18㎜前後●本州、四国
●5～6月●山●ミズナラ

ウチキシャチホコ亜科
ウチキシャチホコ族
コトビモンシャチホコ
Drymonia japonica
●17㎜前後●本州～九州●5～8月
●低～山●クヌギ、コナラ、ミズナラ

ウチキシャチホコ亜科
ウチキシャチホコ族
ノヒラトビモンシャチホコ
Drymonia basalis
●18～21㎜●本州～九州
●3～5月●低～山●クヌギ、コナラ、ミズナラ●早春に見られる

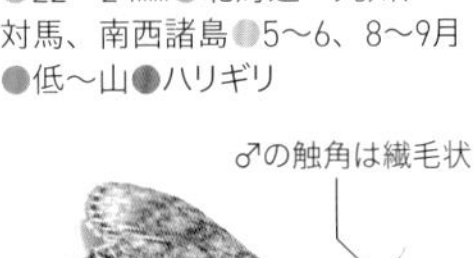

ウチキシャチホコ亜科
ウチキシャチホコ族
スズキシャチホコ
Pheosiopsis cinerea
●23～25㎜●北海道～九州、対馬、屋久島●5～6、8～10月
●低～山●ミズナラ、コナラ、ナラガシワ

ウチキシャチホコ亜科
ウチキシャチホコ族
ウグイスシャチホコ
Pheosiopsis olivacea
●18～25㎜●本州、四国
●5～6、8月●山
●ブナ、イヌブナ

ウチキシャチホコ亜科
ウチキシャチホコ族
ネスジシャチホコ
Fusadonta basilinea
●26～30㎜●本州～九州
●6、8月●低～山●クヌギ

ウチキシャチホコ亜科
ウチキシャチホコ族
イシダシャチホコ
Peridea graeseri
●27～35㎜●北海道～九州
●6、8～9月●山
●ハルニレ、オヒョウ、ケヤキ

ウチキシャチホコ亜科
ウチキシャチホコ族
ニトベシャチホコ
Peridea aliena
●23～28㎜●北海道～九州
●5～8月●山●ズミ、カマツカ

ウチキシャチホコ亜科
ウチキシャチホコ族
アカネシャチホコ
Peridea lativitta
●25～32㎜●北海道～九州
●4～6、8～9月●低～山
●ミズナラ、クヌギ、クリ

ウチキシャチホコ亜科
ウチキシャチホコ族
ナカキシャチホコ
Peridea gigantea
●25～30㎜●北海道～九州
●6、8月●低～山●ミズナラ、クヌギ、コナラ

ウチキシャチホコ亜科
ウチキシャチホコ族
ルリモンシャチホコ
Peridea oberthueri
●23～28㎜●北海道～九州、御蔵島、三宅島●6～8月
●低～山●ヤマハンノキ、ヤシャブシなどカバノキ科

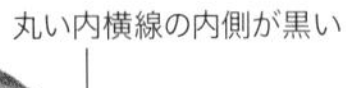

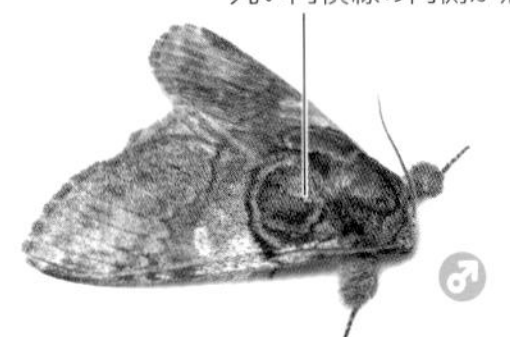

ウチキシャチホコ亜科
ウチキシャチホコ族
マルモンシャチホコ
Peridea rotundata
●25～30㎜●北海道～九州
●6～8月●山●ブナ、イヌブナ

ウチキシャチホコ亜科
ウチキシャチホコ族
クビワシャチホコ
Shaka atrovittatus
●23㎜前後●北海道～九州、対馬●5～6、8～9月●低～山
●カエデ類

ウチキシャチホコ亜科
ウチキシャチホコ族
オオトビモンシャチホコ
Phalerodonta manleyi
●20㎜前後●北海道～九州、対馬、屋久島●10～11月●低～山●ミズナラ、コナラ、クヌギなど

ウチキシャチホコ亜科
ウチキシャチホコ族
アマギシャチホコ
Eriodonta amagisana
●23～25㎜●本州～九州
●4～5月●山●イヌブナ

ウチキシャチホコ亜科 ウチキシャチホコ族
シロスジエグリシャチホコ
Fusapteryx ladislai
●20㎜前後●北海道～九州
●6、8月●山●カエデ類

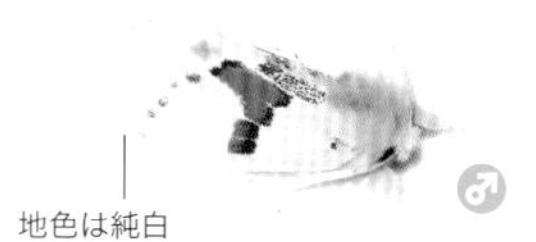

ウチキシャチホコ亜科 ウチキシャチホコ族
モンキシロシャチホコ
Leucodonta bicoloria
●18～20㎜●北海道～四国
●6～7月●山●シラカンバ、ダケカンバ、アズキナシ、ナナカマドなど

ウチキシャチホコ亜科 ウチキシャチホコ族
ウスグロシャチホコ
Epinotodonta fumosa
●20㎜前後●北海道、本州●8月
●山●ダケカンバ、ミヤマハンノキなどカバノキ科

ウチキシャチホコ亜科 ウチキシャチホコ族
ツマジロシャチホコ
Hexafrenum leucodera
●20㎜前後●北海道～九州、対馬、屋久島●5～6、8～9月●低～山
●クリ、ツノハシバミ、サワシバ、イヌシデ、クマシデ、ミズメ、シラカンバ、クヌギ、コナラ

ウチキシャチホコ亜科 ウチキシャチホコ族
タカムクシャチホコ
Takadonta takamukui
●23㎜前後●本州～九州
●8月●山●ブナ、イヌブナ

ウチキシャチホコ亜科 ウチキシャチホコ族
キエグリシャチホコ
Himeropteryx miraculosa
●23㎜前後●北海道～九州、佐渡島、対馬●10～11月●山
●カエデ類、クマシデ、トチノキ

ウチキシャチホコ亜科 ウチキシャチホコ族
シロジマシャチホコ
Pheosia rimosa
●24～26㎜●北海道、本州
●5～6、8～9月●山●ヤマナラシ、カバノキ科

ウチキシャチホコ亜科 ウチキシャチホコ族
ハイイロシャチホコ
Microphalera grisea
●20㎜前後●北海道～九州
●5～6、8月●低～山●カエデ類

ウチキシャチホコ亜科 ウチキシャチホコ族
ハガタエグリシャチホコ
Hagapteryx admirabilis
●18㎜前後●北海道～九州●7～9月●低～山●カバノキ科、ニレ科、クルミ科

ウチキシャチホコ亜科 ウチキシャチホコ族
コクシエグリシャチホコ
Odontosia marumoi
●18㎜前後●本州●5～6月
●山●ダケカンバ

ウチキシャチホコ亜科 ウチキシャチホコ族
シーベルスシャチホコ
Odontosia sieversii
●18～20㎜●北海道～九州
●4～6月●山●ダケカンバ、ウダイカンバ、ヤシャブシ

ウチキシャチホコ亜科 ウチキシャチホコ族
エゾクシヒゲシャチホコ
Ptilophora jezoensis
●15㎜前後●北海道～九州
●10～11月●山●カエデ類

ウチキシャチホコ亜科 ウチキシャチホコ族
クシヒゲシャチホコ
Ptilophora nohirae
●15㎜前後●北海道～九州●10～12月●低～山●カエデ類

ウチキシャチホコ亜科 ウチキシャチホコ族
トビマダラシャチホコ
Notodonta torva
●25～30㎜●北海道、本州
●7～8月●山●ドロノキ

ウチキシャチホコ亜科 ウチキシャチホコ族
マエジロシャチホコ
Notodonta albicosta
●26㎜前後●北海道～九州
●6、8月●山●ミズナラ、ブナ

ウチキシャチホコ亜科 ウチキシャチホコ族
トビスジシャチホコ
Notodonta stigmatica
●24㎜前後●北海道～九州
●5～6、8月●山●ヤマハンノキ、シラカンバなどカバノキ科

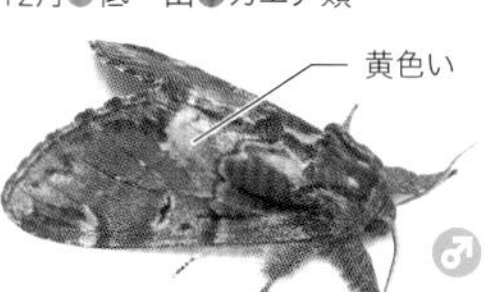

ウチキシャチホコ亜科
ウチキシャチホコ族
ウチキシャチホコ
Notodonta dembowskii
●23㎜前後●北海道、本州●6、8月●山●シラカンバ、ダケカンバ

ウチキシャチホコ亜科 ウチキシャチホコ族
ウスヅマシャチホコ
Lophontosia cuculus
●17㎜前後●北海道、本州、九州
●6、8～9月●山●ハルニレ、オヒョウ

ウチキシャチホコ亜科 ウチキシャチホコ族
プライヤエグリシャチホコ
Lophontosia pryeri
●16㎜前後●北海道～九州
●5～8月●低～山●ケヤキ属

ウチキシャチホコ亜科 ウチキシャチホコ族
エゾエグリシャチホコ
Ptilodon jezoensis
●20～24㎜●北海道～九州
●5～6、8月●山●ミズナラ、トチノキ、シナノキ、アズキナシ、ナナカマド、ブナ

ウチキシャチホコ亜科
ウチキシャチホコ族
スジエグリシャチホコ
Ptilodon hoegei
●18㎜前後●北海道～九州●6、8月●山●カエデ類、ムクロジ

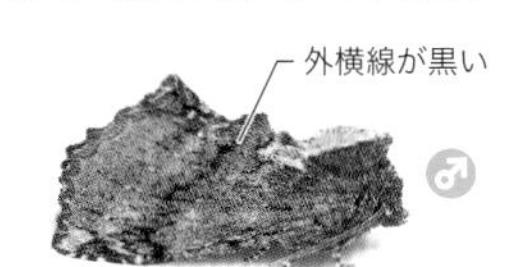

ウチキシャチホコ亜科 ウチキシャチホコ族
クロエグリシャチホコ
Ptilodon okanoi
●20㎜前後●北海道～九州
●4、6、8月●低～山●カエデ類、トチノキ、ホオノキ

ウチキシャチホコ亜科 ウチキシャチホコ族
クワヤマエグリシャチホコ
Ptilodon kuwayamae
●17㎜前後●北海道、本州
●6、9月●草原●ヤマハギ

ウチキシャチホコ亜科
ウチキシャチホコ族
エグリシャチホコ
Ptilodon robusta
●20～24㎜●北海道～九州
●5～6、8月●山●ヤシャブシ、ヤナギ、カツラ

ドクガのなかま

日本からは55種が知られる。肉眼では見えないほど微小な毒針毛は、刺されるとかぶれる。卵、幼虫、繭、成虫まで生涯にわたって毒針毛を身につけているものは12種のみ。他の種は基本的に無毒で、有毒種でも鱗粉そのものは無毒。灯火によく飛来する。

スギドクガ
Calliteara argentata
●14〜25mm●北海道〜九州、対馬、屋久島●5〜6、8〜9月●低〜山
●スギ、ヒノキ、サワラ

リンゴドクガ
Calliteara pseudabietis
●18〜20mm●北海道〜九州、対馬、屋久島●5〜6、8〜9月●低〜山
●バラ科、ブナ科、ヤナギ科、ムクロジ科など広食性

アカヒゲドクガ
Calliteara lunulata
●25〜33mm●北海道〜九州、対馬、屋久島、南西諸島●4〜8月●低〜山
●クヌギ、コナラ、クリ

ウスジロドクガ
Calliteara virginea
●20〜31mm●本州〜九州
●5〜6月●低〜山(草原)
●ハギ類●局所的

シタキドクガ
Calliteara taiwana
●20〜35mm●本州〜九州、対馬、屋久島、奄美大島、沖縄本島
●5〜7、9〜10月●山
●アベマキ

スズキドクガ
Calliteara conjuncta
●17〜23mm●本州、四国、対馬●5〜6、8月●山
●コナラ、クヌギ

ナチキシタドクガ
Ilema nachiensis
●16〜29mm●本州〜九州、対馬、屋久島、奄美大島、沖縄本島
●7〜8月●低〜山●アラカシ、オオバヤシャブシ、ミズキ、アカメガシワ、チシャノキ

ブドウドクガ
Ilema eurydice
●20〜25mm●北海道〜九州、対馬、屋久島●7〜9月●低〜山●ブドウ、タマアジサイ、ノブドウ、ツタなど

マメドクガ
Cifuna locuples
●17〜20mm
●北海道〜九州、与那国島●6〜9月
●低〜山●広食性

ヒメシロモンドクガ
Orgyia thyellina
●14〜18mm●北海道〜九州
●6、8、10月●低〜山
●広食性

スゲドクガ
Laelia coenosa
●14〜20mm●北海道、本州、九州●6〜9月
●湿地●スゲ類、アシ、ヒメガマ、マツカサススキ

スゲオオドクガ
Laelia gigantea
●15〜23mm●本州〜九州、沖縄本島
●4〜5、7〜8月●山(草原)●ササなどイネ科

アカモンドクガ
Telochurus recens
●17〜19mm●北海道、本州、九州●5〜8月●山
●コナラ、サクラ類、マツ類、ダイズなど広食性
●♀は無翅で飛べない

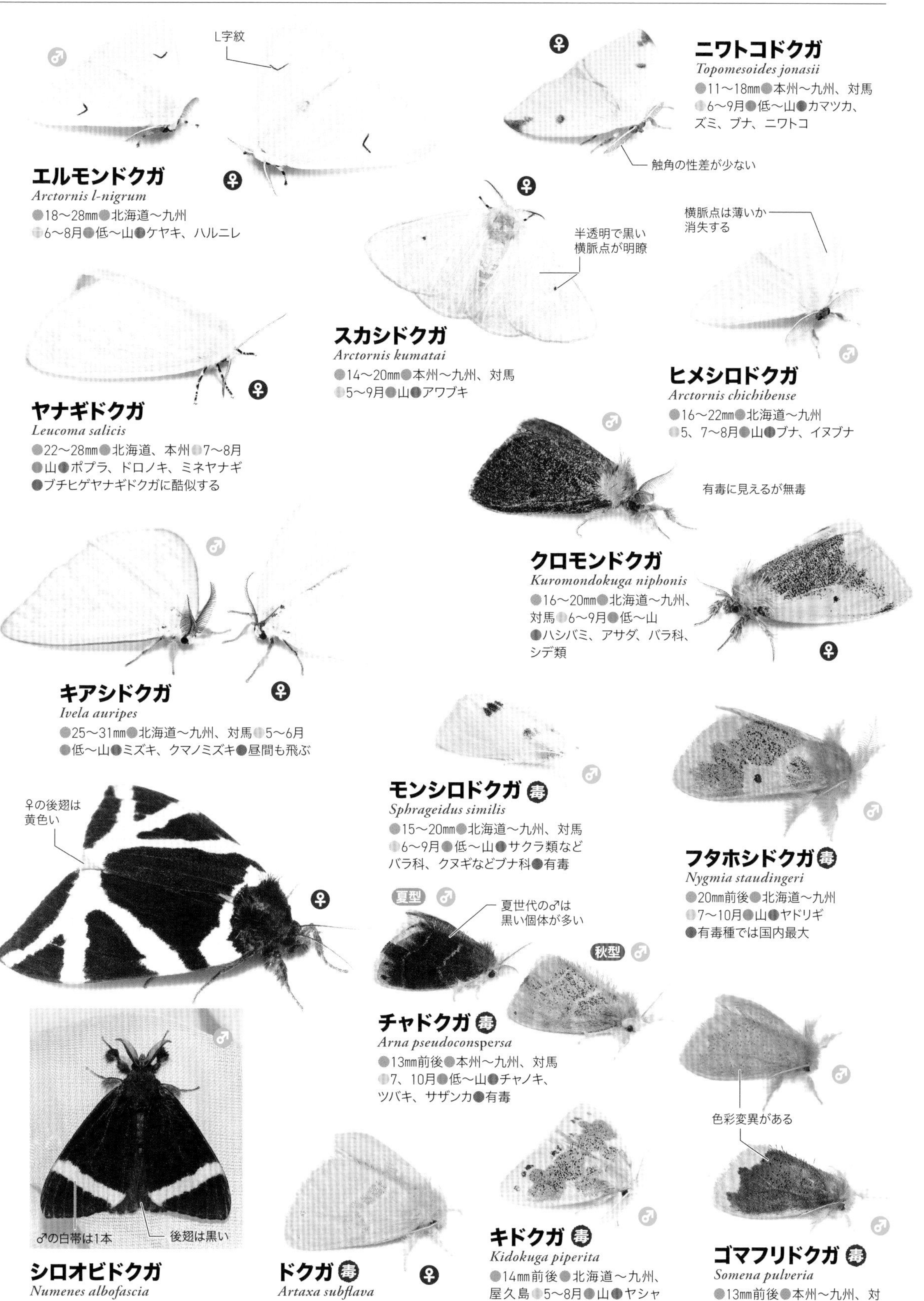

ニワトコドクガ
Topomesoides jonasii
●11〜18㎜●本州〜九州、対馬
●6〜9月●低〜山●カマツカ、ズミ、ブナ、ニワトコ

エルモンドクガ
Arctornis l-nigrum
●18〜28㎜●北海道〜九州
●6〜8月●低〜山●ケヤキ、ハルニレ

スカシドクガ
Arctornis kumatai
●14〜20㎜●本州〜九州、対馬
●5〜9月●山●アワブキ

ヒメシロドクガ
Arctornis chichibense
●16〜22㎜●北海道〜九州
●5、7〜8月●山●ブナ、イヌブナ

ヤナギドクガ
Leucoma salicis
●22〜28㎜●北海道、本州●7〜8月
●山●ポプラ、ドロノキ、ミネヤナギ
●ブチヒゲヤナギドクガに酷似する

クロモンドクガ
Kuromondokuga niphonis
●16〜20㎜●北海道〜九州、対馬●6〜9月●低〜山
●ハシバミ、アサダ、バラ科、シデ類

キアシドクガ
Ivela auripes
●25〜31㎜●北海道〜九州、対馬●5〜6月
●低〜山●ミズキ、クマノミズキ●昼間も飛ぶ

モンシロドクガ 毒
Sphrageidus similis
●15〜20㎜●北海道〜九州、対馬
●6〜9月●低〜山●サクラ類など
バラ科、クヌギなどブナ科●有毒

フタホシドクガ 毒
Nygmia staudingeri
●20㎜前後●北海道〜九州
●7〜10月●山●ヤドリギ
●有毒種では国内最大

チャドクガ 毒
Arna pseudoconspersa
●13㎜前後●本州〜九州、対馬
●7、10月●低〜山●チャノキ、
ツバキ、サザンカ●有毒

シロオビドクガ
Numenes albofascia
●30〜38㎜●北海道〜九州、
対馬、屋久島●6〜9月●山
●イヌシデなどカバノキ科

ドクガ 毒
Artaxa subflava
●16〜20㎜●北海道〜九州、
対馬●6〜8月●低〜山
●広食性●有毒

キドクガ 毒
Kidokuga piperita
●14㎜前後●北海道〜九州、
屋久島●5〜8月●山●ヤシャブシ、ヤマナラシ、マンサク、リョウブ、ハクウンボク、ツツジ、ケヤキ、エニシダ●有毒

ゴマフリドクガ 毒
Somena pulveria
●13㎜前後●本州〜九州、対馬●4〜5、7〜9月●低〜山
●ヒサカキ、バラ、ニセアカシアなど広食性●有毒

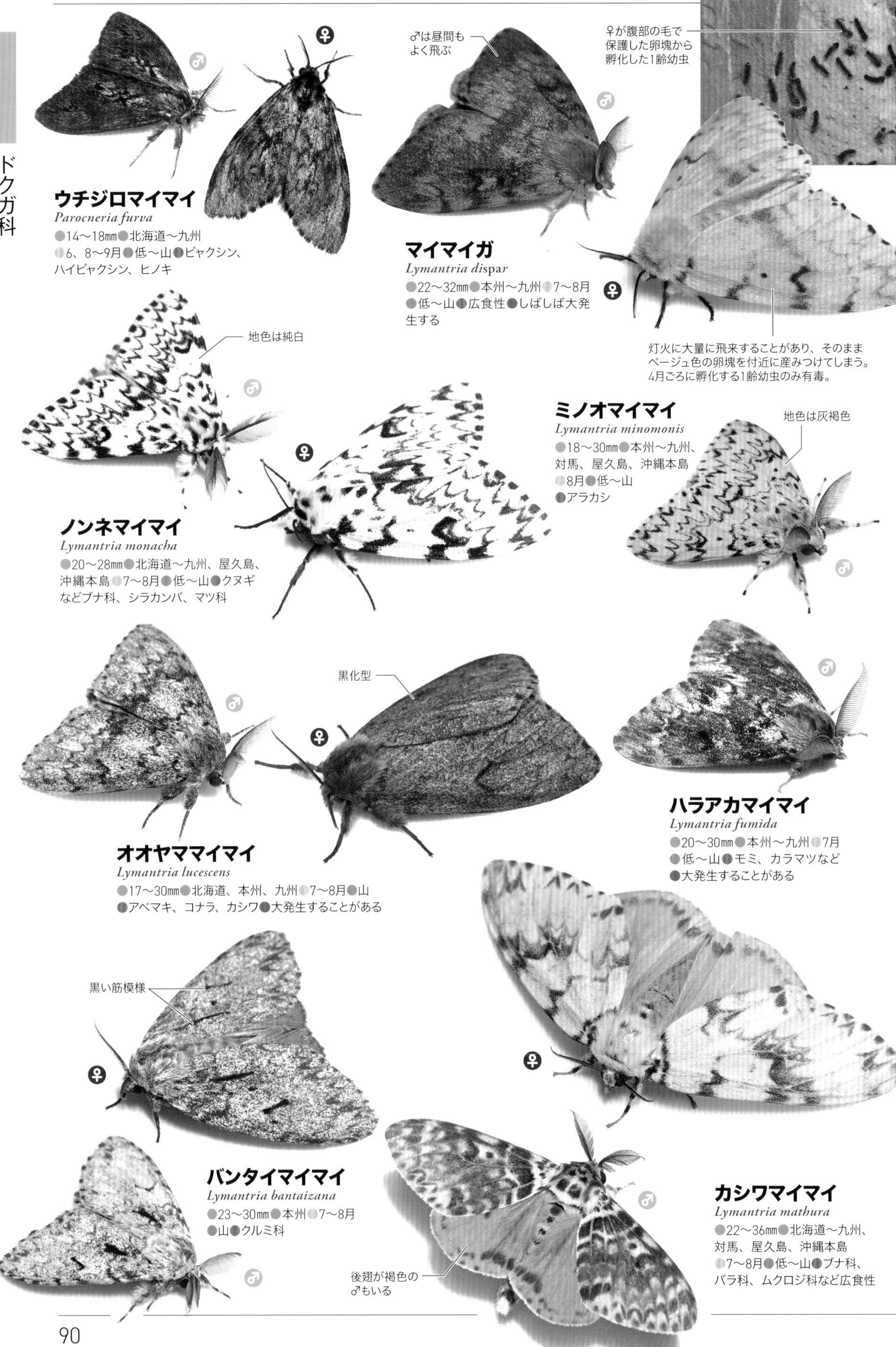

ウチジロマイマイ
Parocneria furva
●14～18㎜●北海道～九州●6、8～9月●低～山●ビャクシン、ハイビャクシン、ヒノキ

マイマイガ
Lymantria dispar
●22～32㎜●本州～九州●7～8月●低～山●広食性●しばしば大発生する

ミノオマイマイ
Lymantria minomonis
●18～30㎜●本州～九州、対馬、屋久島、沖縄本島●8月●低～山●アラカシ

ノンネマイマイ
Lymantria monacha
●20～28㎜●北海道～九州、屋久島、沖縄本島●7～8月●低～山●クヌギなどブナ科、シラカンバ、マツ科

ハラアカマイマイ
Lymantria fumida
●20～30㎜●本州～九州●7月●低～山●モミ、カラマツなど●大発生することがある

オオヤママイマイ
Lymantria lucescens
●17～30㎜●北海道、本州、九州●7～8月●山●アベマキ、コナラ、カシワ●大発生することがある

バンタイマイマイ
Lymantria bantaizana
●23～30㎜●本州●7～8月●山●クルミ科

カシワマイマイ
Lymantria mathura
●22～36㎜●北海道～九州、対馬、屋久島、沖縄本島●7～8月●低～山●ブナ科、バラ科、ムクロジ科など広食性

ガにはカワイイがいっぱい!?

セダカシャチホコ　ナカスジシャチホコ　アカシャチホコ
サカハチトガリバ　ギンモンカレハ　エルモンドクガ
リンゴドクガ　キアシドクガ　カシワオビキリガ
エゾヨツメ　ヤママユ　ウスタビガ

とまっているガを背中側から見る機会はよくありますが、顔を覗き込んでみると、意外なほど可愛い種が多いのに驚くかもしれません。まん丸の複眼、哺乳類のようなもふもふの鱗毛、それに触角の精緻で美しい造形など、見れば見るほど魅力的です。可愛い顔の種は、ヤママユガ科、カレハガ科、シャチホコガ科、ドクガ科(*1)などに特に多いようです。顔をじっくり観察するには、指にとまらせる方法もありますが、不用意に触ると鱗毛が抜けて美しい毛並みが台無しになってしまいます。(*2)　枝につかまる習性を利用して、落ちている小枝や爪楊枝などの細い棒を、なるべく刺激しないように体の下にそっと差し込んで少し持ち上げるとつかまるので(*3)、うまく乗り移ってくれます。それを左手に持って右手でカメラを持ち、顔のアップ写真を撮ってみましょう。

(*1) 無毒の種の方が多いですが、よく見られる有毒種を本書に載せていますのでチェックしましょう。有毒種は刺激するとすぐに飛ぶものが多く、運悪く皮膚に触れたり服の中に入ったりするとかぶれるので注意しましょう。
(*2) ガやチョウの鱗粉や鱗毛が抜け落ちやすいのは、鳥などに捕まったときに、滑って逃げるチャンスを得るためと考えられています。
(*3) 小型種やツトガ、シャクガやヤガの一部などの華奢な体つきのなかまは、触れた瞬間に飛んでしまう種が多いので、触れずにそっと近づいて観察した方がよいでしょう。

ヒトリガのなかま

はっきりとした色彩の種が多く、食草由来の毒素を体内に蓄積していることを鳥などに知らせる警戒色、そしてそのような種への擬態も含むと考えられている。灯火によく飛来する。幼虫はケムシで、地衣類を食べるコケガのなかまには毒刺毛を持つ種が含まれる。

コケガ亜科
キシタホソバ
Eilema vetusta
●17〜19㎜●本州〜九州、対馬、屋久島●5〜9月●低〜山●地衣類

コケガ亜科
ツマキホソバ
Eilema laevis
●15〜20㎜●本州(関東以西)〜九州、対馬、屋久島、奄美大島、沖縄本島●6〜8月●低〜山●地衣類

コケガ亜科
キマエクロホソバ
Ghoria collitoides
●20㎜前後●北海道〜九州、対馬、屋久島●5〜7月●低〜山●地衣類

コケガ亜科
ヒメキホソバ
Dolgoma cribrata
●14㎜前後●北海道〜九州、対馬、屋久島●5、7〜9月●低〜山●地衣類

コケガ亜科
クビワウスグロホソバ
Macrobrochis staudingeri
●18〜21㎜●北海道〜九州、対馬●6〜8月●低〜山●地衣類

コケガ亜科
キベリネズミホソバ
Ghoria gigantea
●15〜18㎜●北海道〜九州●6〜7月●山●スイカズラ科、地衣類

コケガ亜科
ヨツボシホソバ
Lithosia quadra
●16〜23㎜●北海道〜九州、対馬、屋久島●6〜10月●低〜山●地衣類

コケガ亜科
アカスジシロコケガ
Cyana hamata
●13〜15㎜●北海道〜九州、対馬、南西諸島●6〜7、8〜9月●低〜山●地衣類

コケガ亜科
ウンナンヨツボシホソバ
Lithosia yuennanensis
●16〜23㎜●本州●5〜10月●低●地衣類●ヨツボシホソバとの外見での区別は難しい

コケガ亜科
クシヒゲホシオビコケガ
Aemene altaica
●12〜14㎜●北海道〜九州、対馬、屋久島●5〜6、8〜10月●低〜山●地衣類

コケガ亜科
クシナシホシオビコケガ
Aemene takahashii
●12〜14㎜●本州●5〜10月●低〜山●地衣類

コケガ亜科
オオベニヘリコケガ
Melanaema venata
●12〜15㎜●北海道〜九州●6、9月●低〜山●地衣類

コケガ亜科
ゴマダラキコケガ
Stigmatophora leacrita
●13㎜前後●北海道〜九州、奄美大島●6〜8月●低〜山●地衣類

コケガ亜科
モンクロベニコケガ
Stigmatophora rhodophila
●10〜11㎜●北海道〜九州、対馬●6〜8月●低●地衣類

コケガ亜科
フタホシキコケガ
Nudina artaxidia
●10〜12㎜●北海道〜九州、対馬●6〜8月●低●地衣類、カイガラムシの甘露●クサアリと共生する

コケガ亜科
ゴマダラベニコケガ
Barsine pulchra
●16㎜前後●北海道〜九州、対馬●5〜6、9月●低〜山●地衣類

コケガ亜科
スジベニコケガ
Barsine striata
●18〜21㎜●北海道〜九州、対馬、種子島、屋久島●5〜9月●低〜山●地衣類

コケガ亜科
ハガタベニコケガ
Barsine aberrans
●11〜12㎜●北海道〜九州、対馬、南西諸島●5〜6、8〜9月●低〜山●地衣類

コケガ亜科
ベニヘリコケガ
Miltochrista miniata
●10〜11㎜●北海道〜九州、対馬、屋久島●5〜9月●低〜山●地衣類

ヒトリガ亜科
ジョウザンヒトリ
Pericallia matronula
●40mm前後●北海道、本州●7〜8月●低〜山●ヤナギ科、タンポポ、オオバコ科、スイカズラ科●北日本に多い

ヒトリガ亜科
ヒトリガ
Arctia caja
●30〜38mm●北海道、本州●8〜9月●低〜山●マグワ、ニワトコ、スグリ、キク類、タイマ、各種草本●北日本に多い

ヒトリガ亜科
キバラヒトリ
Epatolmis luctifera
●15〜18mm●本州〜九州●5、9月●山●各種草本●やや局所的

ヒトリガ亜科
アマヒトリ
Phragmatobia amurensis
●14〜18mm●北海道、本州●7〜8月●山●アマ科、マメ科、クワ科、アサ科、タデ科●やや局所的

ヒトリガ亜科
モンヘリアカヒトリ
Diacrisia irene
●19mm前後●北海道、本州（中部山地）●6〜7月●低〜山●オオバコ、タンポポ類など

ヒトリガ亜科
ホシベニシタヒトリ
Rhyparioides amurensis
●23〜25mm●北海道〜九州●7〜8月●低〜山●未知

ヒトリガ亜科
ベニシタヒトリ
Rhyparioides nebulosa
●23〜25mm●北海道〜九州●6、8〜9月●低〜山●オオバコ、タンポポ

ヒトリガ亜科
コベニシタヒトリ
Rhyparioides metelkana
●17〜23mm●北海道〜九州、対馬、屋久島、奄美大島、沖縄本島●5〜9月●湿地●アヤメ

ヒトリガ亜科
シロヒトリ
Chionarctia nivea
●32〜38mm●本州〜九州、対馬●7〜9月●低〜山●スイバ、イタドリ、ギシギシ、タンポポ、オオバコ

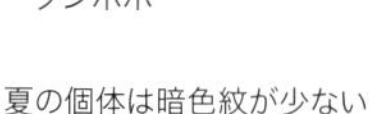

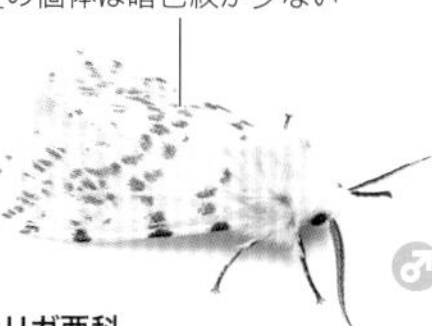

ヒトリガ亜科
アメリカシロヒトリ
Hyphantria cunea
●12〜17mm●本州〜九州●5、7〜8月●低〜山●バラ科、ブナ科、クワ科、マメ科など広食性●外来種　各地で大発生したが現在では少ない

ヒトリガ亜科
マエアカヒトリ
Aloa lactinea
●28mm前後●本州〜九州、南西諸島●5〜6、8月●草原など●ミゾハギ、ダイズ、トウモロコシ●少ない

ヒトリガ亜科
キハラゴマダラヒトリ
Spilosoma lubricipedum
●14〜20mm●北海道〜九州、対馬、屋久島●4、6〜7、8〜9月●低〜山●クワ科、サクラ類、アブラナ科、マメ科

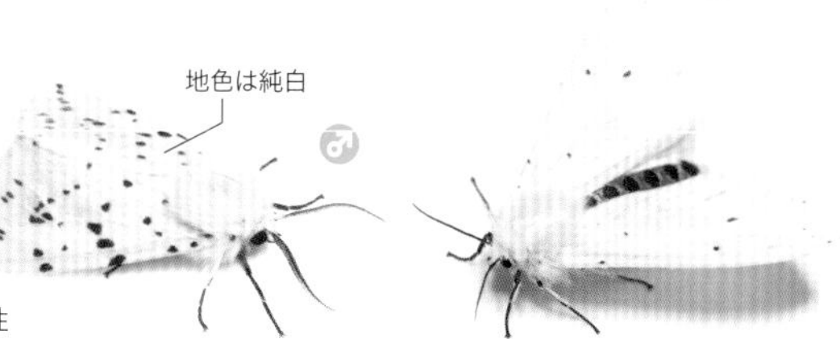

ヒトリガ亜科
アカハラゴマダラヒトリ
Spilosoma punctarium
●17〜22mm●北海道〜九州、屋久島●4、6〜7、8〜9月●低〜山●クワ科、ミズキなど広食性

ヒトリガ亜科
スジモンヒトリ
Spilarctia seriatopunctata
●20〜23㎜●北海道〜九州、対馬、南西諸島●4〜6、7〜9月●低〜山●クワ属、ケヤキ、サクラ

ヒトリガ亜科
キバネモンヒトリ
Spilarctia lutea
●14〜19㎜●北海道〜九州●7〜8月●低〜山●未知

ヒトリガ亜科
クロフシロヒトリ
Eospilarctia lewisii
●19〜23㎜●本州〜九州、対馬●5〜6月●低〜山●未知

ヒトリガ亜科
フトスジモンヒトリ
Spilarctia obliquizonata
●20㎜前後●北海道〜九州●5〜6、8月●低〜山●クワ属

ヒトリガ亜科
フタスジヒトリ
Spilarctia bifasciata
●23〜24㎜●北海道〜九州●5〜8月●低〜山●クワ属

ヒトリガ亜科
オビヒトリ
Spilarctia subcarnea
●16〜23㎜●北海道〜九州、対馬、南西諸島●5〜8月●低〜山●クワ科

ヒトリガ亜科
カクモンヒトリ
Lemyra inaequalis
●16〜18㎜●本州〜九州、対馬、屋久島●5〜6、8〜9月●低〜山●サクラ類、ナシ、クワ属、トウゴマ

ヒトリガ亜科
クロバネヒトリ
Lemyra infernalis
●13〜15㎜●北海道〜九州●7〜8月●低〜山●サクラ類、モモ、クワ属、クヌギ●多くない

カノコガ亜科
カノコガ
Amata fortunei
●15〜17㎜●北海道〜九州、対馬●6、8月●低〜山●枯葉、タンポポ類●昼行性だが灯火にも来る

ヒトリガ亜科
クワゴマダラヒトリ
Lemyra imparilis
●20〜28㎜●北海道〜九州、対馬、屋久島●8〜9月●低〜山●クリ、コナラ、ヤナギ、ウツギ、サンゴジュ、ガマズミ、クワ属、エンドウ

カノコガ亜科
キハダカノコ
Amata germana
●13〜18㎜●本州〜九州、対馬、西表島●6、9月●低〜山（草原）●ハコネウツギ、シロタエギク、ササ類●局所的。昼行性だが灯火にも来る

北海道のガ

冷涼で豊かな自然を誇る北海道では、本州以南では高標高地でしか見られない種が海岸付近にも生息し、主に千島列島やサハリンなどに生息する寒地性種、固有種も少なくない。短い夏を惜しむように、ひしめき合うように多種が現れる様子は圧巻である。

ハマキガ科 ハマキガ亜科 ホソハマキガ族
ダイセツホソハマキ
Aethes deutschiana
●6〜7mm●北海道●7月
●山●未知●高山性

トリバガ科 カマトリバガ亜科
ハマナストリバ
Cnaemidophorus rhododactylus
●12〜13mm●北海道、本州
●7月●低●ハマナス

ツトガ科 ノメイガ亜科 ノメイガ族
イラクサノメイガ
Eurrhypara hortulata
●15mm前後●北海道
●7月●低〜山
●イラクサ、ミント、スタキス

カギバガ科 トガリバガ亜科
アカントガリバ
Tethea or
●17mm前後●北海道●5〜8月
●低〜山●ハコヤナギ属

シャクガ科 ナミシャク亜科
フタテンツマジロナミシャク
Euphyia unangulata
●13mm前後●北海道
●7〜8月●低〜山
●未知

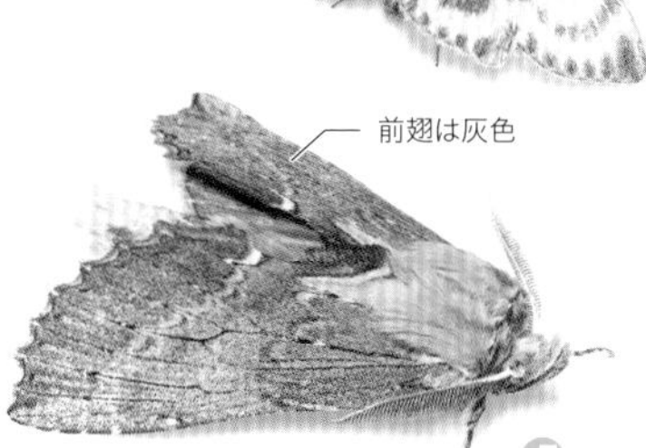

シャチホコガ科 ギンモンシャチホコ亜科 キシャチホコ族
チョウセンエグリシャチホコ
Pterostoma griseum
●25mm前後●北海道●7〜8月●河原●ヤナギ科

ヤガ科 カギアツバ亜科
カギアツバ
Laspeyria flexula
●12mm前後●北海道●7〜8月
●低〜山●地衣類

ヤガ科 キンウワバ亜科 イネキンウワバ族
エゾムラサキキンウワバ
Autographa urupina
●20mm前後●北海道、本州●5〜9月
●低〜山●エゾトリカブト●本州では稀

ヤガ科 セダカモクメ亜科
ホッカイセダカモクメ
Cucullia umbratica
●24〜25mm●北海道●7月●低(湿地)
●キク科、ヒルガオ科、オオバコ科
●2019年日本初記録

ヤガ科 キリガ亜科 カドモンヨトウ族
ユーラシアオホーツクヨトウ
Apamea monoglypha
●24mm前後●北海道●7〜8月●低〜山
●イネ科の根

ヤガ科 キリガ亜科 カドモンヨトウ族
クシロモクメヨトウ
Xylomoia graminea
●12mm前後●北海道、本州(秋田県)
●7〜8月●湿地●未知

ヤガ科 ヨトウガ亜科 ヨトウガ族
マメヨトウ
Ceramica pisi
●15〜16mm●北海道●6〜7月
●低〜山●ヤマドリゼンマイ

ヤガ科 モンヤガ亜科 カブラヤガ族
フルショウヤガ
Agrotis militaris
●19〜20mm●北海道●9月●沿岸の草地
●ハマエンドウ、ハマニンニク

ヤガ科 モンヤガ亜科 モンヤガ族
キタミモンヤガ
Pseudohermonassa melancholica
●16mm前後●北海道(北見市周辺)
●8〜9月●低●未知●極めて局所的

沖縄のガ

沖縄を含む南西諸島は西日本と同じ温暖湿潤気候に属するが、暖流である黒潮の影響で年間を通じて気温差が少なく、一般に亜熱帯気候といわれる。植生が本土域とはかなり異なり、それらに伴って分布する種が多い。熱帯性の種の移入もしばしば見られる。

ヤママユガ科 ヤママユガ亜科
ヨナグニサン
Attacus atlas
●130〜14㎜●西表島、与那国島●4、7〜8、10月●低●アカギ、キールンカンコノキ(コミカンソウ科)など●日本最大のガ

ハマキガ科 ヒメハマキガ亜科
シンクイヒメハマキガ族
リュウキュウアシブトヒメハマキ
Cryptophlebia repletana
●10㎜前後●沖縄本島、石垣島、西表島●5〜10月●低●未知

ツトガ科
ノメイガ亜科
ヒゲナガノメイガ族
アコウノメイガ ♂
Glyphodes bivitralis
●14㎜前後●南西諸島●5〜10月●低●アコウ、ハマイヌビワなどクワ科

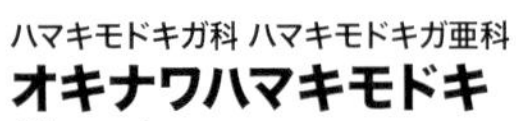

ハマキモドキガ科 ハマキモドキガ亜科
オキナワハマキモドキ
Choreutis cyanogramma
●5.5㎜前後●石垣島、西表島●3〜5月、12月●低●未知

カイコガ科
イチジクカサン ♂
Trilocha varians
●10㎜前後●南西諸島●ほぼ通年●低●イチジク、ガジュマル●小型

マドガ科
アカジママドガ亜科
ウンモンマドガ ♂
Canaea ryukyuensis
●15㎜前後●九州、南西諸島●通●低〜山●アカテツ

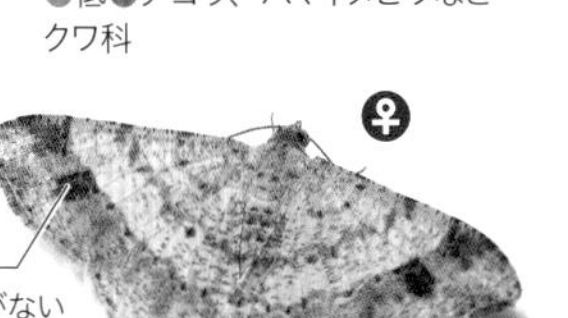

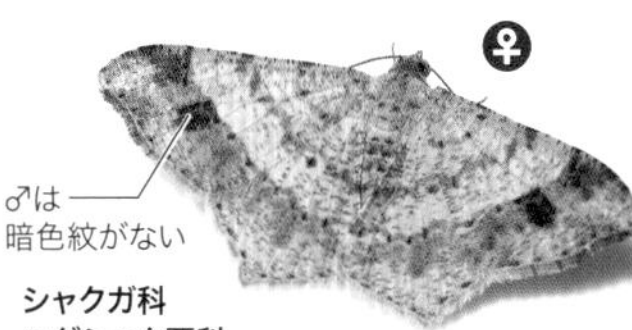

♂は暗色紋がない

シャクガ科
エダシャク亜科
ギンネムエダシャク ♀
Macaria abydata
●14㎜前後●小笠原、南西諸島●2〜10月●低●ギンネム、ハイクサネム、ホウオウボク(マメ科)●熱帯性

スズメガ科
ホウジャク亜科
マメシタベニスズメ ♂
Hippotion rosetta
●20〜25㎜●南西諸島●3〜11月●低●フタバムグラ

スズメガ科 ホウジャク亜科
ネグロホウジャク ♂
Macroglossum passalus
●28㎜前後●南西諸島●4〜11月●低●ヒメユズリハ、ユズリハ

スズメガ科
ホウジャク亜科
イチモンジホウジャク ♀
Macroglossum heliophilum
●20〜25㎜●小笠原、南西諸島●3〜12月●低●ナガミボチョウジ、シラタマカズラ

ヒトリガ科 コケガ亜科
クロモンエグリコケガ ♂
Garudinia bimaculata
●6〜7㎜●石垣島、西表島●5〜9月●低●地衣類

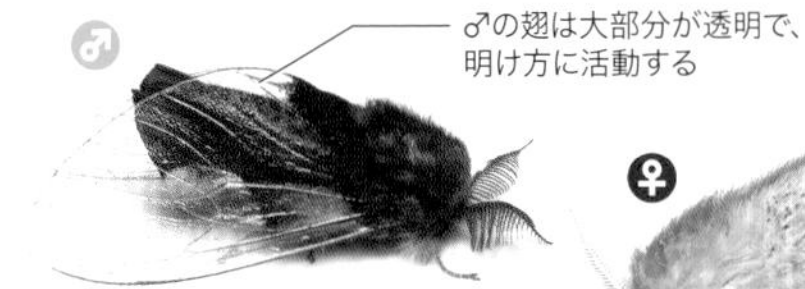

♂の翅は大部分が透明で、明け方に活動する

ドクガ科
スキバドクガ 毒 ♂ ♀
Perina nuda
●16〜23㎜●南西諸島●4〜11月●低●ハマイヌビワ、アコウ、ガジュマル、オオイタビ●有毒

ドクガ科
タイワンキドクガ 毒 ♂ ♀
Orvasca taiwana
●9〜13㎜●南西諸島●ほぼ通年●低〜山●ゴボウ、ダイコン、ツルソバ、バラ●有毒

シャチホコガ科
ウチキシャチホコ亜科 シャチホコガ族
ホリシャシャチホコ
Syntypistis subgeneris
●20㎜前後●対馬、南西諸島
●3〜9月●低〜山●エゴノキ

シャチホコガ科
ウチキシャチホコ亜科
シャチホコガ族
アマミ アオシャチホコ
Syntypistis amamiensis
●18㎜前後●奄美大島、徳之島
●3月、7〜8月●低〜山●イスノキ

シャチホコガ科
ウチキシャチホコ亜科
ウチキシャチホコ族
ミナミノ クロシャチホコ
Hiradonta ohashii
●19〜20㎜●沖縄本島●3〜4月
●低〜山●エノキ、クワノハエノキ

ヒトリガ科 ヒトリガ亜科
ハイイロヒトリ
Creatonotos transiens
●20㎜前後●南西諸島●2〜11月
●低●ヤマノイモ、ヤブカラシなど

ヒトリガ科 ヒトリガ亜科
オキナワモンシロモドキ
Pitasila okinawensis
●20㎜前後●南西諸島●2〜7月
●海岸●モンパノキ●昼行性

コブガ科 リンガ亜科
マルバネキノカワガ
Selepa celtis
●13㎜前後●石垣島、西表島
●7〜8月●低●アカギ、アカメガシワ、トウゴマ、ホルトノキ

ヒトリモドキガ科
キシタヒトリモドキ
Asota caricae
●30㎜前後●南西諸島●2〜11月
●低●ガジュマル、オオバイヌビワ、オトギリソウ科、クマツヅラ科

ヒトリモドキガ科
シロスジ ヒトリモドキ
Asota heliconia
●27〜29㎜●九州〜南西諸島●3〜11月
●低●オオバイヌビワ、コウトウイヌビワ

コブガ科 リンガ亜科
シロスジキノカワガ
Selepa discigera
●12〜13㎜●石垣島●5〜10月
●低●未知●2010年に日本新記録

ヤガ科
シタバガ亜科 クチバ族
オキナワ アシブトクチバ
Bastilla arcuata
●21㎜前後●本州（房総以西〜九州、南西諸島●4〜10月●低
●トウダイグサ科

外横線はきれいな弧状

ヤガ科
シタバガ亜科
シャクドウクチバ族
フトオビ シャクドウクチバ
Mecodina fasciata
●19㎜前後●石垣島、西表島
●3〜10月●低●テイカカズラ

ヤガ科
ウスベリケンモン亜科
オキナワ ウスベリケンモン
Anacronicta okinawensis
●21㎜前後●沖縄本島、慶留間島
●4〜8月●低●リュウキュウチク

色彩変異が大きい

ヤガ科 ホソヤガ亜科
ソリバネホソヤガ
Aegilia describens
●20㎜前後
●石垣島、西表島
●5〜11月●低
●テリハボク、フクギ●熱帯性

♂は翅頂が突出する

ヤガ科 アオイガ亜科
シロガ
Chasmina candida
●18㎜前後●本州、九州、南西諸島●5〜10月●低
●オオハマボウ●本土では稀

ヤガ科 ツマキリヨトウ亜科
ナカウスツマキリヨトウ
Callopistria maillardi
●14㎜前後●四国、九州、南西諸島
●通年●低〜山●イシカグマ、ヒリュウシダ、ハチジョウカグマ、ホウビカンジュ ●本土では稀

アツバモドキガのなかま

分類上の位置に議論が続く小型のなかまで、かつてはヒトリガ科、ヤガ科、コブガ科などと変遷し、現在はアツバモドキガ科として独立させる見解と、ヤガ科トモエガ亜科の1族とする見解がある。日本では6種が知られ、ウスオビアツバモドキが最も広く見られる。

ウスオビアツバモドキ
Mimachrostia fasciata
●5～7mm●北海道、本州、西表島●5、7、9月●低●未知

コブガのなかま

小型～やや小型でコブ状の隆起鱗片を持つコブガ亜科、中型で鮮やかな色彩や不思議な模様を持つ種がいるリンガ亜科、樹皮にそっくりな迷彩模様のキノカワガ亜科などがいる。幼虫はイモムシもケムシもおり、コブガ亜科では腹脚が3対。

コブガ亜科
コマバシロコブガ
Nolathripa lactaria
●12～13mm●北海道～九州●6～9月●山●オニグルミ●大型

コブガ亜科
クロスジシロコブガ
Nola taeniata
●5～6mm●本州～九州、対馬、南西諸島●4～9月●低●シロツメクサ、スギナ

♂
コブガ亜科
マエモンコブガ
Nola japonibia
●7mm前後●北海道～九州●5～6月●低～山●未知

♂
コブガ亜科
ナミコブガ
Nola nami
●8～12mm●北海道～九州、屋久島●6～10月●低～山●フサザクラ、ドウダンツツジ、リョウブ

コブガ亜科
ソトグロコブガ
Nola okanoi
●10mm前後●本州●6～7月●山●未知

コブガ亜科
ソトジロコブガ
Manoba fasciatus
●7mm前後●本州～九州、対馬、南西諸島●6～10月●低～山●未知

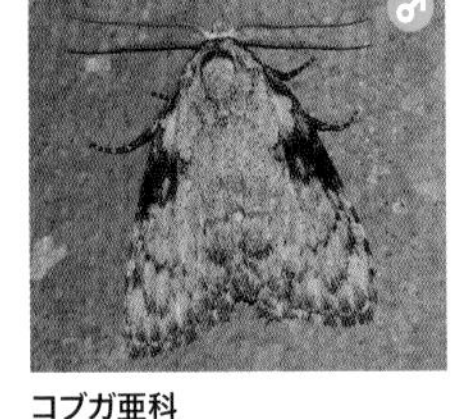

コブガ亜科
オオコブガ
Meganola gigas
●11～14mm●北海道、本州●7～8月●山●オニグルミ

コブガ亜科
トビモンシロコブガ
Meganola albula
●8mm前後●本州～九州、対馬、屋久島●5～8月●山●未知

コブガ亜科
クロスジコブガ
Meganola fumosa
●10mm前後●北海道～九州、対馬●6～7、9月●低～山●クヌギ、コナラ、カシワ、クリ

コブガ亜科
リンゴコブガ
Evonima mandschuriana
●10mm前後●北海道～九州、対馬●6～8月●低～山●クヌギ、コナラ、サクラ類、リンゴ

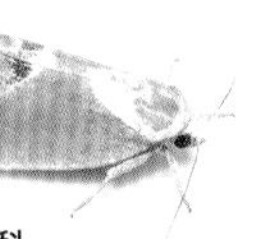

リンガ亜科
オレクギリンガ
Parhylophila celsiana
●11～12mm●本州●7～8月●山●ドロノキ●局所的

翅を棒状に丸める

リンガ亜科
ハネモンリンガ
Kerala decipiens
●17mm前後●北海道～九州、屋久島●6～8月●山●ヤマハンノキ、ダケカンバ、ヤハズハンノキ

リンガ亜科
カマフリンガ
Macrochthonia fervens
●17mm前後●北海道～九州●6～8月●低～山●ハルニレ、ケヤキ

リンガ亜科
ミドリリンガ
Clethrophora distincta
●19～21mm●本州～九州、対馬、屋久島●6～10月●低～山●アラカシ

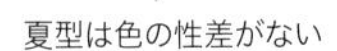
夏型は色の性差がない

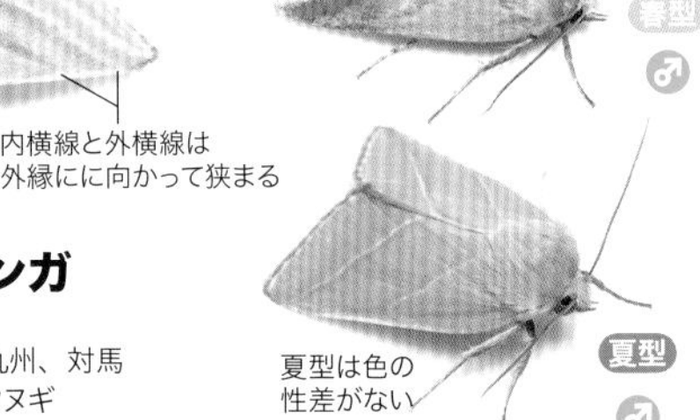

リンガ亜科
アカスジアオリンガ
Pseudoips sylpha
●14～18mm●北海道～九州、対馬●3～4、6～9月●低●クヌギ

リンガ亜科
アオスジアオリンガ
Pseudoips prasinanus
●15～19mm●北海道～九州●5～9月●低～山●ブナ、シラカンバ、ミズナラ、コナラ、クヌギ●寒冷地では年1化で色彩は春型

♂の後翅は黄色、
♀は大部分が白色

♀

リンガ亜科
ツクシアオリンガ
Hylophilodes tsukusensis
●18〜19㎜●本州〜九州●6〜7、9〜10月●低●マテバシイ

リンガ亜科
ネスジキノカワガ
Garella ruficirra
●9〜12㎜●本州〜九州、対馬●3〜12月●低●クリやシイの実●冬にも見られる

リンガ亜科
マエシロモンキノカワガ
Nycteola costalis
●11〜12㎜●本州〜九州、対馬、屋久島、奄美大島、西表島●ほぼ通年●低〜山●ブナ科の生葉や枯葉●冬にも見られる

リンガ亜科
カバイロリンガ
Hypocarea conspicua
●16㎜前後●本州〜九州●6〜9月●山●ブナ

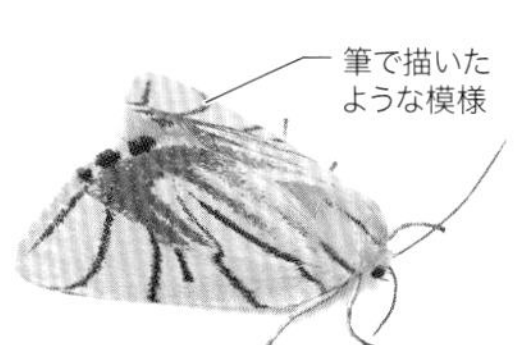

リンガ亜科
サラサリンガ
Camptoloma interioratum
●17〜18㎜●本州〜九州、対馬●6〜7月●低〜山●クヌギ、ナラ、カシ●夕方から飛ぶ

春型 ♂

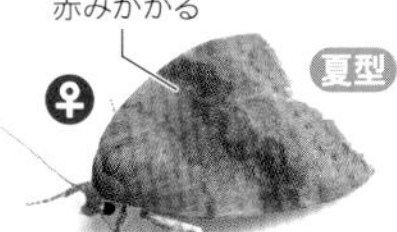

リンガ亜科
アカオビリンガ
Gelastocera exusta
●14㎜前後●北海道〜九州●4〜9月●低〜山●フジ、オニグルミ、ヤシャブシ、サワシバ、オヒョウ、シナノキ

リンガ亜科
トビイロリンガ
Siglophora ferreilutea
●12〜15㎜●本州〜九州、対馬、屋久島●5〜6、8〜9月●低●アラカシ、シラカシ

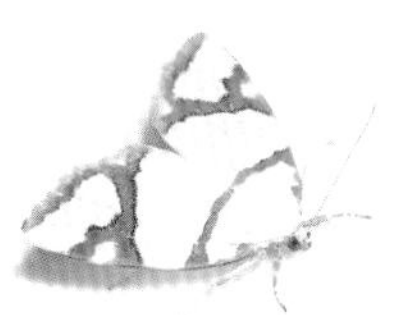

リンガ亜科
ギンボシリンガ
Ariolica argentea
●14㎜前後●北海道〜九州、対馬、屋久島●5、7〜8月●低〜山●ミツバツツジ

リンガ亜科
ハイイロリンガ
Gabala argentata
●12〜13㎜●本州〜九州、対馬、屋久島●6〜11月●低〜山●ヌルデ

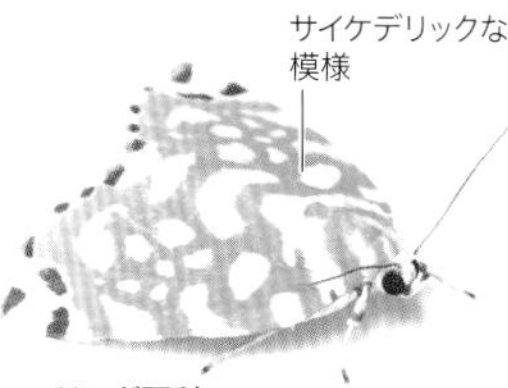

リンガ亜科
アミメリンガ
Sinna extrema
●17㎜前後●本州〜九州●5〜9月●低〜山●オニグルミ、サワグルミ

シロズリンガ亜科
マエキリンガ
Iragaodes nobilis
●12㎜前後●本州〜九州、対馬●■月●低〜山●イヌシデ

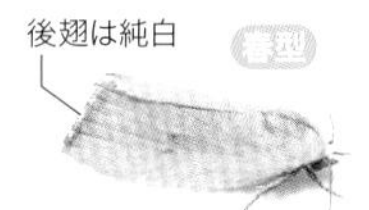

ワタリンガ亜科
アカマエアオリンガ
Earias pudicana
●9〜11㎜●北海道〜九州、対馬、屋久島●4〜9月●低〜山●ヤナギ類、アキニレ、ヤマハギ●紋のない個体もいる

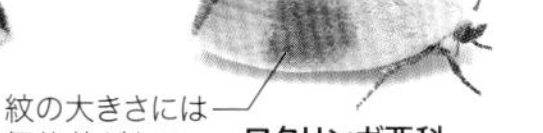

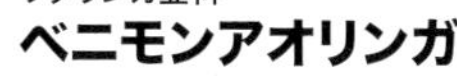

ワタリンガ亜科
ベニモンアオリンガ
Earias roseifera
●10㎜前後●北海道〜九州、対馬、南西諸島●4〜9月●低●ツツジ類

ワタリンガ亜科
ウスベニアオリンガ
Earias erubescens
●11㎜前後●北海道、本州●6、8月●低〜山●未知●寒地性

キノカワガ亜科
キノカワガ
Blenina senex
●17〜19㎜●本州〜九州、対馬、屋久島、奄美大島、沖縄本島●6〜3月●低●カキノキ、マメガキ●越冬中の個体が樹幹で見つかる

ナンキンキノカワガ亜科
ナンキンキノカワガ
Gadirtha impingens
●20〜24㎜●本州〜九州●6〜8、2〜3月●低〜山●シラキ、ナンキンハゼ

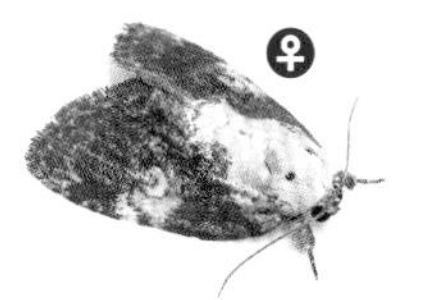

ナンキンキノカワガ亜科
ネジロキノカワガ
Negritothripa hampsoni
●10〜11㎜●本州〜九州●5、9月●低●クヌギ、コナラ

リュウキュウキノカワガ亜科
シロスジミドリキノカワガ
Risoba obscurivialis
●15㎜前後●本州、九州●7〜11月●低〜山●オニグルミ●本州では偶産の可能性がある

亜科所属不明
シンジュキノカワガ
Eligma narcissus
●36㎜前後●北海道〜九州、対馬●7〜11月●低〜山●ニワウルシなどニガキ科●暖地性。本州以北では偶産とされる

ヤガのなかま

チョウ目では最多のなかまで、世界で70000種ほどが知られ、形態や大きさ、生態はとても多様である。幼虫はイモムシもケムシもおり、4対の腹脚をそなえたもの、1～2対を退化させたものがいる。秋に羽化してそのまま越冬し、春に交尾・産卵する種もいる。

テンクロアツバ亜科
テンクロアツバ
Rivula sericealis
●9mm前後●北海道～九州、屋久島●5～10月●低～山●イネ科

テンクロアツバ亜科
マエシロモンアツバ
Rivula curvifera
●6～7mm●本州～九州、対馬●6～7、9月●低～山●未知

ムラサキアツバ亜科
ムラサキアツバ
Diomea cremata
●14mm前後●北海道～九州、対馬●5～9月●低～山●カワラタケ、シュタケ、コフキサルノコシカケ

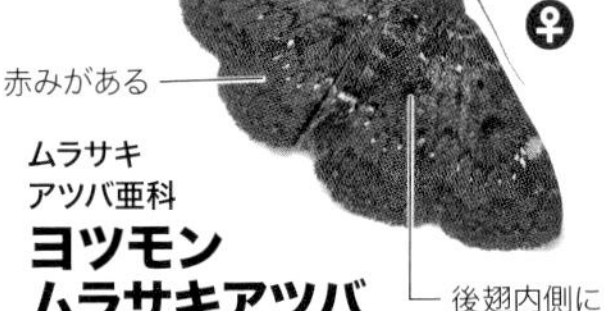

ムラサキアツバ亜科
ヨツモンムラサキアツバ
Diomea discisigna
●14mm前後●本州～九州、対馬、屋久島、南西諸島●5～8月●低～山●カワラタケなど

ムラサキアツバ亜科
マエヘリモンアツバ
Diomea jankowskii
●14mm前後●北海道～九州、屋久島、南西諸島●5～9月●低～山●キウロコタケ

ムラサキアツバ亜科
マエジロアツバ
Hypostrotia cinerea
●14mm前後●北海道～九州、対馬●5～10月●山●カワラタケなど

ムラサキアツバ亜科
ソトキイロアツバ
Oglasa bifidalis
●13mm前後●北海道～九州●7～9月●山●イヌブナ、ブナ

ムラサキアツバ亜科
マエテンアツバ
Rhesala imparata
●8～9mm●本州～九州、対馬●ほぼ通年●低●ネムノキ●冬にも見られる

ムラサキアツバ亜科
シロズアツバ
Ectogonia butleri
●10mm前後●本州～九州、対馬、屋久島●5～8月●低～山●枯葉、クズ

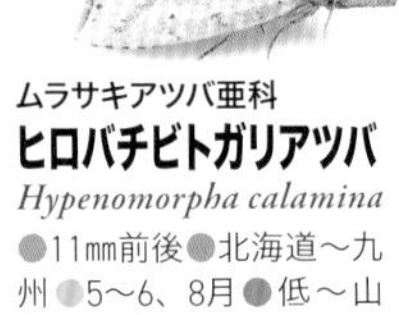

ムラサキアツバ亜科
ヒロバチビトガリアツバ
Hypenomorpha calamina
●11mm前後●北海道～九州●5～6、8月●低～山●ナラガシワ

ムラサキアツバ亜科
アヤナミアツバ
Zekelita plusioides
●10～12mm●本州～九州●6～7、9月●低～山●ツノゴケ、オオキゴケ

亜科所属不明
フタキボシアツバ
Naarda maculifera
●9mm前後●北海道、本州●6～9月●低●未知

ミジンアツバ亜科
クロスジヒメアツバ
Schrankia costaestrigalis
●7～9mm●本州～九州、対馬、屋久島●4～10、12月●低●ソラマメの根

ホソコヤガ亜科
アヤホソコヤガ
Araeopteron amoenum
●6mm前後●北海道～九州、屋久島、沖縄本島●5～10月●低～山●未知

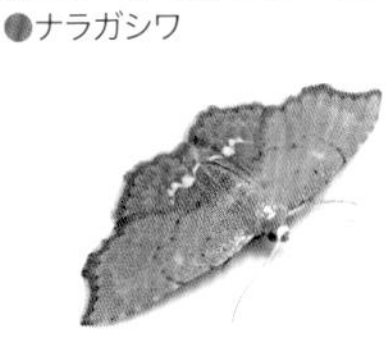

ベニコヤガ亜科
キスジコヤガ
Enispa lutefascialis
●9mm前後●北海道～九州、対馬、南西諸島●5～7月●低～山●地衣類

ベニコヤガ亜科
シラホシコヤガ
Enispa bimaculata
●7mm前後●北海道～九州、南西諸島●6～7、9月●低～山●地衣類

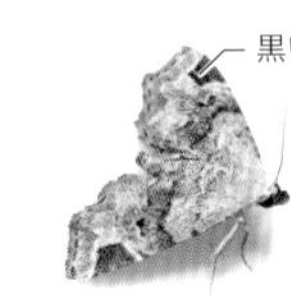

ベニコヤガ亜科
クロハナコヤガ
Aventiola pusilla
●10mm前後●北海道～九州、対馬●6～8月●低～山●地衣類、朽木の樹皮

ベニコヤガ亜科
シマフコヤガ
Corgatha nitens
●9mm前後●本州～九州、対馬、南西諸島●5～10月●低●地衣類

ベニコヤガ亜科
カバイロシマコヤガ
Corgatha argillacea
●9mm前後●本州～九州、対馬●7～9月●低●地衣類

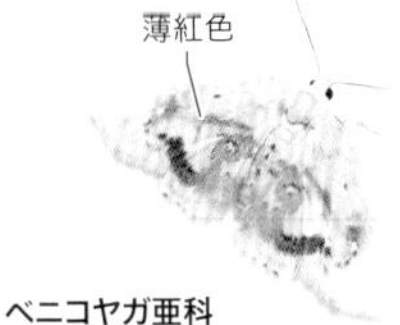

ベニコヤガ亜科
ベニエグリコヤガ
Holocryptis nymphula
●10mm前後●北海道～九州、対馬●5～7月●低～山●未知

ベニコヤガ亜科
モモイロツマキリコヤガ
Eugnathia pulcherrima
●14～15mm●本州～九州、対馬●5～9月●低～山●サルトリイバラ、シオデ

ベニコヤガ亜科
アトキスジクルマコヤガ
Oruza mira
●10～14mm●本州～九州、対馬●5～6、8月●低●ヌルデ

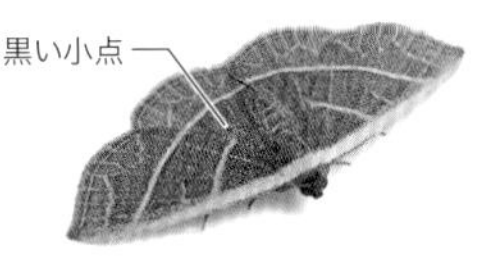

ベニコヤガ亜科
アトテンクルマコヤガ
Oruza submira
●10～14mm●本州～九州、対馬●5～9月●低●カシ類の枯葉

ベニコヤガ亜科
ヒメクルマコヤガ
Ataboruza divisa
●10mm前後●本州～九州、対馬、南西諸島●7～10月●低～山●イネコウジ

ベニコヤガ亜科
モンシロクルマコヤガ
Oruza glaucotorna
●13mm前後●本州～九州、対馬、南西諸島●5～10月●低●ヒサカキの枯葉

アツバ亜科
テングアツバ
Latirostrum bisacutum
●23㎜前後●本州～九州●7～10、3～4月●低～山●ミヤマハハソ、アワブキ

アツバ亜科
ナカジロアツバ
Harita belinda
●13～14㎜●本州～九州、屋久島●8～9、3～5月●低●コマツナギ

アツバ亜科
キシタアツバ
Hypena claripennis
●14㎜前後●北海道～九州、対馬●4～9月●低●ヤブマオ

アツバ亜科
クロキシタアツバ
Hypena amica
●15～17㎜●北海道～九州、対馬、屋久島●5～9月●低●ヤブマオ、カラムシ

アツバ亜科
フタオビアツバ
Hypena proboscidalis
●16～17㎜●北海道、本州●5～8月●山●未知

アツバ亜科
ナミテンアツバ
Hypena strigata
●14～15㎜●本州～九州、屋久島●7～11、3～4月●低●ヌスビトハギ

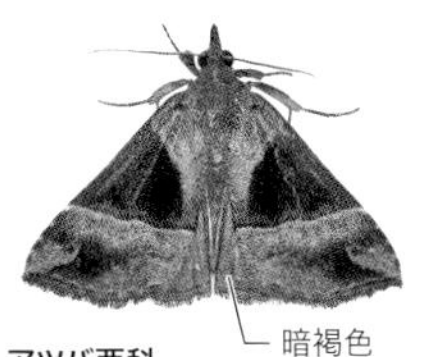

アツバ亜科
ソトムラサキアツバ
Hypena ella
●15㎜前後●北海道～九州●5～8月●低～山●未知

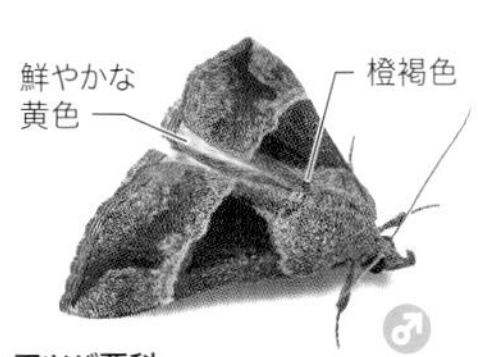

アツバ亜科
タイワンキシタアツバ
Hypena trigonalis
●15㎜前後●北海道～九州、伊豆諸島、対馬、種子島●5～9月●低●ヤブマオ、カラムシ、ラミーなどイラクサ科

アツバ亜科
サツマアツバ
Hypena satsumalis
●10㎜前後●本州、九州、屋久島●4～6、9月●河川敷など●未知●少ない

アツバ亜科
アオアツバ
Hypena subcyanea
●11～13㎜●北海道～九州、沖縄本島●4～11月●低●メドハギ、マルバハギ

アツバ亜科
オオトビモンアツバ
Hypena occata
●13～14㎜●北海道～九州、対馬、屋久島、奄美大島●7、10、3月●低～山●カラムシ

アツバ亜科
トビモンアツバ
Hypena indicatalis
●14㎜前後●本州～九州、南西諸島●6、10、3月●低～山●カラムシ

♂は暗色

アツバ亜科
ミツボシアツバ
Hypena tristalis
●17㎜前後●北海道～九州●7～10、3月●山●ハルニレ、ダイズ、イラクサ、ヤブマオ、クズ、ヌスビトハギ

アツバ亜科
コテングアツバ
Hypena pulverulenta
●13㎜前後●本州～九州、南西諸島●7～10、3月●低～山●未知

アツバ亜科
ホソバアツバ
Hypena whitelyi
●13～14㎜●北海道、本州●8～10、3月●低～山●カラハナソウ

アツバ亜科
ヤマガタアツバ
Bomolocha stygiana
●15～16㎜●本州～九州、対馬●5～9月●低～山●ウツギ、マルバウツギ、アカソ

アツバ亜科
ハングロアツバ
Bomolocha squalida
●14㎜前後●本州～九州、対馬●5～8月●低～山●ミツバツツジ、ヤマツツジ、サツキ、ウメ、ズミ

アツバ亜科
シラクモアツバ
Bomolocha zilla
●16㎜前後●北海道～四国●7～9月●低～山●ミヤマザクラ

アツバ亜科
アイモンアツバ
Bomolocha rivuligera
●15㎜前後●北海道～九州●5～9月●山●アカソ

アツバ亜科
ホシムラサキアツバ
Bomolocha nigrobasalis
●15～16㎜●北海道～九州●5～8月●山●レンゲツツジ、ミヤマキリシマ

アツバ亜科
マガリウスヅマアツバ
Bomolocha mandarina
●16㎜前後●本州～九州●5、7～8月●山●未知

ベニスジアツバ亜科
キンスジアツバ
Colobochyla salicalis
●12㎜前後●北海道～九州、対馬●5～8月●低～山●ポプラなどヤナギ科

夏の個体は
小さく色が薄い

カギアツバ亜科
ウスベニコヤガ
Sophta subrosea
●7～11㎜●北海道～九州、対馬
●5～9、11月●低～山●未知

カギアツバ亜科
テンモンシマコヤガ
Sophta ruficeps
●9㎜前後●本州～九州、対馬
●5～9月●低～山●シデコブシ

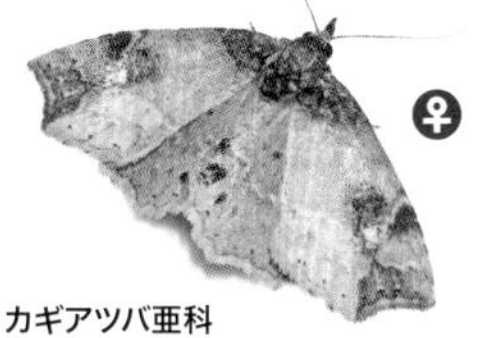

カギアツバ亜科
カザリツマキリアツバ
Tamba igniflua
●15㎜前後●本州～九州、対馬
●5～9月●低～山●アラカシ

カギアツバ亜科
ウスベニツマキリアツバ
Tamba gensanalis
●16～17㎜●本州（東海以西）～九州、対馬、南西諸島●5～8月●低～山●未知●暖地性

カギアツバ亜科
ウスモモイロアツバ
Olulis ayumiae
●13㎜前後●本州～九州●3～11月●低●未知●早春から見られる

カギアツバ亜科
ソトウスベニアツバ
Sarcopteron fasciatum
●14㎜前後●本州～九州、対馬
●4～5、7～9月●低～山●未知

カギアツバ亜科
ヒメエグリアツバ
Euwilemania angulata
●9～10㎜●本州～九州、対馬
●5～8月●低～山●未知

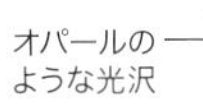

カギアツバ亜科
フタスジエグリアツバ
Gonepatica opalina
●11㎜前後●北海道～九州、対馬
●6～7月●低～山●クヌギ、コナラ

カギアツバ亜科
キボシアツバ
Paragabara flavomacula
●9㎜前後
●北海道～九州、対馬
●5～8月●低
●ヤブマメ、クズ

カギアツバ亜科
セニジモンアツバ
Paragona cleorides
●10㎜前後
●北海道、本州、対馬
●8月●山●未知

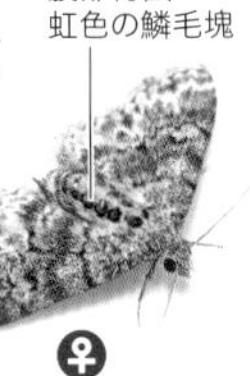

カギアツバ亜科
ベニトガリアツバ
Naganoella timandra
●14～15㎜●本州～九州、対馬
●5～9月●低～山●未知

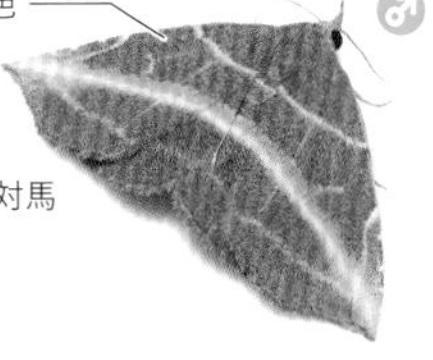

カギアツバ亜科
トビフタスジアツバ
Leiostola mollis
●14㎜前後●北海道～九州、対馬、屋久島●5～9月●低～山●エゴノキ、ハクウンボク

カギアツバ亜科
キマダラアツバ
Lophomilia polybapta
●12㎜前後●本州～九州●5～8月
●低～山●クヌギ、クリ

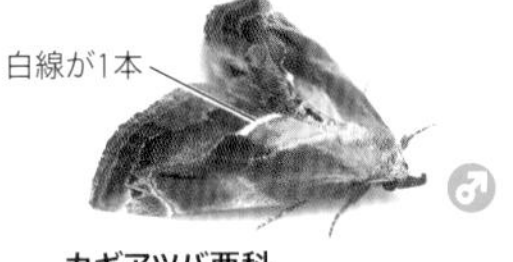

カギアツバ亜科
ニセミカドアツバ
Lophomilia takao
●11～13㎜●本州～九州、屋久島、奄美大島●5、7～10月
●低●アラカシ、ウラジロガシ

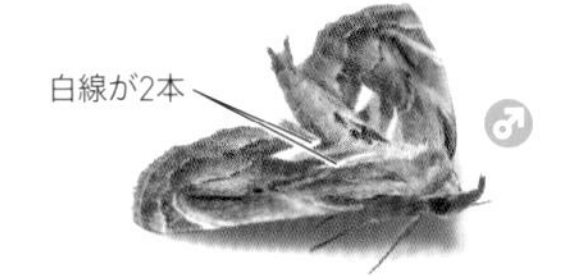

カギアツバ亜科
ミカドアツバ
Lophomilia flaviplaga
●12～14㎜●北海道、本州
●5、7～8月●山●ミズナラ

カギアツバ亜科
シロテンツマキリアツバ
Amphitrogia amphidecta
●15㎜前後●本州～九州、対馬
●6～9月●山●ミツバウツギ科、キブシ科

ツマキリアツバ亜科
ウンモンツマキリアツバ
Pangrapta perturbans
●14㎜前後●北海道～九州、対馬
●4～8月●低～山●イボタノキ

ツマキリアツバ亜科
ツマジロツマキリアツバ
Pangrapta lunulata
●12㎜前後●北海道～九州、対馬
●5～9月●低～山●トネリコ

ツマキリアツバ亜科
リンゴツマキリアツバ
Pangrapta obscurata
●12㎜前後●北海道～九州、対馬
●5～9月●低～山●バラ科

ツマキリアツバ亜科
マエモンツマキリアツバ
Pangrapta costinotata
●14㎜前後●本州～九州、対馬、屋久島●5～8月●低～山●サクラ類

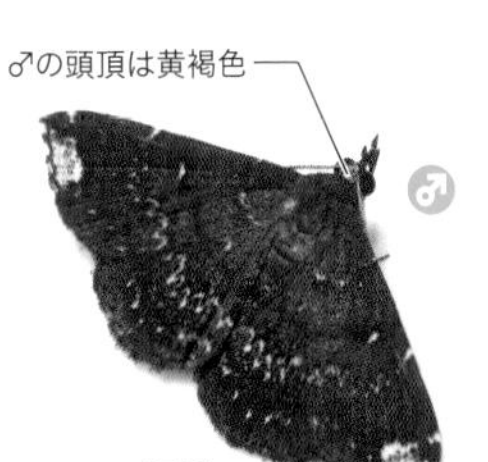

クルマアツバ亜科
フジロアツバ
Adrapsa notigera
●14～15㎜●本州～九州、屋久島●6～8月●低～山
●枯葉

クルマアツバ亜科
ニセフジロアツバ
Adrapsa subnotigera
●16㎜前後●本州～九州、屋久島、奄美大島、徳之島、沖縄本島
●5～11月●低～山●未知●暖地性

クルマアツバ亜科
シラナミクロアツバ
Adrapsa simplex
●15㎜前後●本州～九州、対馬、南西諸島●4～10月●低～山
●枯葉

クルマアツバ亜科
マルシラホシアツバ
Edessena gentiusalis
●22〜23㎜●本州〜九州、対馬、屋久島●5〜7月●低〜山●未知

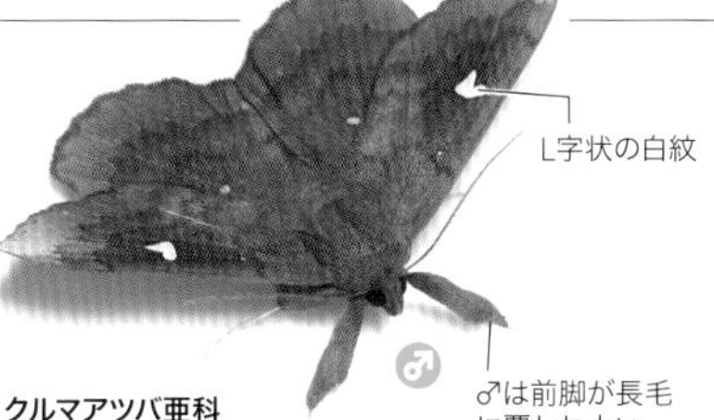

クルマアツバ亜科
オオシラホシアツバ
Edessena hamada
●20〜24㎜●北海道〜九州、対馬、種子島●5〜8月●低〜山●クヌギ

クルマアツバ亜科
ハナマガリアツバ
Hadennia incongruens
●16㎜前後●北海道〜九州、対馬●5〜9月●山●未知

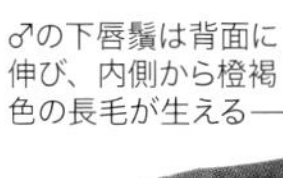

クルマアツバ亜科
ソトウスアツバ
Hadennia obliqua
●15㎜前後●本州(関東以西)〜九州、八丈島、対馬、南西諸島●3〜11月●低●未知●暖地性

クルマアツバ亜科
ハナオイアツバ
Cidariplura gladiata
●16㎜前後●本州〜九州、対馬、南西諸島●7〜9月●低〜山●未知

クルマアツバ亜科
キスジハナオイアツバ
Cidariplura bilineata
●15㎜前後●本州〜九州、屋久島●7〜9月●低〜山●蘚類●少ない

クルマアツバ亜科
シロモンアツバ
Paracolax albinotata
●13㎜前後●北海道〜九州●5〜8月●山●カシワ

クルマアツバ亜科
クルマアツバ
Paracolax tristalis
●15㎜前後●北海道〜四国●6〜8月●山●枯葉

クルマアツバ亜科
ミスジアツバ
Paracolax trilinealis
●12〜13㎜●北海道〜九州、対馬、屋久島●5〜9月●低〜山●枯葉

クルマアツバ亜科
ツマオビアツバ
Mesoplectra griselda
●16㎜前後●北海道〜九州、対馬、屋久島●6〜10月●低〜山●コメツガ、アカマツ、スギ

クルマアツバ亜科
シロテン ムラサキアツバ
Paracolax pryeri
●13㎜前後●本州〜九州、対馬、南西諸島●6〜10月●低〜山●スギ、アスナロの枯葉

クルマアツバ亜科
ソトウスグロアツバ
Hydrillodes lentalis
●11㎜前後●本州〜九州、対馬、南西諸島●5〜12月●低〜山●枯葉、コケ類、各種木本、草本など広食性●個体数は多い

クルマアツバ亜科
ヒロオビウスグロアツバ
Hydrillodes morosa
●12㎜前後●北海道〜九州●4〜8月●低〜山●枯葉

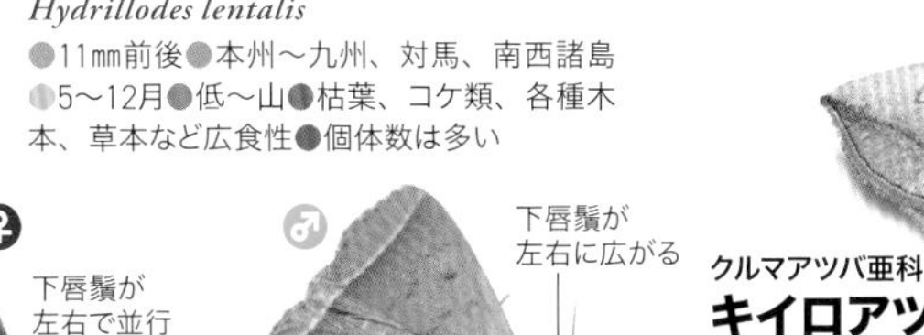

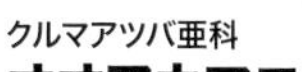

クルマアツバ亜科
オオアカマエアツバ
Simplicia niphona
●17㎜前後●北海道〜九州、対馬、屋久島、奄美大島●5〜10月●低〜山●枯葉

クルマアツバ亜科
ニセアカマエアツバ
Simplicia xanthoma
●15㎜前後●本州〜九州、対馬、南西諸島●3〜10月●低〜山●枯葉

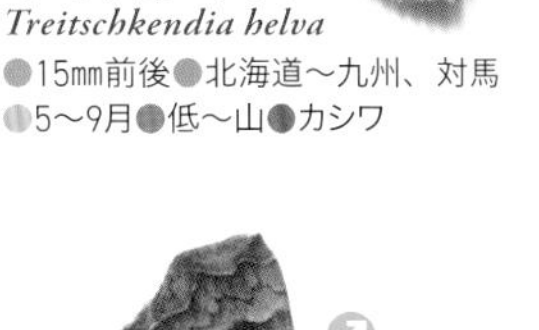

クルマアツバ亜科
キイロアツバ
Treitschkendia helva
●15㎜前後●北海道〜九州、対馬●5〜9月●低〜山●カシワ

クルマアツバ亜科
アミメアツバ
Adrapsoides reticulatis
●13㎜前後●北海道〜九州、対馬●7〜8月●山●未知

クルマアツバ亜科
ウスキミスジアツバ
Herminia arenosa
●10〜14㎜●北海道〜九州、対馬●4〜9月●低〜山●枯葉

クルマアツバ亜科
オオシラナミアツバ
Hipoepa fractalis
●12㎜前後●本州〜九州、南西諸島●5〜11月●低●枯葉●原っぱに多い

クルマアツバ亜科
ネグロアツバ
Sinarella punctalis
●10〜12㎜●北海道、本州●5〜8月●低〜山●蘚類●あまり多くない

トモエガ亜科 トモエガ族
オスグロトモエ
Spirama retorta
●33〜38㎜●北海道〜九州、対馬●4〜6、7〜9月●低〜山●アカシア、モリシマアカシア

トモエガ亜科 トモエガ族
オオトモエ
Erebus ephesperis
●50〜53㎜●本州〜九州、対馬、南西諸島●4〜9月●低〜山●サルトリイバラ、シオデ●大型

トモエガ亜科 トモエガ族
ハグルマトモエ
Spirama helicina
●30㎜前後●本州〜九州、対馬、屋久島、西表島●5〜9月●低〜山●ネムノキ

トモエガ亜科 トモエガ族
シロスジトモエ
Metopta rectifasciata
●18〜31㎜●北海道〜九州、対馬、屋久島●4〜8月●低〜山●サルトリイバラ、シオデ

トモエガ亜科 カキバトモエ族
アカテンクチバ
Erygia apicalis
●20㎜前後●本州〜九州、対馬、沖縄本島●5〜9月●低〜山●フジ、クズ

トモエガ亜科 カキバトモエ族
カキバトモエ
Hypopyra vespertilio
●30〜40㎜●本州〜九州、対馬●5、7〜9月●低〜山●ネムノキ、フサアカシア、モリシマアカシア

エグリバ亜科 エグリバ族
ウスエグリバ
Calyptra thalictri
●19㎜前後●北海道～九州●6～9月●低～山●カラマツソウ属、アオツヅラフジ

エグリバ亜科 エグリバ属
キタエグリバ
Calyptra hokkaida
●25㎜前後●北海道～九州●6～10月●山●ムラサキケマン、キケマン、アキカラマツ

エグリバ亜科 エグリバ属
キンイロエグリバ
Calyptra lata
●25㎜前後●本州、九州●7～9月●山●アオツヅラフジ、コウモリカズラ

エグリバ亜科 エグリバ属
キンモンエグリバ
Plusiodonta coelonota
●16㎜前後●本州（東海以西）、四国、九州、屋久島、奄美大島、沖縄本島●3～10月●低●ハスノハカズラ●暖地性

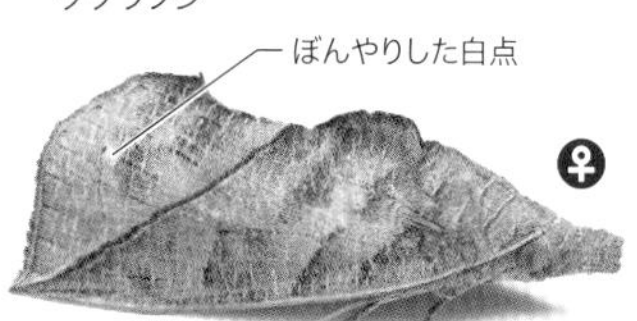

エグリバ亜科 エグリバ属
オオエグリバ
Calyptra gruesa
●27㎜前後●本州～九州、対馬●6～7、9～10月●山●ツヅラフジ

エグリバ亜科 エグリバ属
ヒメエグリバ
Oraesia emarginata
●18㎜前後●本州～九州、対馬、屋久島、沖縄本島●6～10月●低●アオツヅラフジ

エグリバ亜科 エグリバ属
アカエグリバ
Oraesia excavata
●24～27㎜●北海道～九州、対馬、屋久島●2～12月●低～山●アオツヅラフジ

エグリバ亜科 エグリバ属
マダラエグリバ
Plusiodonta casta
●12～13㎜●本州～九州、対馬●5～9月●低●アオツヅラフジ

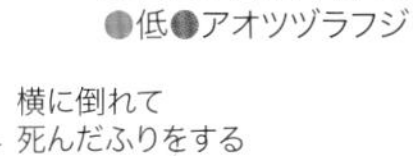

エグリバ亜科 エグリバ属
アケビコノハ
Eudocima tyrannus
●45～49㎜●北海道～九州、対馬、南西諸島●5～10月●低～山●ムベ、アケビ、アオツヅラフジ、ヒイラギナンテン、メギ、ミツバアケビ、カキノキ●大型

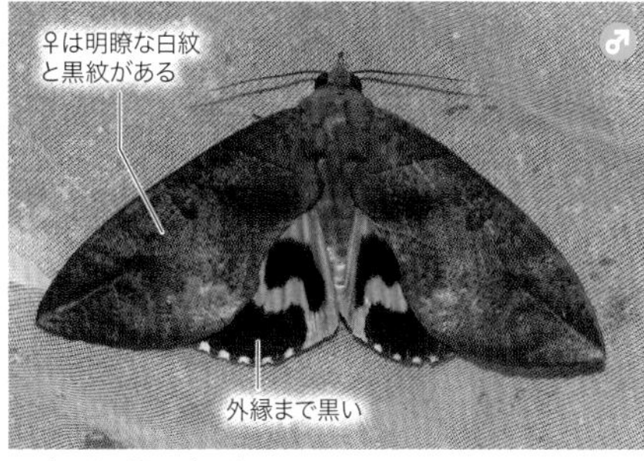

エグリバ亜科 エグリバ属
ヒメアケビコノハ
Eudocima phalonia
●36～40㎜●北海道～九州、南西諸島●8～10月●低～山●コウシュウウヤク、コバノハスノハカズラ、オオツヅラフジ●北日本では偶産

エグリバ亜科 キシタクチバ族
タイワンキシタクチバ
Hypocala subsatura
●18㎜前後●北海道～九州、対馬、南西諸島●5～10月●低～山●ブナ科、バラ科、カキノキ●暖地性

エグリバ亜科 キシタクチバ族
ムーアキシタクチバ
Hypocala deflorata
●18～21㎜●北海道～九州、対馬、南西諸島●5～10月●低～山●カキノキ、マメガキ●暖地性

エグリバ亜科 キリバ族
アカキリバ
Gonitis mesogona
●18～19㎜●北海道～九州、対馬、屋久島●4、6～11月●低～山●ハチジョウクサイチゴ、クサイチゴ、カジイチゴ、ナワシロイチゴ、ムクゲ、クヌギ、ホウロクイチゴ

エグリバ亜科 キリバ族
オオアカキリバ
Rusicada privata
●20㎜前後●北海道～九州、対馬●5、7～9月●山●ムクゲ、フヨウ

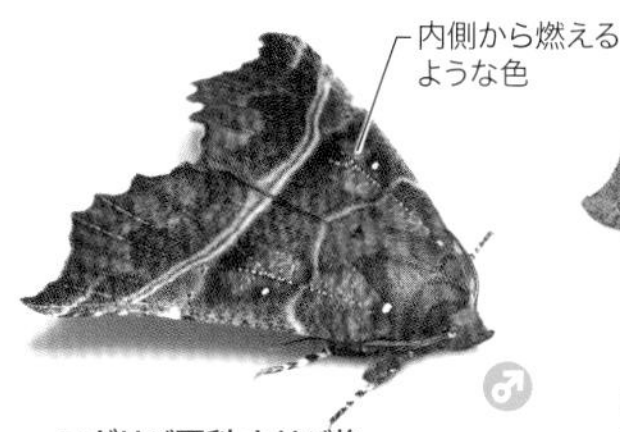

エグリバ亜科 キリバ族
ハガタキリバ
Scoliopteryx libatrix
●22㎜前後●北海道～九州●5～6、8～3月●山●ヤナギ類

エグリバ亜科 キリバ族
プライヤキリバ
Goniocraspidum pryeri
●19㎜前後●本州～九州、対馬●4、6～3月●低～山●アラカシ、ウラジロガシ、コナラ、クヌギ

エグリバ亜科 キリバ族
ウスヅマクチバ
Dinumma deponens
●15～18㎜●北海道～九州、対馬●4～5、7～8月●低～山●ネムノキ

エグリバ亜科 ベニモンコノハ族
ニジオビベニアツバ
Homodes vivida
●11～14㎜●本州（関東以西）～九州、対馬、沖縄本島●5～10月●低●クワ科の果実、ブナ科、サカキ科

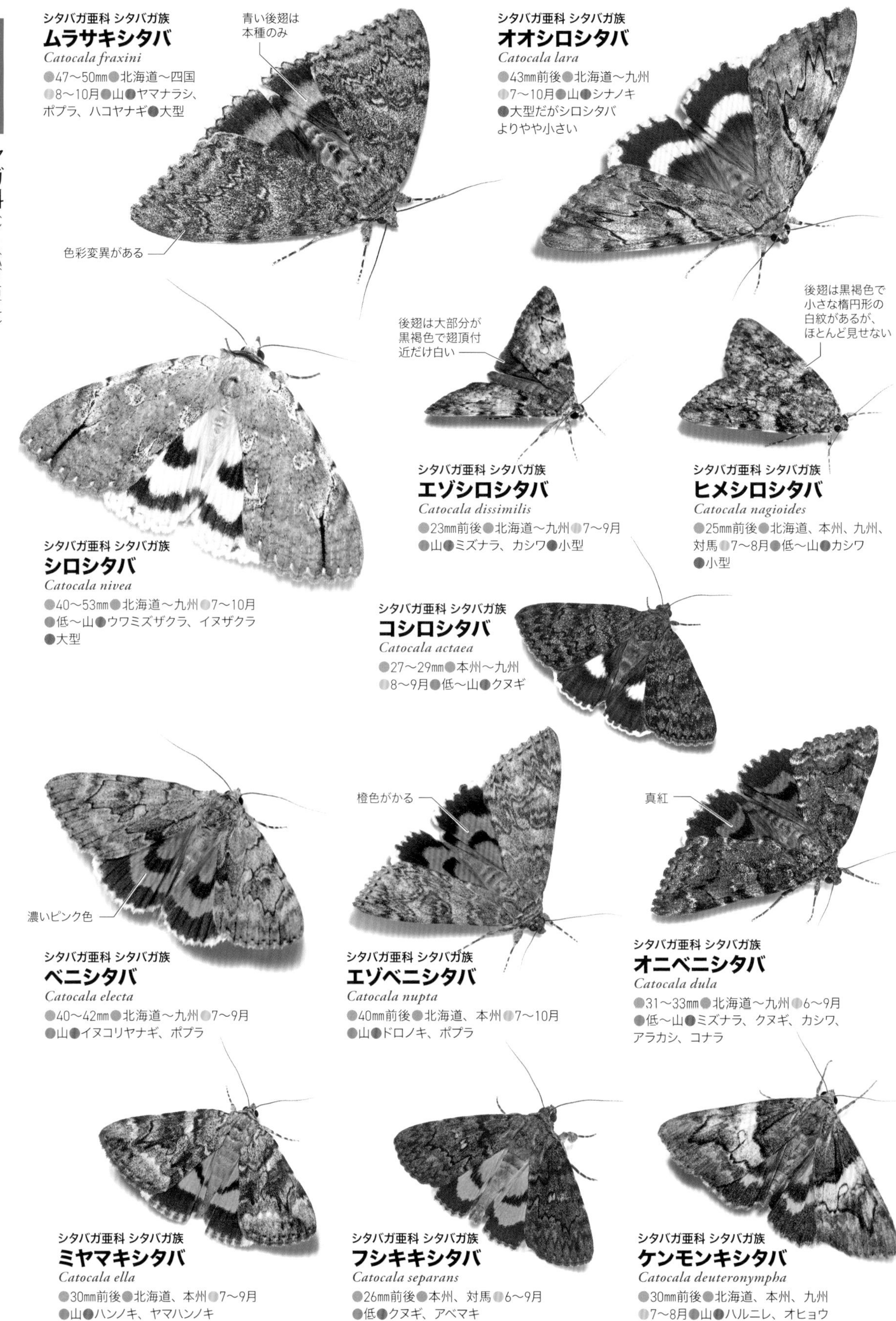

シタバガ亜科 シタバガ族
ムラサキシタバ
Catocala fraxini
●47〜50mm●北海道〜四国●8〜10月●山●ヤマナラシ、ポプラ、ハコヤナギ●大型

シタバガ亜科 シタバガ族
オオシロシタバ
Catocala lara
●43mm前後●北海道〜九州●7〜10月●山●シナノキ●大型だがシロシタバよりやや小さい

シタバガ亜科 シタバガ族
シロシタバ
Catocala nivea
●40〜53mm●北海道〜九州●7〜10月●低〜山●ウワミズザクラ、イヌザクラ●大型

シタバガ亜科 シタバガ族
エゾシロシタバ
Catocala dissimilis
●23mm前後●北海道〜九州●7〜9月●山●ミズナラ、カシワ●小型

シタバガ亜科 シタバガ族
ヒメシロシタバ
Catocala nagioides
●25mm前後●北海道、本州、九州、対馬●7〜8月●低〜山●カシワ●小型

シタバガ亜科 シタバガ族
コシロシタバ
Catocala actaea
●27〜29mm●本州〜九州●8〜9月●低〜山●クヌギ

シタバガ亜科 シタバガ族
ベニシタバ
Catocala electa
●40〜42mm●北海道〜九州●7〜9月●山●イヌコリヤナギ、ポプラ

シタバガ亜科 シタバガ族
エゾベニシタバ
Catocala nupta
●40mm前後●北海道、本州●7〜10月●山●ドロノキ、ポプラ

シタバガ亜科 シタバガ族
オニベニシタバ
Catocala dula
●31〜33mm●北海道〜九州●6〜9月●低〜山●ミズナラ、クヌギ、カシワ、アラカシ、コナラ

シタバガ亜科 シタバガ族
ミヤマキシタバ
Catocala ella
●30mm前後●北海道、本州●7〜9月●山●ハンノキ、ヤマハンノキ

シタバガ亜科 シタバガ族
フシキキシタバ
Catocala separans
●26mm前後●本州、対馬●6〜9月●低●クヌギ、アベマキ

シタバガ亜科 シタバガ族
ケンモンキシタバ
Catocala deuteronympha
●30mm前後●北海道、本州、九州●7〜8月●山●ハルニレ、オヒョウ

シタバガ亜科
シタバガ族
ワモンキシタバ
Catocala xarippe
●29㎜前後●北海道～四国
●6～9月●低～山●マメザクラ、ウメ、ズミ、リンゴ、スモモ

シタバガ亜科
シタバガ族
ハイモンキシタバ
Catocala mabella
●30㎜前後●北海道、本州
●7～8月●山●ズミ、リンゴ

シタバガ亜科
シタバガ族
ノコメキシタバ
Catocala bella
●28㎜前後●北海道、本州●7～9月●山
●ズミ、エゾノコリンゴ、ナシ、リンゴ

シタバガ亜科 シタバガ族
ナマリキシタバ
Catocala columbina
●23㎜前後
●本州～九州
●7～9月
●山●イワガサ、イワシモツケ、イブキシモツケ、アイズシモツケ●やや小型

シタバガ亜科
シタバガ族
マメキシタバ
Catocala duplicata
●27㎜前後●北海道～九州●7～8月
●低～山●クヌギ、アラカシ、ミズナラ
●やや小型

シタバガ亜科
シタバガ族
アサマキシタバ
Catocala streckeri
●23～27㎜●北海道～四国●5～7月
●低～山●ミズナラ、コナラ、アラカシ、クヌギ●最も早く出現するカトカラ

シタバガ亜科 シタバガ族
ゴマシオキシタバ
Catocala nubila
●28㎜前後●北海道～九州
●7～10月●山●ブナ、イヌブナ

シタバガ亜科
シタバガ族
キシタバ
Catocala patala
●34～37㎜●北海道～九州、対馬
●7～8月●低～山●フジ類、コナラ
●後翅が黄色いカトカラでは最大

シタバガ亜科 シタバガ族
コガタキシタバ
Catocala praegnax
●16～18㎜●北海道～九州、対馬、屋久島
●6～9月●低～山●ミズナラ、ナラガシワ、ハギ類、フジ●小型

シタバガ亜科
シタバガ族
アミメキシタバ
Catocala hyperconnexa
●27㎜前後●本州～九州
●7～8月●低～山●アラカシ、クヌギ、アカガシ、アベマキ、コナラ

シタバガ亜科 シタバガ族
クロシオキシタバ
Catocala kuangtungensis
●33㎜前後●本州（東海以西）～九州
●7～9月●低（沿岸部）●ウバメガシ

シタバガ亜科 シタバガ族
ジョナスキシタバ
Catocala jonasii
●35㎜前後●本州～九州●7～11月
●低～山●ケヤキ

シタバガ亜科 シタバガ族
ヨシノキシタバ
Catocala connexa
●26～30㎜●北海道～九州●7～9月●山●ブナ

シタバガ亜科 クビグロクチバ族
モクメクチバ
Perinaenia accipiter
●22㎜前後●本州～九州、対馬、沖縄本島●6～3月●低～山●エノキ、ムクノキ●冬にも見られる

シタバガ亜科 クビグロクチバ族
クビグロクチバ
Lygephila maxima
●25㎜前後●北海道～九州●7～8月●低～山●イネ科、カヤツリグサ科、ハマニンニク

シタバガ亜科
クビグロクチバ族
ウスクビグロクチバ
Lygephila viciae
●19㎜前後●北海道、本州●6月～●山●イワオウギ●高山帯にもいる

シタバガ亜科 クビグロクチバ族
スミレクビグロクチバ
Lygephila nigricostata
●16㎜前後
●北海道、本州、九州●4～5、9月
●山(草原)●クサフジ

シタバガ亜科 クビグロクチバ族
ヒメクビグロクチバ
Lygephila recta
●18㎜前後●北海道～九州、対馬
●7～10、3～4月
●低～山●ヤブマメ

シタバガ亜科
クビグロクチバ族
**ナニワ
クビグロクチバ**
Lygephila lilacina
●18㎜前後●本州、九州
●8、11～3月●低●未知
●温暖地ではヒメクビグロクチバより多い場合がある

シタバガ亜科 クロクモアツバ族
カクモンキシタバ
Chrysorithrum amatum
●30㎜前後●北海道～九州、対馬、屋久島
●6～8月●山(草原)
●ヤマハギ

シタバガ亜科 クロクモアツバ族
ウンモンキシタバ
Chrysorithrum flavomaculatum
●26㎜前後●北海道、本州
●6～8月●山(草原)
●クサフジ●少ない

シタバガ亜科
シャクドウクチバ族
ムラサキヒメクチバ
Mecodina subviolacea
●14㎜前後●本州～九州、対馬、屋久島●5～9月●低
●テイカカズラ

シタバガ亜科 ツメクサキシタバ族
ツメクサキシタバ
Euclidia dentata
●16～17㎜●北海道、本州
●5～6、8月●山(草原)●マメ科
●昼行性だが灯火にも来る

シタバガ亜科 ツメクサキシタバ族
ユミモンクチバ
Melapia electaria
●16㎜前後●北海道～九州
●4～5、7～8月●低～山(草原)
●オヒシバなどイネ科

シタバガ亜科
シャクドウクチバ族
シャクドウクチバ
Mecodina nubiferalis
●19～21㎜●本州～九州、屋久島、徳之島●5～8月●低
●テイカカズラ

春型 ♀

夏型は木目模様が
弱く♀は暗色

夏型 ♀

シタバガ亜科
シラホシモクメクチバ族
モンムラサキクチバ
Ercheia umbrosa
●21㎜前後●北海道～九州、対馬
●4～6、7～9月●低～山●フジ

白い短線

シタバガ亜科 シラホシモクメクチバ族
モンシロムラサキクチバ
Ercheia niveostrigata
●21㎜前後●本州～九州、対馬
●4～8月●山●ボタンヅル

翅を立ててとまる

暗褐色の
個体もいる

シタバガ亜科
ツマキオオクチバ族
ルリモンクチバ
Lacera procellosa
●30㎜前後●本州～九州、対馬、屋久島
●6～8、10～11月●低～山●ジャケツイバラ

シタバガ亜科
ツマキオオクチバ族
ウスムラサキクチバ
Ericeia pertendens
●21㎜前後●本州～九州、屋久島、奄美大島
●4、7～8月●低～山●クマヤナギ

シタバガ亜科 クチバ族
アシブトクチバ
Parallelia stuposa
●25〜27㎜●本州〜九州、対馬、南西諸島●5〜6、8〜10月●低〜山●ザクロ、サルスベリ、ヒトツバハギ、イイギリ

シタバガ亜科 クチバ族
ナカグロクチバ
Grammodes geometrica
●19〜21㎜●本州〜九州、対馬、南西諸島●7〜10月●低（草地）●イヌタデ、エノキグサ、コミカンソウ、ブラジルコミカンソウ、ヒメミソハギ、ホソバヒメミソハギ、サルスベリ、ザクロ●北上中の南方種

シタバガ亜科 クチバ族
オオウンモンクチバ
Mocis undata
●28㎜前後●北海道〜九州、対馬、南西諸島●5〜9月●低（草地）●クズ、フジ、ヌスビトハギ、ヤブマメ、オヒシバ、エニシダ

シタバガ亜科
クチバ族
ウンモンクチバ
Mocis annetta
●23㎜前後●北海道〜九州、対馬、屋久島●5〜6、8〜9月●低●フジ、ハギ類、ニセアカシア、ヌスビトハギ、ヤブマメ、ツルマメ、キツネササゲ、ダイズ●ニセウンモンクチバよりやや大型

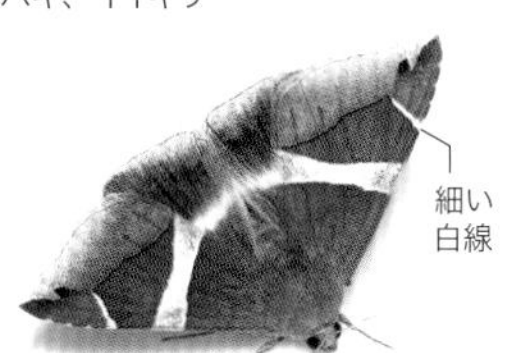

シタバガ亜科 クチバ族
ホソオビアシブトクチバ
Parallelia arctotaenia
●22〜25㎜●本州〜九州、対馬、南西諸島●5〜10月●低●バラ、ウバメガシ、トウゴマ

シタバガ亜科 クチバ族
ムクゲコノハ
Thyas juno
●40〜45㎜●北海道〜九州、対馬、屋久島●4〜9、11〜2月●低〜山●フジ、ナツフジ、ニセアカシアなどマメ科

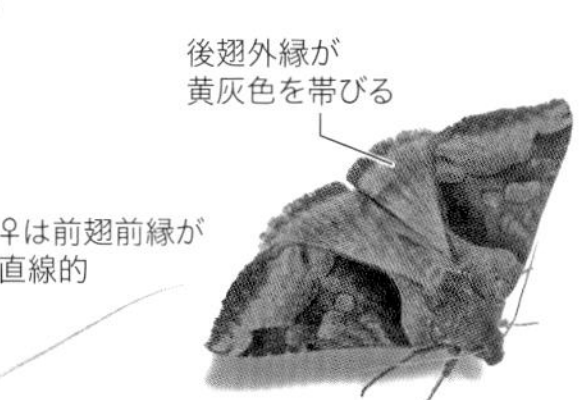

シタバガ亜科
クチバ族
ニセウンモンクチバ
Mocis ancilla
●18㎜前後●本州〜九州、対馬●5〜8月●低●マメ科

シタバガ亜科 クチバ族
ツキワクチバ
Artena dotata
●35〜37㎜●本州〜九州、対馬、南西諸島●6〜9月●低〜山●アラカシ●北上中の南方種

シタバガ亜科 クチバ族
コウンモンクチバ
Blasticorhinus unduligera
●19㎜前後●北海道〜九州、対馬●6〜8月●低〜山●フジ、ナツフジ、ニセアカシア、ハギ類などマメ科

シタバガ亜科 シラフクチバ族
アヤシラフクチバ
Sypnoides hercules
●22〜26㎜●北海道〜九州、対馬●6〜8月●低〜山●ミズナラ、ブナ、クヌギ、カシワ

シタバガ亜科 シラフクチバ族
シラフクチバ
Sypnoides picta
●22〜28㎜●北海道〜九州●6〜9月●山●ノイバラ、ズミ、アラカシ

シタバガ亜科 シラフクチバ族
クロシラフクチバ
Sypnoides fumosus
●25㎜前後●北海道〜九州、対馬●6〜10月●山●モミジイチゴ、ノイバラ、カシワ、エビガライチゴ

シタバガ亜科 シラフクチバ族
シロテンクチバ
Hypersypnoides astrigera
●21㎜前後●北海道〜九州、対馬●4〜5月●低〜山●クヌギ●春のみに見られる

シタバガ亜科 シラフクチバ族
オオシロテンクチバ
Hypersypnoides submarginata
●22㎜前後●本州〜九州、対馬、屋久島●4〜10月●低〜山●キイチゴ類、アラカシ

シタバガ亜科
シラフクチバ族
ハガタクチバ
Daddala lucilla
●21〜27㎜●本州〜九州、対馬、南西諸島●3〜11月●低〜山●マテバシイ、シラカシ●冬にも見られる

シタバガ亜科 シラフクチバ族
オオトウウスグロクチバ
Avitta fasciosa
●20㎜前後●本州〜九州、沖縄本島●5〜11月●低〜山●アオツヅラフジ

淡色影が目立つ

キンウワバ亜科 マダラウワバ族
イラクサマダラウワバ
Abrostola triplasia
●15㎜前後●北海道～九州、対馬、屋久島、奄美大島、徳之島●4～5、7～9月●低～山●イラクサ、コアカソ、カンテンソウ

キンウワバ亜科 マダラウワバ族
ユミガタマダラウワバ
Abrostola abrostolina
●11㎜前後●本州～九州、対馬●5～9月●低～山●クワクサ●小型

金箔を貼ったよう

キンウワバ亜科 イチジクキンウワバ族
キクキンウワバ
Thysanoplusia intermixta
●17～18㎜●北海道～九州、対馬、屋久島●4～11月●低～山●キク科、セリ科、イラクサ科、バラ科●昼も夜も活動する

キンウワバ亜科 イチジクキンウワバ族
イラクサギンウワバ
Trichoplusia ni
●12～14㎜●北海道～九州、対馬、南西諸島●7～10月●低～山●アブラナ科、キク科、ウリ科、シソ科、ナス科など広食性

キンウワバ亜科 イチジクキンウワバ族
エゾギクキンウワバ
Ctenoplusia albostriata
●14～16㎜●北海道～九州、対馬、南西諸島●6～12月●低～山●キク科

キンウワバ亜科 イチジクキンウワバ族
ニシキキンウワバ
Ctenoplusia ichinosei
●15～16㎜●本州（関東以西）～九州、対馬、屋久島、奄美大島、石垣島●8～10月●山●ゴボウ

キンウワバ亜科 イチジクキンウワバ族
ミツモンキンウワバ
Ctenoplusia agnata
●16～17㎜●北海道～九州、対馬、南西諸島●7～11月●低～山●ニンジン、ゴボウ、ダイズ、ワタ、ミゾソバ

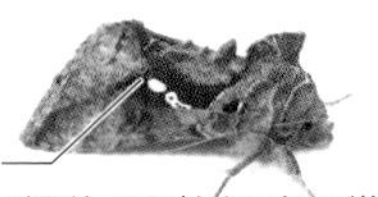

キンウワバ亜科 イチジクキンウワバ族
イチジクキンウワバ
Chrysodeixis eriosoma
●16㎜前後●北海道～九州、対馬、南西諸島●8～10月●低～山●ゴボウ、ノカラムシ、ダイズ、スイートピー、ゼラニウム、オランダイチゴ、ダイコン、タバコ、キャベツ

キンウワバ亜科 イチジクキンウワバ族
ウリキンウワバ
Anadevidia peponis
●18㎜前後●北海道～九州、対馬、屋久島、沖縄本島●3～12月●低●ウリ科、ゴマノハグサ科、トウダイグサ科、シソ科、アブラナ科、スイカズラ科など広食性

キンウワバ亜科 イチジクキンウワバ族
モモイロキンウワバ
Anadevidia hebetata
●19㎜前後●北海道～九州、対馬、屋久島●6～10月●山●未知

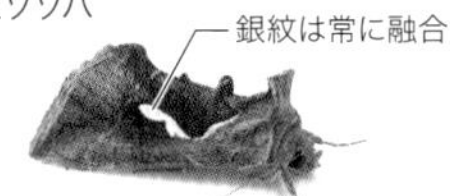

キンウワバ亜科 イネキンウワバ族
キクギンウワバ
Macdunnoughia confusa
●16㎜前後●北海道～九州●5～10月●低～山●ゴボウ、キャベツ、ニンジン、タンポポ、ギシギシ、フキ、エゾギク

キンウワバ亜科 イネキンウワバ族
オオキクギンウワバ
Macdunnoughia crassisigna
●15～17㎜●北海道～九州、対馬、屋久島●6～7、9～10月●低～山●ゴボウ●多くない

キンウワバ亜科 イネキンウワバ族
セアカキンウワバ
Erythroplusia pyropia
●14㎜前後●北海道～九州、対馬、西表島●4～10月●低～山●セリ

キンウワバ亜科 イネキンウワバ族
ギンモンシロウワバ
Macdunnoughia purissima
●16㎜前後●北海道～九州、対馬●5～10月●低～山●ヨモギ

キンウワバ亜科 イネキンウワバ族
ワイギンモンウワバ
Sclerogenia jessica
●16㎜前後●北海道～九州、対馬、屋久島●3～10月●山●ヒメカンアオイ

キンウワバ亜科 イネキンウワバ族
ギンボシキンウワバ
Antoculeora locuples
●16㎜前後●北海道～九州●6～10月●山●未知

キンウワバ亜科 イネキンウワバ族
オオキンウワバ
Diachrysia chryson
●20～22㎜●北海道、本州、九州●6～9月●山●ヒヨドリバナなどキク科、シソ科

境界が不明瞭

キンウワバ亜科 イネキンウワバ族
リョクモンオオキンウワバ
Diachrysia pales
●22㎜前後●本州～九州、対馬●6～9月●山●ヒヨドリバナ

キンウワバ亜科 イネキンウワバ族
マガリキンウワバ
Diachrysia leonina
●24㎜前後●北海道～九州●7～9月●山●エゾイラクサ、エゾゴマナ、チシマアザミ、シソ科●大型

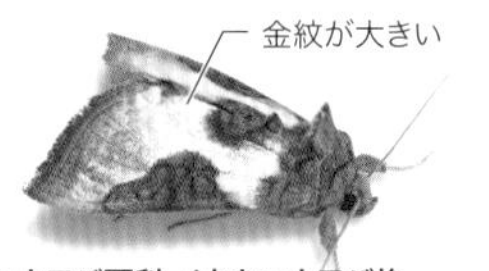

キンウワバ亜科 イネキンウワバ族
オオヒサゴキンウワバ
Diachrysia stenochrysis
●18㎜前後●北海道、本州●7～9月●山●エゾイラクサ

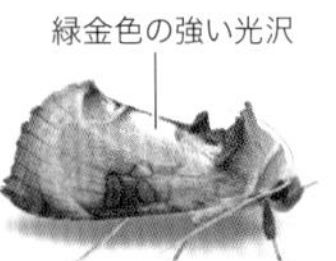

キンウワバ亜科 イネキンウワバ族
シロスジキンウワバ
Diachrysia zosimi
●16㎜前後●北海道、本州●6～8月●低～山●ホザキシモツケ、ナガボノシロワレモコウ●本州では稀

キンウワバ亜科 イネキンウワバ族
オオムラサキキンウワバ
Autographa amurica
●23㎜前後●北海道、本州●5～6、8月●山●未知

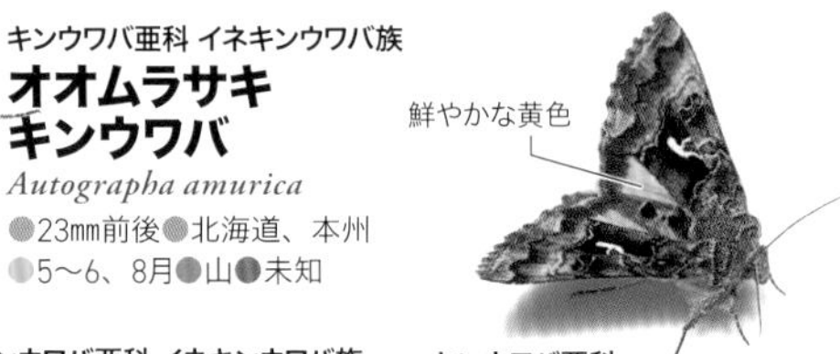

キンウワバ亜科 イネキンウワバ族
タマナギンウワバ
Autographa nigrisigna
●16～17㎜●北海道～九州●6～11、2月●低～山●キャベツ、ハクサイ、ゴボウ、チシャ、ダイズ、ニンジン、セリ、サツマイモ●冬にも見られる

キンウワバ亜科 イネキンウワバ族
イネキンウワバ
Plusia festucae
●15～16㎜●北海道～九州、対馬●7～10月●低～山●イネ、ヒエ、アマ、ガマ、イグサ、カキツバタ、キャベツ、スゲ

キンウワバ亜科
イネキンウワバ族
キシタギンウワバ
Syngrapha ain
●17㎜前後●北海道、本州●7～8月●山●カラマツなど●昼間も活動する

ホソヤガ亜科
ヤマトホソヤガ
Lophoptera hayesi
●13〜15㎜●本州（関東以西）〜九州、対馬●7〜10月●低〜山●クヌギ●本土域に土着する唯一のホソヤガ

フサヤガ亜科
フサヤガ
Eutelia geyeri
●17㎜前後●北海道〜九州、対馬、屋久島●6〜7、10〜12、3〜4月●低〜山●ヌルデ、ヤマウルシ、ヤマハゼ、スモークツリー、クヌギ

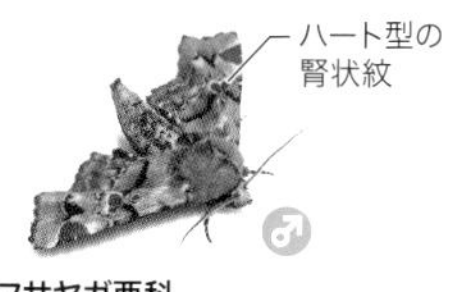

フサヤガ亜科
ニッコウフサヤガ
Atacira grabczewskii
●11〜12㎜●北海道〜九州●6、8月●山●オオモミジ

フサヤガ亜科
シロモンフサヤガ
Phalga clarirena
●17㎜前後●本州〜九州、対馬、南西諸島●6〜11、2〜4月●低〜山●ウルシ、ヤマウルシ

翅を筒状に丸め十文字状になる
♀

フサヤガ亜科
ノコバフサヤガ
Anuga japonica
●16〜17㎜●本州〜九州●6、9月●山●カジカエデ

スジコヤガ亜科
ヒメオビコヤガ
Maliattha arefacta
●8〜9㎜●本州〜九州、対馬、屋久島●5〜9月●低〜山●未知

スジコヤガ亜科
ヒメネジロコヤガ
Maliattha signifera
●7〜8.5㎜●本州〜九州、対馬、南西諸島●6〜9月●低●未知

夏の個体は赤みが強い

スジコヤガ亜科
ソトムラサキコヤガ
Maliattha bella
●8〜9㎜●本州、四国●6〜9月●低〜山●カヤツリグサ科

スジコヤガ亜科
フタホシコヤガ
Micardia pulchra
●13〜14㎜●北海道〜九州●4〜5月●低〜山●イネ科

スジコヤガ亜科
スジコヤガ
Deltote uncula
●10㎜前後●北海道、本州●7〜8月●低〜山●地衣類

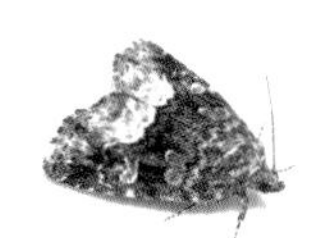

スジコヤガ亜科
シロフコヤガ
Protodeltote pygarga
●12〜13㎜●本州〜九州、対馬●5〜8月●低〜山●未知

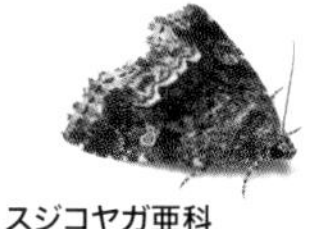

スジコヤガ亜科
ニセシロフコヤガ
Sugia erastroides
●12㎜前後●北海道〜九州、対馬●5、7〜8月●低〜山●未知

スジコヤガ亜科
シロモンコヤガ
Erastroides fentoni
●11㎜前後●本州〜九州●5〜8月●低〜山●未知

スジコヤガ亜科
マエモンコヤガ
Chorsia japonica
●10㎜前後●本州〜九州●5〜9月●低〜山●カマツカ

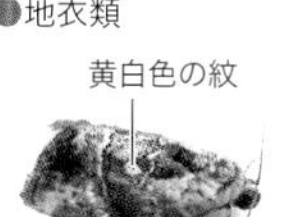

スジコヤガ亜科
モンキコヤガ
Hyperstrotia flavipuncta
●9〜10㎜●北海道〜九州、対馬●5〜9月●低〜山●枯葉

スジコヤガ亜科
ホシコヤガ
Ozarba punctigera
●10㎜前後●本州（関東以西）〜九州、対馬、南西諸島●5〜9月●低●キツネノマゴ

スジコヤガ亜科
ヨモギコヤガ
Phyllophila obliterata
●12㎜前後●本州〜九州、対馬、屋久島●5〜8月●低〜山●ヨモギ

スジコヤガ亜科
フタオビコヤガ
Naranga aenescens
●7〜10㎜●北海道〜九州、南西諸島●5〜9月●低●イネ科

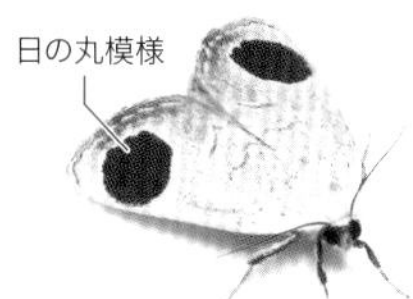

アオイガ亜科
マルモンシロガ
Sphragifera sigillata
●18㎜前後●北海道〜九州●6〜9月●低〜山●オニグルミ、サワグルミ、サワシバ、アサダ

アオイガ亜科
フタトガリアオイガ
Xanthodes transversa
●18㎜前後●本州（関東以西）〜九州、南西諸島●5〜9月●低〜山●フヨウ、ムクゲ、アオイ、オクラ、ワタ、ハマボウ

アオイガ亜科
サビイロヤガ
Amyna stellata
●11〜12㎜●北海道〜九州、対馬、屋久島●5〜10月●低〜山●イノコヅチ

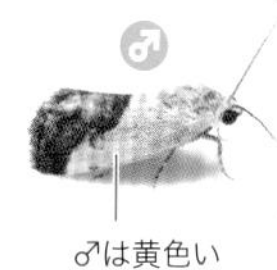

キマダラコヤガ亜科
フタイロコヤガ
Acontia bicolora
●9〜10㎜●本州〜九州、対馬●5〜9月●低〜山●カラスノゴマ

ナカジロシタバ亜科
ネグロヨトウ
Chytonix albonotata
●14㎜前後●北海道〜九州、対馬●5〜6、8〜9月●低〜山●未知

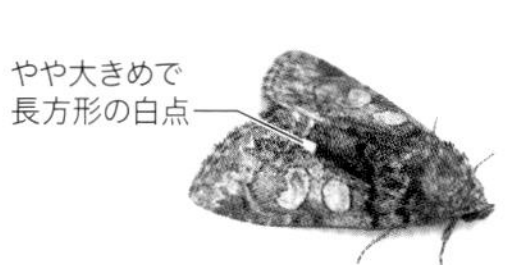

ナカジロシタバ亜科
ホソバネグロヨトウ
Chytonix subalbonotata
●14〜15㎜●北海道〜四国●5〜6月●低〜山●未知

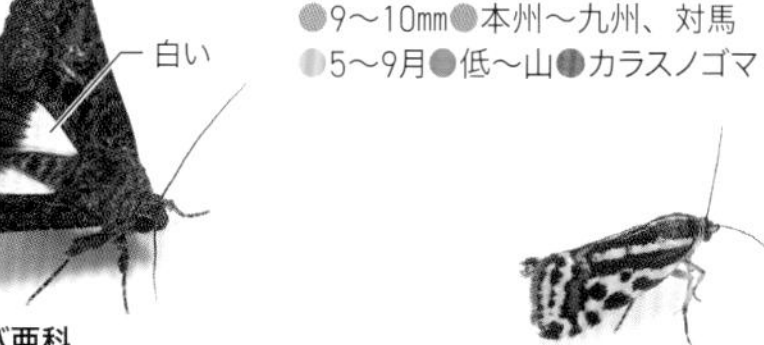

ナカジロシタバ亜科
ナカジロシタバ
Aedia leucomelas
●16㎜前後●北海道〜九州、対馬、南西諸島●3〜10月●低〜山●サツマイモ、ノアサガオ

キマダラコヤガ亜科
キマダラコヤガ
Acontia trabealis
●12㎜前後●北海道〜九州●5〜8月●低〜山●ヒルガオ●昼行性

ウスベリケンモン亜科
フクラスズメ
Arcte coerula

瑠璃色の紋は飛行時以外は見えない

●50mm前後●北海道〜九州、対馬、南西諸島●7〜3月●低〜山●イラクサ科、ユキノシタ科、アサ科、クワ科●大型　冬にも見られる

ウスベリケンモン亜科
ウスベリケンモン
Anacronicta nitida
●22〜24mm●北海道〜九州●5〜8月●低〜山●クマザサ類

ウスベリケンモン亜科
コウスベリケンモン
Anacronicta caliginea
●20〜22mm●北海道〜九州●5〜8月●低〜山●ススキ

ウスベリケンモン亜科
ナマリケンモン
Tambana plumbea
●20mm前後●北海道〜九州●5〜6、8〜9月●低〜山●ネザサ

ウスベリケンモン亜科
キバラケンモン
Trichosea champa
●19〜27mm●本州〜九州、対馬、屋久島●5〜10月●山●バラ科、ブナ科、カバノキ科、モッコク科、ツツジ科など広食性

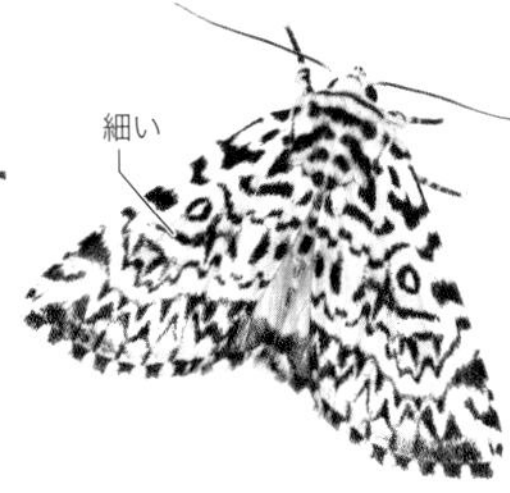

ウスベリケンモン亜科
ニセキバラケンモン
Trichosea ainu
●17〜24mm●北海道〜九州●7〜8月●山●アセビ

ウスベリケンモン亜科
キタキバラケンモン
Trichosea ludifica
●15〜17mm●北海道、本州（中部以北）●5〜9月●山●ウラジロナナカマド

ウスベリケンモン亜科
カラフトゴマケンモン
Panthea coenobita
●22mm前後●北海道〜九州●4〜7、9〜10月●山●トウヒ、モミ、カラマツ

ウスベリケンモン亜科
ネグロケンモン
Colocasia jezoensis
●15〜16mm●北海道〜九州●4〜5、7〜8月●山●ミズナラ、クヌギ、ハルニレ、アサダ、カエデ

ケンモンヤガ亜科
アオケンモン
Belciades niveola
●19mm前後●北海道〜九州●6〜8月●山●シナノキ

ケンモンヤガ亜科
ゴマケンモン
Moma alpium
●15〜17mm●北海道〜九州●5〜7月●低〜山●ブナ科、カバノキ科

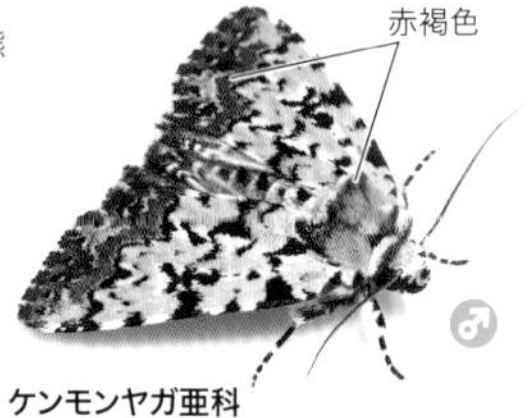

ケンモンヤガ亜科
キクビゴマケンモン
Moma kolthoffi
●16〜18mm●北海道、本州●6〜7月●山●クマシデ、サワシバ

ケンモンヤガ亜科
ニッコウアオケンモン
Nacna malachites
●13〜15mm●北海道〜九州●6〜9月●山●ニガクサ、クロバナヒキオコシ

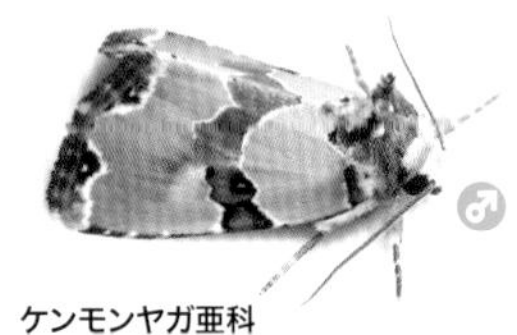

ケンモンヤガ亜科
スギタニアオケンモン
Nacna sugitanii
●12〜14mm●本州〜九州●6〜9月●山●テンニンソウ、ミカエリソウ

ケンモンヤガ亜科
スギタニゴマケンモン
Harrisimemna marmorata
●14〜15mm●北海道〜九州●6、8〜9月●山●オオカメノキ

ケンモンヤガ亜科
シロフヒメケンモン
Gerbathodes paupera
●17mm前後●北海道、本州●6〜7月●山●ミズナラなどブナ科●やや局所的

ケンモンヤガ亜科
シロケンモン
Acronicta vulpina
●21～23㎜●北海道、本州（中部以北）●5～6、8月●山●シラカンバ

ケンモンヤガ亜科
オオケンモン
Acronicta major
●29㎜前後●北海道～九州、対馬●5、8月●山●バラ科、ムクロジ科、マメ科、ヤナギ科

ケンモンヤガ亜科
サクラケンモン
Acronicta adaucta
●15～17㎜●北海道～九州●5～8月●低～山●サクラ類などバラ科

ケンモンヤガ亜科
アサケンモン
Acronicta pruinosa
●18㎜前後●本州～九州、対馬、南西諸島●5～6、8～10月●低～山●グミ属

ケンモンヤガ亜科
ゴマシオケンモン
Acronicta isocuspis
●18㎜前後●本州～九州●5～8月●山●未知

ケンモンヤガ亜科
リンゴケンモン
Acronicta intermedia
●21～23㎜●北海道～九州●5～6、8～10月●低～山●アキニレ、ハルニレ、サクラ類、リンゴ、ナシ、モモ、ヤナギ、キヌヤナギ

ケンモンヤガ亜科
ハンノケンモン
Acronicta alni
●18～20㎜●北海道、本州（中部以北）●6～8月●山●ミズナラ、オニグルミ、タカネザクラ

ケンモンヤガ亜科
マダラウスズミケンモン
Acronicta subornata
●21㎜前後●本州、九州●8～9月●低●クヌギ●局所的

ケンモンヤガ亜科
ウスズミケンモン
Acronicta carbonaria
●22㎜前後●本州～九州●4～5月●低●クヌギ、カシワ

ケンモンヤガ亜科
キシタケンモン
Acronicta catocaloida
●22㎜前後●北海道～九州●7～8月●山●ミズナラ

ケンモンヤガ亜科
ナシケンモン
Acronicta rumicis
●16～20㎜●北海道～九州、対馬、屋久島●4～9月●低～山●バラ科、マメ科、ヤナギ科、キク科、タデ科など極めて広食性

ケンモンヤガ亜科
イボタケンモン
Craniophora ligustri
●15～17㎜●北海道～九州●5～9月●山●イボタノキ

ケンモンヤガ亜科
クビグロケンモン
Acronicta digna
●22～24㎜●本州～九州、対馬●4～5、7～8月●山（湿地）●カキツバタ、イタドリ

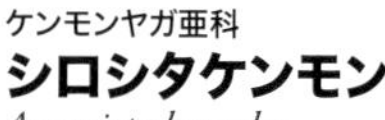

ケンモンヤガ亜科
シロシタケンモン
Acronicta hercules
●26～27㎜●北海道～九州、対馬●5、8～9月●低～山●ハルニレ、ケヤキ、アキニレ

ケンモンヤガ亜科
シマケンモン
Craniophora fasciata
●18～19㎜●本州～九州、対馬、屋久島、南西諸島●4～9月●低●ネズミモチ、ヒイラギ

ケンモンヤガ亜科
ニッコウケンモン
Craniophora praeclara
●19㎜前後●北海道～九州●6～9月●山●未知

ケンモンヤガ亜科
クロフケンモン
Cranionycta jankowskii
●16㎜前後●北海道～九州●6～8月●山●トネリコ

アミメケンモン亜科
アミメケンモン
Lophonycta confusa
●15～17㎜●本州～九州、奄美大島、沖縄本島●5～8月●低～山●未知

トラガ亜科
コトラガ
Mimeusemia persimilis
●22〜23㎜●北海道〜九州、対馬●5〜6月●低〜山●ヤブガラシ、ヤマブドウ●昼行性

トラガ亜科
トラガ
Chelonomorpha japana
●25〜28㎜●北海道〜九州●4〜6月●低〜山●シオデ●昼行性

トラガ亜科
ヒメトラガ
Asteropetes noctuina
●20㎜前後●北海道〜九州、屋久島●6月●低〜山●ヤマブドウ、サンカクヅル

トラガ亜科
トビイロトラガ
Sarbanissa subflava
●18〜21㎜●本州〜九州、対馬、屋久島●7〜8月●低●ツタ、ヤブガラシ、ブドウ

トラガ亜科
ベニモントラガ
Sarbanissa venusta
●18〜20㎜●北海道〜九州、対馬●6〜8月●低〜山●ノブドウ

あでやかな配色

トラガ亜科
マイコトラガ
Maikona jezoensis
●20㎜前後●北海道〜九州、対馬、屋久島●3〜5月●低〜山●ノブドウ●春に見られる

セダカモクメ亜科
ハイイロセダカモクメ
Cucullia maculosa
●19㎜前後●北海道〜九州、対馬●8〜9月●山●ヨモギ

セダカモクメ亜科
ダイセンセダカモクメ
Cucullia mandschuriae
●18㎜前後●本州、九州●8〜9月●低〜山（草原）●ノコンギク、ユウガギク●極めて局所的

セダカモクメ亜科
セダカモクメ
Cucullia perforata
●16㎜前後●北海道〜九州、対馬●8〜9月●低〜山（草原）●アキノキリンソウ、ユウガギク

セダカモクメ亜科
ギンモンセダカモクメ
Cucullia jankowskii
●17㎜前後●北海道〜九州●8月●低〜山（草原）●ヨモギ●やや局所的

セダカモクメ亜科
ホソバセダカモクメ
Cucullia pustulata
●20〜22㎜●北海道〜九州、奄美大島、沖縄本島●5〜6、8〜9月●低〜山●ハルノノゲシ、アキノノゲシ、ヤクシソウ

セダカモクメ亜科
キクセダカモクメ
Cucullia kurilullia
●22㎜前後●北海道〜九州、対馬●5〜6、8〜9月●低〜山●キク科の花

カラスヨトウ亜科
シマカラスヨトウ
Amphipyra pyramidea
●26㎜前後●北海道、本州●7〜9月●低〜山●サクラ類、クヌギ、コナラ

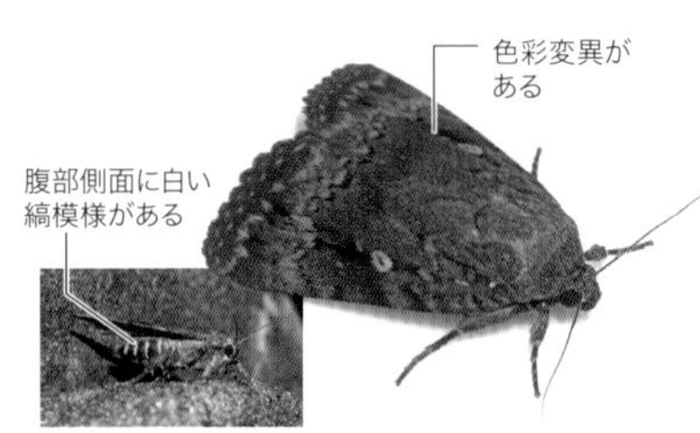

カラスヨトウ亜科
オオシマカラスヨトウ
Amphipyra monolitha
●28㎜前後●本州〜九州、対馬、種子島●6〜11月●低〜山●ブナ科、ニレ科、ヤナギ科、サカキ科

カラスヨトウ亜科
ナンカイカラスヨトウ
Amphipyra horiei
●27㎜前後●本州〜九州、屋久島、奄美大島、徳之島、沖縄本島●6〜10月●低●バラ科、ブナ科など広食性

カラスヨトウ亜科
シロスジカラスヨトウ
Amphipyra tripartita
●23㎜前後●本州〜九州、対馬●8〜10月●低〜山●アラカシ、サカキ

カラスヨトウ亜科
カラスヨトウ
Amphipyra livida
●20〜21㎜●北海道〜九州、対馬、屋久島●6〜12月●低〜山●ヤブカラシ、イタドリ、バラ、ノササゲ、アマナ、タンポポ、セリ、アサなど広食性

カラスヨトウ亜科
オオウスヅマカラスヨトウ
Amphipyra erebina
●19〜21㎜●北海道〜九州、対馬●7〜9月●山●アラカシ、ケヤキ、バラ科など広食性

カラスヨトウ亜科
ツマジロカラスヨトウ
Amphipyra schrenckii
●30㎜前後●北海道〜九州●7〜9月●山●ブナ科、ヤエガワカンバ、カエデ類

タバコガ亜科
オオタバコガ
Helicoverpa armigera

●14〜17㎜●北海道〜九州、対馬、南西諸島●4〜5、8〜9月●低〜山●イネ科、キク科、ウリ科、ナス科、バラ科など広食性

タバコガ亜科
タバコガ
Helicoverpa assulta

●13〜17㎜●北海道〜九州、対馬、南西諸島●4〜5、8〜9月●低〜山●ピーマン、タバコ、トマト、ホオズキ、ナス

タバコガ亜科
ツメクサガ
Heliothis maritima

●16㎜前後●北海道〜九州●7〜8月●低〜山●ムラサキツメクサ

タバコガ亜科
キタバコガ
Pyrrhia umbra

●17〜18㎜●北海道〜九州、対馬●8〜9月●低〜山●ダイズ、インゲンマメ、アズキ、ソバ●やや局所的

タバコガ亜科
ウスオビヤガ
Pyrrhia bifasciata

●14〜15㎜●北海道、本州●7〜9月●低〜山●キリ、オニグルミ、サワグルミ

ヒメヨトウ亜科
チャオビヨトウ
Niphonyx segregata

●13〜15㎜●北海道〜九州、対馬●5〜9月●低〜山●カナムグラ、カラハナソウ

ヒメヨトウ亜科
ベニモンヨトウ
Oligonyx vulnerata

●11㎜前後●北海道〜九州、対馬●5〜9月●低●サナエタデ、ヤナギタデ、ミゾソバ

ヒメヨトウ亜科
ヒトテンヨトウ
Chalconyx ypsilon

●16㎜前後●北海道〜九州●5〜8月●低〜山●キイチゴ類

ヒメヨトウ亜科
マダラムラサキヨトウ
Eucarta amethystina

●15㎜前後●北海道、本州●6、8月●低〜山●セリ科●本州では少ない

ヒメヨトウ亜科
シマヨトウ
Eucarta fasciata

●14〜15㎜●本州〜九州●5〜9月●低〜山●未知

ヒメヨトウ亜科
ウスムラサキヨトウ
Eucarta virgo

●14㎜前後●北海道、本州●6〜8月●低〜山(草原)●ヨモギ

ヒメヨトウ亜科
モンオビヒメヨトウ
Dysmilichia gemella

●13㎜前後●北海道〜九州、対馬●8〜9月●低〜山●エゴマ

ヒメヨトウ亜科
フタテンヒメヨトウ
Acosmetia biguttula

●12〜13㎜●北海道〜九州、対馬、種子島、屋久島●5〜9月●低〜山●アメリカセンダングサ、シロノセンダングサ、タウコギ

ヒメヨトウ亜科
キクビヒメヨトウ
Prometopus flavicollis

●13㎜前後●北海道〜九州、対馬●5〜8月●低〜山●カラマツなどマツ科

Callopistria属の♂の触角は中ほどで折れ曲がる

♂

ツマキリヨトウ亜科
ムラサキツマキリヨトウ
Callopistria juventina

●15〜16㎜●北海道〜九州、対馬、屋久島●5〜8月●低〜山●ツルシノブ

ツマキリヨトウ亜科
マダラツマキリヨトウ
Callopistria repleta

●15〜16㎜●北海道〜九州、対馬、南西諸島●6〜8月●低〜山●シダ類

ツマキリヨトウ亜科
アミメツマキリヨトウ
Callopistria aethiops

●14㎜前後●本州〜九州、対馬、南西諸島●6〜8月●低●ホシダ

ツマキリヨトウ亜科
シロスジツマキリヨトウ
Callopistria albolineola

●12㎜前後●北海道〜九州、対馬●6〜9月●低〜山●イワヒバ

ツマキリヨトウ亜科
キスジツマキリヨトウ
Callopistria japonibia

●12㎜前後●本州〜九州、対馬、屋久島、口永良部島●7〜9㎜●低●イノモトソウ、タチシノブ、イワヒメワラビ

ツマキリヨトウ亜科
ツマナミツマキリヨトウ
Data clava

●14㎜前後●本州(中部以西)〜九州、対馬、種子島、屋久島●4〜10月●低●ノキシノブ、コウラボシ、マメヅタなどシダ類

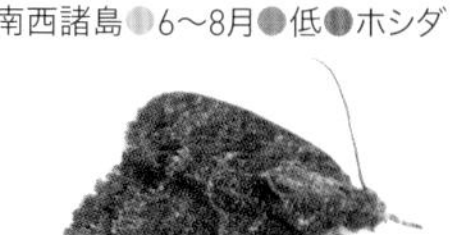

キノコヨトウ亜科
キノコヨトウ
Cryphia mitsuhashi

●9〜10㎜●本州〜九州、対馬、屋久島●7〜9月●低〜山●地衣類

キノコヨトウ亜科
イチモジキノコヨトウ
Bryophila granitalis

●12〜13㎜●北海道〜九州、対馬、屋久島●6〜9月●低〜山●地衣類

キノコヨトウ亜科
シロスジキノコヨトウ
Stenoloba jankowskii

●14〜15㎜●北海道〜九州、対馬、屋久島●6〜8月●低〜山●未知●大型

キリガ亜科 スジキリヨトウ族
ハスモンヨトウ
Spodoptera litura
●18㎜前後●北海道～九州、対馬、南西諸島●5～10月●低●多種の農作物

キリガ亜科 スジキリヨトウ族
ツマジロクサヨトウ
Spodoptera frugiperda
●15㎜前後●北海道～九州、南西諸島●1～10月●低～山●イネ科、マメ科など広食性●2019年日本初確認の外来種

キリガ亜科 スジキリヨトウ族
スジキリヨトウ
Spodoptera depravata
●11～12㎜●北海道～九州、対馬、種子島、宮古島●5～9月●低～山●シバ、イネ、アワ

キリガ亜科 クロモクメヨトウ族
ヒメサビスジヨトウ
Athetis stellata
●12～13㎜●北海道～九州、対馬、奄美大島、沖縄本島●4～10月●低●タンポポ、スイバ

キリガ亜科 クロモクメヨトウ族
ウスキシタヨトウ
Triphaenopsis cinerescens
●18～19㎜●北海道～九州●8～9月●山●未知

キリガ亜科 クロモクメヨトウ族
シロホシキシタヨトウ
Triphaenopsis lucilla
●18～21㎜●北海道～九州、対馬●7～10月●低～山●チシマザサ、モウソウチク、クロチク、ハチク

キリガ亜科 クロモクメヨトウ族
ナカジロキシタヨトウ
Triphaenopsis postflava
●17㎜前後●北海道～九州●7～9月●山●未知

キリガ亜科 クロモクメヨトウ族
エゾキシタヨトウ
Triphaenopsis jezoensis
●17～18㎜●北海道～九州●8～9月●山●未知

キリガ亜科
クロモクメヨトウ族
ウスアオヨトウ
Polyphaenis subviridis
●16～17㎜●北海道～九州、対馬●5～7月●低～山●イボタノキ

キリガ亜科
クロモクメヨトウ族
クロモクメヨトウ
Dypterygia caliginosa
●20㎜前後●本州（関東以西）～九州●5～9月●低～山●未知

キリガ亜科 クロモクメヨトウ族
スジクロモクメヨトウ
Dypterygia andreji
●20㎜前後●北海道、本州●5～6、8月●低～山●オオイタドリ

キリガ亜科 クロモクメヨトウ族
シロスジアオヨトウ
Trachea atriplicis
●22㎜前後●北海道～九州、対馬●5～6、8～9月●低～山●タデ科など

キリガ亜科
クロモクメヨトウ族
オオシロテンアオヨトウ
Trachea punkikonis
●21～22㎜●北海道～九州●5～9月●低～山●ミゾソバ

キリガ亜科 クロモクメヨトウ族
ハガタアオヨトウ
Trachea tokiensis
●20㎜前後●北海道～四国●5～8月●山●オオイタドリ

キリガ亜科 コモクメヨトウ族
ヒメモクメヨトウ
Actinotia polyodon
●15～16㎜●北海道、本州●5、7～9月●山●オトギリソウ

キリガ亜科 コモクメヨトウ族
コモクメヨトウ
Actinotia intermediata
●14～16.5㎜●北海道～九州、対馬、石垣島●5、7～9月●低●オトギリソウ

キリガ亜科 クロモクメヨトウ族
アオバセダカヨトウ
Mormo mucivirens
●27〜29㎜●北海道〜九州
●8〜9月●低〜山●未知

キリガ亜科 クロモクメヨトウ族
ウグイスセダカヨトウ
Mormo cyanea
●25㎜前後●本州〜九州、屋久島
●6〜8月●低〜山●未知●局所的

キリガ亜科 クロモクメヨトウ族
ノコメセダカヨトウ
Orthogonia sera
●28〜30㎜●北海道〜九州、対馬●6〜10月
●低〜山●イタドリなど広食性

キリガ亜科 アカガネヨトウ族
アカガネヨトウ
Euplexia lucipara
●13〜14㎜●北海道〜九州、対馬●5〜9月●低〜山
●オニヤブソテツ

キリガ亜科 アカガネヨトウ族
ムラサキアカガネヨトウ
Euplexia koreaeplexia
●13〜15㎜●北海道〜四国
●5、9月●低〜山●未知

キリガ亜科 アカガネヨトウ族
シラオビアカガネヨトウ
Phlogophora illustrata
●18〜20㎜●北海道〜九州
●6〜8月●山●タニウツギ

キリガ亜科 アカガネヨトウ族
マエグロシラオビアカガネヨトウ
Phlogophora albovittata
●16〜20㎜●本州〜九州、対馬、屋久島●5〜11月●低〜山●シシガシラ、ハマニンドウ、クサイチゴ、ミズヒキ、ギシギシ、ヤハズエンドウ

キリガ亜科
アカガネヨトウ族
モンキアカガネヨトウ
Phlogophora aureopuncta
●19〜20㎜●北海道〜九州
●6〜9月●山●未知

キリガ亜科
アカガネヨトウ族
キグチヨトウ
Phlogophora beatrix
●22㎜前後●北海道、本州（中部以北）
●6〜7月●山●未知

キリガ亜科
アカガネヨトウ族
ホソバミドリヨトウ
Euplexidia angusta
●16〜18㎜●本州〜九州、対馬、屋久島
●6、9〜10月●低〜山●シキミ、アラカシ

キリガ亜科
アカガネヨトウ族
ココマヨトウ
Chandata bella
●13〜14㎜●北海道〜九州●8〜10月
●山●カサスゲ、ショウジョウスゲ、カヤツリグサ類

キリガ亜科 アカガネヨトウ族
セブトモクメヨトウ
Auchmis saga
●25〜26㎜●北海道〜九州
●5〜9月●山●メギ

キリガ亜科 アカガネヨトウ族
シロフアオヨトウ
Xenotrachea niphonica
●15〜16㎜●北海道〜九州、対馬
●5〜9月●山●未知

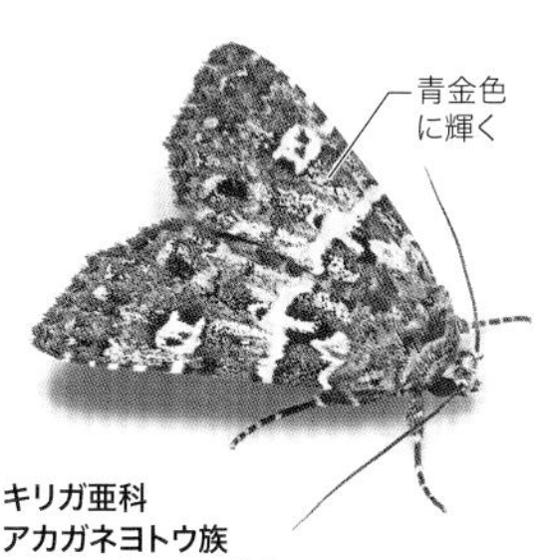

キリガ亜科
アカガネヨトウ族
アオアカガネヨトウ
Karna laetevirens
●19㎜前後●北海道〜九州、対馬、屋久島●6〜9月●低〜山●蘚苔類

キリガ亜科 カドモンヨトウ族
クロビロードヨトウ
Sidemia bremeri
●21〜23㎜●北海道、本州●8月●山（草原）●未知

キリガ亜科 カドモンヨトウ族
カドモンヨトウ
Apamea crenata
●20㎜前後●北海道、本州（中部以北）●7〜8月●山●イネ科、カヤツリグサ科

キリガ亜科 カドモンヨトウ族
チャイロカドモンヨトウ
Apamea sodalis
●19㎜前後●本州〜九州、対馬、屋久島●5〜9月●低〜山●クサヨシなどイネ科

キリガ亜科 カドモンヨトウ族
スジアカヨトウ
Apamea striata
●18〜19㎜●北海道、本州（中部以北）●7〜8月●山●未知

キリガ亜科 カドモンヨトウ族
アカモクメヨトウ
Apamea aquila
●20㎜前後●北海道〜九州、対馬、屋久島●6〜9月●低〜山●ヌマガヤ

キリガ亜科 カドモンヨトウ族
マツバラシラクモヨトウ
Apamea remissa
●20㎜前後●北海道、本州（中部以北）●6〜8月●山●未知

キリガ亜科 カドモンヨトウ族
オオアカヨトウ
Apamea lateritia
●23㎜前後●北海道、本州（中部以北）●7〜8月●山●イネ科、カヤツリグサ科

キリガ亜科 カドモンヨトウ族
シロミミハイイロヨトウ
Apamea sordens
●18㎜前後●北海道、本州（中部以北）●6〜7月●山（草原）●イネ科、カヤツリグサ科

キリガ亜科 カドモンヨトウ族
ネスジシラクモヨトウ
Apamea hampsoni
●16〜18㎜●北海道〜九州、対馬●4〜5　寒冷地7〜8月●低〜山●未知

キリガ亜科 カドモンヨトウ族
ヒメハガタヨトウ
Apamea commixta
●17〜19㎜●北海道、本州●6〜8月●低●ササ類●局所的

キリガ亜科 カドモンヨトウ族
マエアカシロヨトウ
Leucapamea kawadai
●18㎜前後●北海道〜四国●6〜9月●低〜山●未知

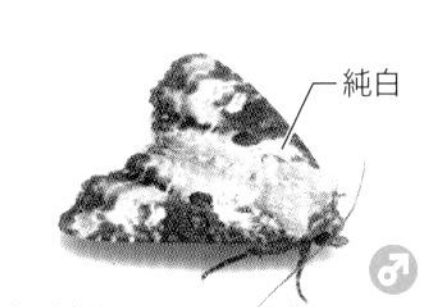

キリガ亜科 カドモンヨトウ族
コマエアカシロヨトウ
Leucapamea askoldis
●13〜15㎜●北海道〜九州●7〜9月●低〜山●イネ科、カヤツリグサ科

キリガ亜科 カドモンヨトウ族
アオフシラクモヨトウ
Antapamea conciliata
●16〜17㎜●本州〜九州、対馬●5〜6月●低●アズマネザサ

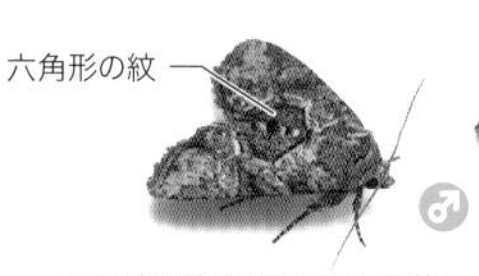

キリガ亜科 カドモンヨトウ族
セアカヨトウ
Litoligia fodinae
●11㎜前後●北海道〜九州、対馬●6〜8月●低〜山●未知●小型

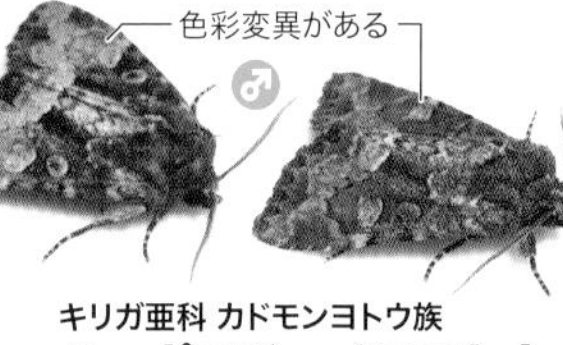

キリガ亜科 カドモンヨトウ族
サッポロチャイロヨトウ
Sapporia repetita
●13〜16.5㎜●北海道〜九州●6〜8月●低〜山●チシマザサなどササ類

キリガ亜科
カドモンヨトウ族
ミヤマチャイロヨトウ
Resapamea hedeni
●23㎜前後●北海道、本州●7〜8月●山●未知

キリガ亜科
カドモンヨトウ族
ハジマヨトウ
Bambusiphila vulgaris
●18㎜前後●本州〜九州、対馬、沖縄本島●7〜8月●低●タケ類、アズマネザサ、ヨシ

キリガ亜科 カドモンヨトウ族
ギシギシヨトウ
Atrachea nitens
●17㎜前後●北海道〜九州、対馬●6〜8月●低〜山●イネ科、カヤツリグサ科

キリガ亜科 カドモンヨトウ族
フキヨトウ
Hydraecia petasitis
●21㎜前後●北海道〜九州●8〜9月●低〜山●アキタブキ、ハンゴンソウ

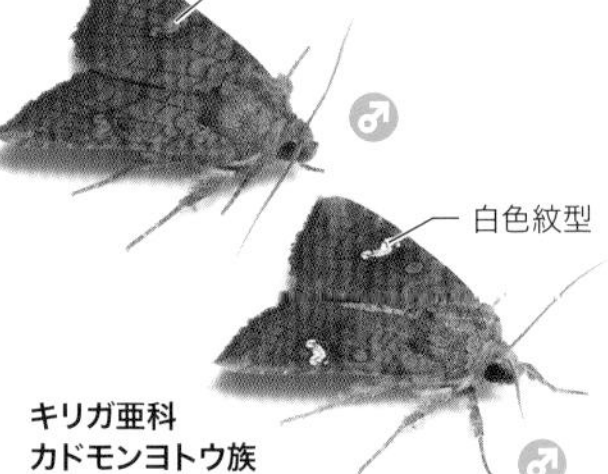

キリガ亜科
カドモンヨトウ族
ショウブヨトウ
Amphipoea ussuriensis
●14.5㎜前後●北海道〜九州、屋久島●7〜9月●山●ムギ類などイネ科

キリガ亜科 カドモンヨトウ族
ゴボウトガリヨトウ
Gortyna fortis
●20㎜前後●北海道〜九州●9〜10月●低〜山●ケシ科、キク科、マメ科など多様な草本の茎

キリガ亜科
カドモンヨトウ族
ヨシヨトウ
Rhizedra lutosa
●20㎜前後●北海道、本州（中部以北）●9〜10月●低〜山●ヨシ

キリガ亜科 カドモンヨトウ族
ハガタウスキヨトウ
Archanara resoluta
●14〜17㎜●北海道、本州●7〜8月●低（湿地）●ヨシ

キリガ亜科
カドモンヨトウ族
イネヨトウ
Sesamia inferens
●11〜14㎜●本州〜九州、対馬、南西諸島●5〜9月●低●イネ科

キリガ亜科 キリガ族 コスミア亜族
ニレキリガ
Cosmia affinis
●15〜16㎜●北海道〜九州、対馬●6〜10月●低〜山●エノキ、ハルニレ、ケヤキなど●年1化で盛夏は休眠

キリガ亜科 キリガ族 コスミア亜族
ミヤマキリガ
Cosmia unicolor
●13〜16㎜●北海道、本州●7〜9月●山●シナノキ

キリガ亜科 キリガ族 コスミア亜族
ミカヅキキリガ
Cosmia cara
●12〜15㎜●北海道、本州(中部以北)●7〜8月●山●ハルニレ

キリガ亜科 キリガ族 コスミア亜族
シラホシキリガ
Cosmia restituta
●14〜15㎜●北海道、本州(中部以北)〜九州●7〜10月●山●ハルニレ、シナノキ

キリガ亜科
キリガ族 コスミア亜族
ツマグロキリガ
Cosmia inconspicua
●12〜13㎜●本州、四国●7月●山●ケヤキ

♂は暗色

キリガ亜科
キリガ族 コスミア亜族
シマキリガ
Cosmia achatina
●13㎜前後●北海道〜九州、対馬●6〜7月●低●エノキ

キリガ亜科 キリガ族 コスミア亜族
シラオビキリガ
Cosmia camptostigma
●16㎜前後●北海道、本州●6〜8月●低●コナラ、クヌギ、アラカシ、カシワ

キリガ亜科
キリガ族 コスミア亜族
イタヤキリガ
Cosmia trapezina
●14〜16㎜●北海道〜九州●7〜9月●低〜山●カシワ、マルバマンサク

キリガ亜科 キリガ族
コスミア亜族
ナシキリガ
Cosmia pyralina
●15㎜前後●北海道、本州(中部以北)●7〜8月●山●ハルニレ●局所的

独特の模様

キリガ亜科 キリガ族 コスミア亜族
ヤンコウスキーキリガ
Xanthocosmia jankowskii
●17㎜前後●北海道〜九州●6〜9月●低〜山●シナノキ

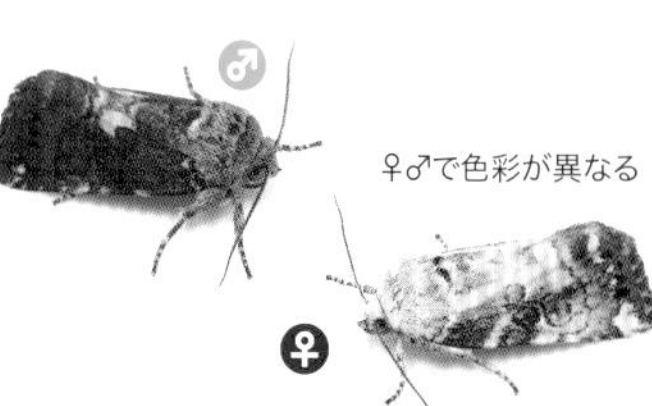

キリガ亜科 キリガ族 コスミア亜族
マダラキボシキリガ
Dimorphicosmia variegata
●13㎜前後●北海道〜四国●7〜9月●山●シナノキ

キリガ亜科
キリガ族 コスミア亜族
ヒイロキリガ
Cosmia sanguinea
●15〜18㎜●本州〜九州、屋久島●7〜8月●山●ヒメシャラ、ナツツバキ、タンナサワフサギ

キリガ亜科
キリガ族 コスミア亜族
ミチノクキリガ
Cosmia mali
●16〜19㎜●本州●6〜7月●山●リンゴなどバラ科

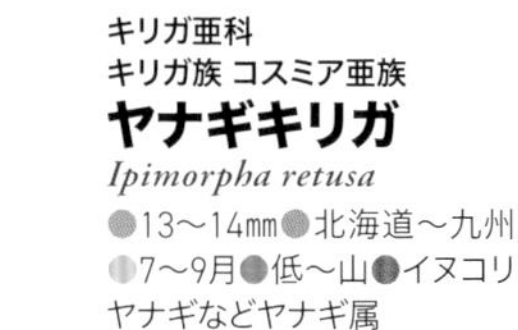

キリガ亜科
キリガ族 コスミア亜族
ヤナギキリガ
Ipimorpha retusa
●13〜14㎜●北海道〜九州●7〜9月●低〜山●イヌコリヤナギなどヤナギ属

キリガ亜科
キリガ族 コスミア亜族
ドロキリガ
Ipimorpha subtusa
●14㎜前後●北海道、本州●7〜9月●低〜山●ドロノキ(ヤナギ科)

キリガ亜科 キリガ族 コスミア亜族
ウスシタキリガ
Enargia paleacea
●22〜23㎜●北海道、本州(中部以北)●8〜9月●山●シラカンバ

キリガ亜科 キリガ族 コスミア亜族
ハイイロモクメヨトウ
Antha grata
●17㎜前後●本州〜九州●5〜7、8〜9月●低〜山●未知

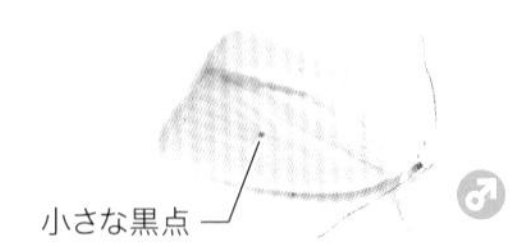

キリガ亜科
キリガ族 コスミア亜族
ヒメギンガ
Chasminodes unipuncta
●12㎜前後●北海道〜九州●7〜9月●山●ブナ

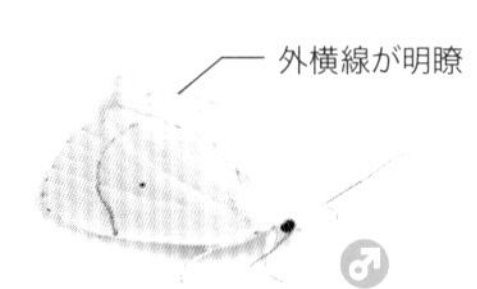

キリガ亜科
キリガ族 コスミア亜族
ウススジギンガ
Chasminodes cilia
●12〜13㎜●北海道〜九州、対馬、屋久島●7〜8月●山●未知

キリガ亜科
キリガ族 コスミア亜族
エゾクロギンガ
Chasminodes atrata
●12㎜前後●北海道〜四国●7〜8月●山●アサダ

キリガ亜科
キリガ族 ヒゲヨトウ亜族
ミヤマハガタヨトウ
Mniotype bathensis
●25㎜前後●北海道、本州(中部以北)●6〜8月●山●エゾリンドウ

春キリガ

春キリガとは分類上の区分ではなく、寒さが緩み始める早春に成虫が出現するヤガ科のなかまの便宜的な分け方であり、主にモクメキリガ亜科とヨトウガ亜科から知られる。ヨトウガ亜科の成虫は灯火のほかに樹液やウメ、ツバキ、アセビなどの花蜜に集まる。

モクメキリガ亜科 モクメキリガ族
エゾモクメキリガ
Brachionycha nubeculosa
●20〜23㎜●北海道〜九州●3〜5月
●低〜山●ブナ科、ニレ科、ヤナギ科

モクメキリガ亜科 モクメキリガ族
タニガワモクメキリガ
Brachionycha permixta
●20㎜前後●本州（中部以北）
●3〜4月●山●バラ科

モクメキリガ亜科 モクメキリガ族
タカセモクメキリガ
Brachionycha sajana
●17〜19㎜●本州（中部山地）●3〜5月●山●カラマツ

モクメキリガ亜科 モクメキリガ族
シロモンアカガネヨトウ
Valeria dilutiapicata
●18㎜前後●北海道、本州（中部以北）〜九州
●5〜6月●山●ハルニレ

モクメキリガ亜科 ミヤマゴマキリガ族
ミヤマゴマキリガ
Feralia sauberi
●15〜16㎜●本州（中部山地）
●5〜6月●山●カラマツ

ヨトウガ亜科 オルトシア族
クロスジキリガ
Xylopolia bella
●16〜19㎜●本州〜九州、対馬、屋久島、南西諸島●3〜4月●低〜山
●シラカシ、アラカシ、ソメイヨシノ

ヨトウガ亜科 オルトシア族
ケンモンキリガ
Egira saxea
●17㎜前後●北海道〜九州、屋久島
●4月●低〜山●ヒノキ、アスナロ、スギ

ヨトウガ亜科 オルトシア族
マツキリガ
Panolis japonica
●14〜16㎜●北海道〜九州、対馬、屋久島●3〜5月●低〜山●マツ属

ヨトウガ亜科 オルトシア族
タカオキリガ
Pseudopanolis takao
●18㎜前後●本州〜九州●4〜5月●山
●モミ、ウラジロモミ、ヒマラヤスギ

ヨトウガ亜科
オルトシア族
アズサキリガ
Pseudopanolis azusa
●18〜19㎜●北海道、本州（中部以北）
●3〜5月●山●ゴヨウマツなどマツ科

ヨトウガ亜科 オルトシア族
キンイロキリガ
Clavipalpula aurariae
●17〜21㎜●北海道〜九州、対馬●4〜5月●低〜山
●ブナ科、バラ科

ヨトウガ亜科 オルトシア族
スギタニキリガ
Perigrapha hoenei
●21〜24㎜●北海道〜九州、対馬
●3〜4月●低〜山●コナラ、クヌギ、サクラ類、カラマツ、イタドリ●やや大型

ヨトウガ亜科
オルトシア族
スモモキリガ
Anorthoa munda
●18〜20㎜●北海道〜九州、対馬●3月●低〜山●バラ科、ブナ科など広食性

ヨトウガ亜科
オルトシア族
ホソバキリガ
Anorthoa angustipennis
●16〜18㎜●北海道〜九州、対馬
●3〜5月●低〜山●バラ科、ブナ科、モクセイ科、ミズキ科など広食性

ヨトウガ亜科 オルトシア族
クロミミキリガ
Orthosia lizetta
●14〜15㎜●北海道〜九州、対馬●3〜5月●低〜山●サンカクアカシア、エノキ、コナラなど

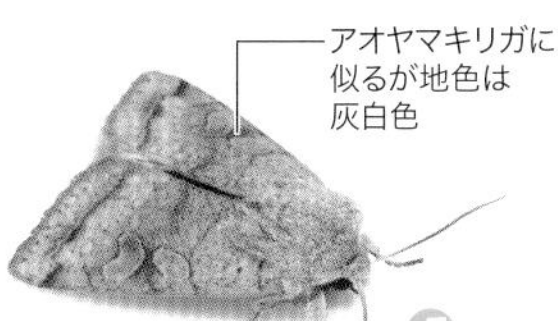

ヨトウガ亜科
オルトシア族
カバキリガ
Orthosia evanida
●18〜20㎜●北海道〜九州●3〜5月●低〜山●クヌギ、コナラ、サクラ類、ハナミズキなど

ヨトウガ亜科
オルトシア族
ミヤマカバキリガ
Orthosia incerta
●17〜19㎜●北海道、本州（中部以北）●4〜5月●山●ムラサキハシドイ、各種広葉樹

ヨトウガ亜科 オルトシア族
アオヤマキリガ
Orthosia aoyamensis
●20㎜前後●北海道〜九州●4〜5月●山●各種広葉樹

ヨトウガ亜科 オルトシア族
ブナキリガ
Orthosia paromoea
●15㎜前後●北海道〜九州●3〜4月●低〜山●サクラ類、マンサク、クヌギ、カシワ、ウラジロガシ

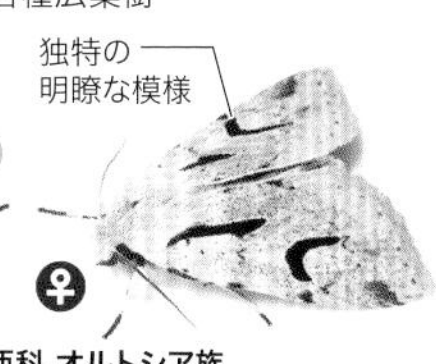
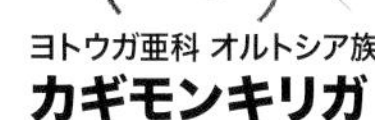

ヨトウガ亜科 オルトシア族
カギモンキリガ
Orthosia nigromaculata
●16〜19㎜●本州〜九州、対馬、屋久島●3〜4月●低〜山●ツルグミ、ナツグミ、ナワシログミ●やや局所的

ヨトウガ亜科 オルトシア族
クロテンキリガ
Orthosia fausta
●14〜17㎜●本州〜九州、対馬、南西諸島●3〜4月●低●エノキ、ウバメガシ

ヨトウガ亜科 オルトシア族
チャイロキリガ
Orthosia odiosa
●15〜17.5㎜●北海道〜九州、対馬●3〜4月●低〜山●サクラ類、エノキ、カキノキ、リンゴ、クヌギ、カシワ

ヨトウガ亜科 オルトシア族
ヨモギキリガ
Orthosia ella
●19㎜前後●北海道〜九州、対馬●3〜5月●低●ヨモギ、クララ、ハマエンドウ、イタドリ、ギシギシ

ヨトウガ亜科 オルトシア族
イイジマキリガ
Orthosia ijimai
●14〜16.5㎜●北海道、本州（中部以北）、九州●4〜5月●山●サクラ類などバラ科●やや局所的

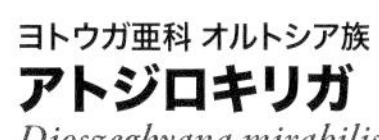

ヨトウガ亜科 オルトシア族
アトジロキリガ
Dioszeghyana mirabilis
●12〜14㎜●北海道〜九州●4〜6月●低〜山●ブナ科、サクラ類●やや局所的

ヨトウガ亜科 オルトシア族
ナマリキリガ
Orthosia satoi
●17〜18㎜●北海道、本州●4〜5月●山●サクラ類●局所的

ヨトウガ亜科 オルトシア族
ウスベニキリガ
Orthosia cedermarki
●15〜18㎜●北海道〜九州●4〜5月●低〜山●クリ、ソメイヨシノ●やや局所的

ヨトウガ亜科 オルトシア族
アカバキリガ
Orthosia carnipennis
●19〜21㎜●北海道〜九州、対馬●3〜4月●低〜山●ブナ科、バラ科、ニレ科

ヨトウガ亜科 オルトシア族
カシワキリガ
Orthosia gothica
●18㎜前後●北海道〜九州●4〜6月●低〜山●クヌギ、コナラ、カシワ、アラカシ、サクラ類、リンゴ、スモモ、キイチゴ類

ヨトウガ亜科
オルトシア族
ゴマフキリガ
Orthosia coniortota
●15㎜前後●本州●4月●山●未知

ヨトウガ亜科
オルトシア族
シロヘリキリガ
Orthosia limbata
●15〜17.5㎜●北海道〜九州、対馬●3〜4月●低〜山●サクラ類、クヌギ、コナラ

秋キリガ／成虫越冬キリガ

秋から初冬にかけて羽化するヤガのなかまで、本格的な冬になる前に交尾・産卵を済ませて一生を終える秋キリガ、そのまま越冬して春に交尾・産卵する成虫越冬キリガがおり、樹液や花蜜などで栄養補給する。灯火にはほとんど飛来しない種もいる。

モクメキリガ亜科 モクメキリガ族
ホソバハガタヨトウ
Meganephria funesta
●25mm前後●本州～九州、対馬●11月●低～山●ケヤキ

モクメキリガ亜科 モクメキリガ族
ハイイロハガタヨトウ
Meganephria cinerea
●20mm前後●本州、九州●10月●山●ハルニレ、オヒョウ●局所的

モクメキリガ亜科 モクメキリガ族
ケンモンミドリキリガ
Daseochaeta viridis
●17～21mm●北海道～九州、屋久島●10～11月●低～山●チドリノキ、ヤマザクラ、カエデ類など

モクメキリガ亜科 モクメキリガ族
ミドリハガタヨトウ
Meganephria extensa
●21～28mm●北海道～九州、対馬●10～12月●低～山●ケヤキ

キリガ亜科 キリガ族 キリガ亜族
ナカオビキリガ
Dryobotodes intermissa
●15～16mm●北海道～九州、対馬、奄美大島、沖縄本島●10～11月●低～山●アラカシ、クヌギ、コナラ

キリガ亜科 キリガ族 キリガ亜族
サヌキキリガ
Elwesia sugii
●15～18mm●本州～九州、対馬●11～12月●低～山●未知●局所的

キリガ亜科 キリガ族 キリガ亜族
プライヤオビキリガ
Dryobotodes pryeri
●16mm前後●北海道、本州、九州●9～11月●低～山●ヒメヤシャブシ、コナラ、カシワ

キリガ亜科 キリガ族 キリガ亜族
ホソバオビキリガ
Dryobotodes angusta
●15mm前後●北海道～九州●11～12月●低●ウバメガシ、クヌギ、カシワ●局所的

キリガ亜科 キリガ族 キリガ亜族
ヒロバモクメキリガ
Xylena changi
●23～27mm●本州（関東以西）～九州、屋久島●11～3月●低～山●カマツカ、カナメモチ、ソメイヨシノ、ミミズバイ、サカキ、ツバキ、アラカシなど広食性

キリガ亜科 キリガ族 キリガ亜族
ハネナガモクメキリガ
Xylena nihonica
●23～27mm●本州（関東以西）～九州、対馬、屋久島、沖縄本島●10～4月●低～山●サクラ類、カシ類、アラカシ、ミミズバイ、サカキ、ツバキ

キリガ亜科 キリガ族 キリガ亜族
キバラモクメキリガ
Xylena formosa
●23～27mm●北海道～九州、対馬、屋久島、沖縄本島●10～4月●低～山●バラ科、マメ科、ブナ科、タデ科、キク科など広食性

キリガ亜科 キリガ族 キリガ亜族
アヤモクメキリガ
Xylena fumosa
●28～33mm●北海道～九州●11～4月●低●バラ科、マメ科、ヒユ科、ユリ科、ナス科、イネ科など広食性●日本最大の成虫越冬キリガ

キリガ亜科
キリガ族 キリガ亜族
シロスジキリガ
Lithomoia solidaginis
●21㎜前後●北海道、本州（中部山地）◐9月●山●ホロムイイチゴ、ホザキシモツケ●本州では局所的

キリガ亜科 キリガ族 キリガ亜族
ハンノキリガ
Lithophane ustulata
●18〜19㎜●北海道〜九州、対馬◐10〜4月●低〜山●コナラ、ミズナラ、カシワ

キリガ亜科 キリガ族 キリガ亜族
カシワキボシキリガ
Lithophane pruinosa
●14〜16㎜●北海道〜九州、対馬◐10〜3月●低〜山●クヌギ、カシワ

暗色鱗の多い個体 ♀

キリガ亜科
キリガ族 キリガ亜族
ウスアオキリガ
Lithophane venusta
●16〜18㎜●北海道〜九州、対馬◐9〜4月●山●ミズナラ、アラカシなど

キリガ亜科
キリガ族 キリガ亜族
モンハイイロキリガ
Lithophane plumbealis
●20㎜前後●北海道〜九州◐9〜5月●山●シナノキ

キリガ亜科
キリガ族 キリガ亜族
シロクビキリガ
Lithophane consocia
●20〜22㎜●北海道〜九州◐9〜5月●山●ハンノキ、ヤマハンノキ

前翅後半が黒い個体
黒い点 ♂

キリガ亜科
キリガ族 キリガ亜族
カタハリキリガ
Lithophane rosinae
●18〜19㎜●北海道〜九州◐11〜5月●山●ヤナギ類、トチノキ、カエデ類など各種広葉樹

キリガ亜科 キリガ族 キリガ亜族
ナカグロホソキリガ
Lithophane socia
●20㎜前後●北海道〜九州◐9〜4月●山●サクラ類

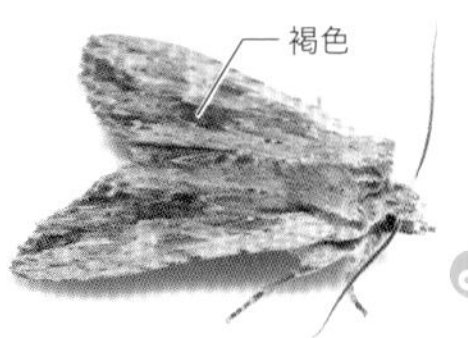

キリガ亜科 キリガ族 キリガ亜族
アメイロホソキリガ
Lithophane remota
●20㎜前後●本州◐9〜4月●山●未知

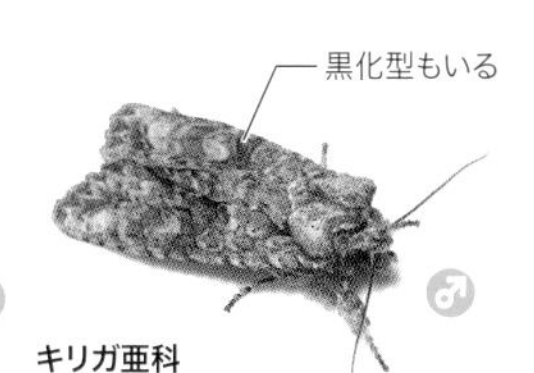

キリガ亜科
キリガ族 キリガ亜族
コケイロホソキリガ
Lithophane nagaii
●16〜17㎜●本州〜九州、屋久島◐10〜4月●山●未知●やや局所的

三つ星紋が大きい ♀

キリガ亜科
キリガ族 キリガ亜族
ミツボシキリガ
Eupsilia tripunctata
●17〜18㎜●本州〜九州、対馬◐10〜5月●低〜山●エノキ

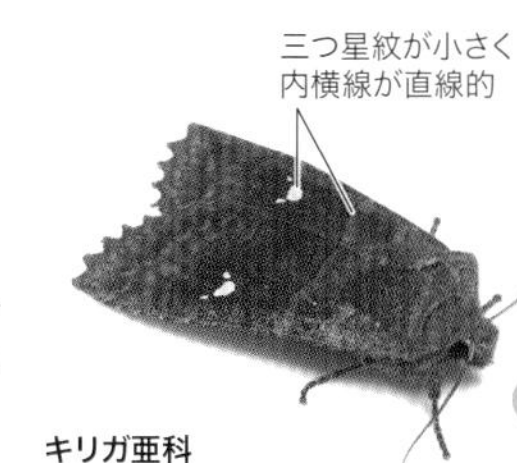

キリガ亜科
キリガ族 キリガ亜族
エゾミツボシキリガ
Eupsilia transversa
●20〜22㎜●北海道、本州（中部以北）◐10〜5月●山●シラカンバ、コナラ、ズミ、ハルニレ、ポプラ、サクラ類

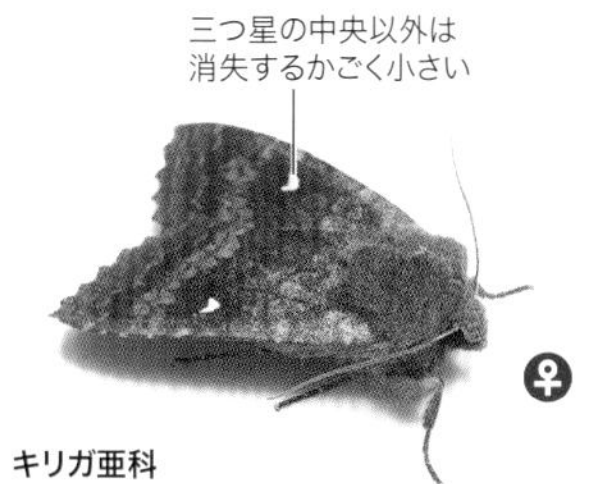

キリガ亜科
キリガ族 キリガ亜族
ムラサキミツボシキリガ
Eupsilia unipuncta
●20〜22㎜●本州〜九州◐10〜5月●山●未知●やや局所的

♂

キリガ亜科
キリガ族 キリガ亜族
ヨスジキリガ
Eupsilia strigifera
●14㎜前後●本州〜九州、対馬◐10〜4月●低〜山●クヌギ●多くない

キリガ亜科
キリガ族 キリガ亜族
ウスミミモンキリガ
Eupsilia contracta
●21㎜前後●北海道〜九州◐10〜4月●低●ハンノキ●ハンノキ林限定

キリガ亜科
キリガ族 キリガ亜族
ヨスジノコメキリガ
Eupsilia quadrilinea
●20㎜前後●本州〜九州、対馬◐10〜4月●低●サクラ類

キリガ亜科
キリガ族 キリガ亜族
カバイロミツボシキリガ
Eupsilia boursini
●16〜18㎜●北海道〜九州◐10〜5月●山●シナノキ

キリガ亜科 キリガ族 キリガ亜族
チャマダラキリガ
Rhynchaglaea scitula
●14〜16.5㎜●本州〜九州、対馬、南西諸島●11〜4月●低〜山●未知

キリガ亜科 キリガ族 キリガ亜族
クロチャマダラキリガ
Rhynchaglaea fuscipennis
●14〜16㎜●本州〜九州、対馬、屋久島、沖縄本島●11〜4月●低〜山●アラカシ、アカガシ

印象的な模様
♀

キリガ亜科
キリガ族 キリガ亜族
キマエキリガ
Hemiglaea costalis
●13〜16㎜●北海道〜九州、屋久島●10〜12月●低〜山●未知

キリガ亜科
キリガ族 キリガ亜族
ヤクシマキリガ
Mesorhynchaglaea pacifica
●12㎜前後●本州〜九州、屋久島●11〜3月●低●ウバメガシ●小型

キリガ亜科 キリガ族 キリガ亜族
スミレモンキリガ
Sugitania akirai
●14〜15㎜●本州(房総以西)〜九州●11〜1月●低〜山●ツバキ類●局所的

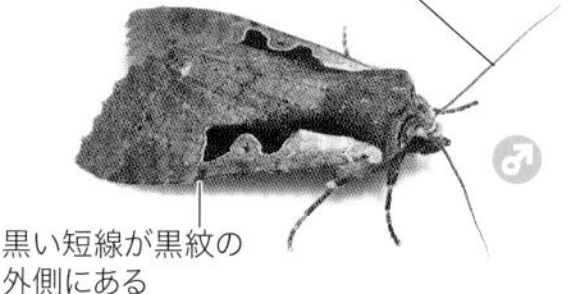

キリガ亜科 キリガ族 キリガ亜族
キシダモンキリガ
Sugitania clara
●18㎜前後●北海道〜九州●10〜2月●低〜山●ブナ科、ツバキ科●寒冷地では年内に姿を消す

黒い短線が黒紋の
内側にある

キリガ亜科 キリガ族 キリガ亜族
スギタニモンキリガ
Sugitania lepida
●16〜18㎜●本州(関東以西)〜九州、対馬、屋久島●11〜1月●低●ツバキ類の花

♂

キリガ亜科 キリガ族 キリガ亜族
ツチイロキリガ
Vulpechola vulpecula
●16〜18㎜●本州●9〜10月●山●未知●局所的

キリガ亜科 キリガ族 キリガ亜族
イセキリガ
Suginistra sakabei
●14㎜前後●本州、四国●10〜11月●低〜山●ツゲ●局所的

キリガ亜科 キリガ族 キリガ亜族
フサヒゲオビキリガ
Incertobole evelina
●14㎜前後●北海道〜九州●11〜3月●低●クヌギ、カシワ

キリガ亜科
キリガ族 キリガ亜族
エグリキリガ
Teratoglaea pacifica
●10〜12㎜●北海道〜九州、対馬●10〜4月●低〜山●アカトドマツなどマツ科●小型

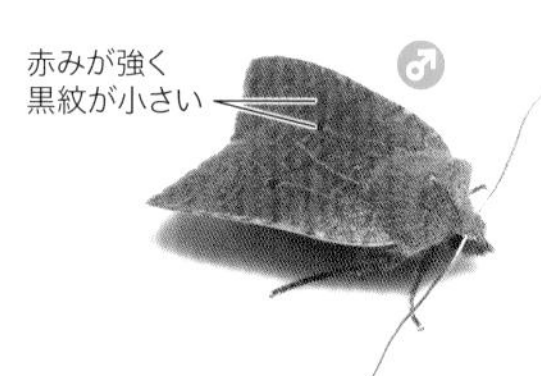

キリガ亜科 キリガ族 キリガ亜族
カシワオビキリガ
Conistra ardescens
●17㎜前後●本州(関東以西)〜九州、対馬●10〜4月●低●カシワ、クヌギ、コナラ、アラカシ、サクラ類

キリガ亜科
キリガ族 キリガ亜族
ホシオビキリガ
Conistra albipuncta
●17㎜前後●北海道〜九州、対馬●10〜4月●低〜山●サクラ類

キリガ亜科
キリガ族 キリガ亜族
ミヤマオビキリガ
Conistra grisescens
●16〜17㎜●北海道〜九州●10〜5月●低〜山●サクラ類、ノイバラ、クヌギ、コナラ、ヤナギ類

キリガ亜科 キリガ族 キリガ亜族
テンスジキリガ
Conistra fletcheri
●16㎜前後●北海道〜九州、対馬●10〜5月●低〜山●クリ、ヤナギ類、ミズナラ、ミズキなど

キリガ亜科 キリガ族 キリガ亜族
ゴマダラキリガ
Conistra castaneofasciata
●15〜16㎜●北海道〜九州●10〜5月●低〜山●クヌギ、ヤナギ類

キリガ亜科
キリガ族 キリガ亜族
ナワキリガ
Agrocholorta nawae
●16〜18㎜●本州(関東以西)〜九州、対馬、屋久島●10〜4月●低●カシ類

キリガ亜科
キリガ族 キリガ亜族
イチゴキリガ
Orbona fragariae
●24～27㎜●北海道～九州●10～4月●低～山●ソメイヨシノ、キイチゴ類、ナナカマド、ギシギシなど●大型

キリガ亜科
キリガ族 キリガ亜族
キイロキリガ
Xanthia togata
●15㎜前後●北海道、本州（中部以北）●9～10月●山●未知

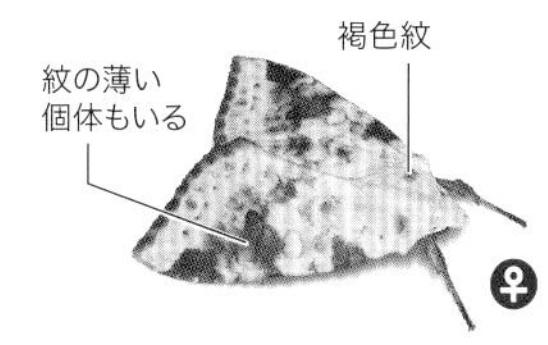

キリガ亜科
キリガ族 キリガ亜族
モンキキリガ
Xanthia icteritia
●15㎜前後●北海道、本州（中部以北）●9～10月●山●カワヤナギ、オノエヤナギ

キリガ亜科
キリガ族 キリガ亜族
オオモンキキリガ
Xanthia tunicata
●15～16㎜●北海道、本州●9～10月●山●ハルニレ●局所的

キリガ亜科
キリガ族 キリガ亜族
ミスジキリガ
Jodia sericea
●16㎜前後●北海道～九州●10～4月●低～山●クヌギ、カシワ

キリガ亜科
キリガ族 キリガ亜族
エゾキイロキリガ
Tiliacea japonago
●17㎜前後●北海道～四国●9～10月●山●シナノキ

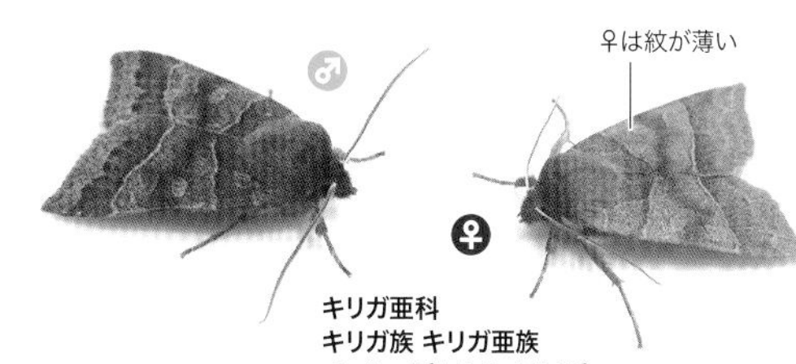

キリガ亜科
キリガ族 キリガ亜族
キトガリキリガ
Telorta edentata
●15～17.5㎜●北海道～九州、対馬●10～11月●低～山●バラ科

キリガ亜科 キリガ族 キリガ亜族
ウスキトガリキリガ
Telorta acuminata
●19㎜前後●本州～九州、対馬●10～11月●低～山●ツバキ、サクラ類

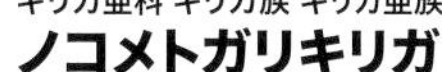

キリガ亜科 キリガ族 キリガ亜族
ノコメトガリキリガ
Telorta divergens
●19㎜前後●北海道～九州●10～12月●低～山●バラ科、ツバキ科、タデ科など広食性

キリガ亜科 キリガ族 キリガ亜族
アオバハガタヨトウ
Antivaleria viridimacula
●20㎜前後●北海道～九州●10～11月●低～山●サクラ類、リンゴ、ウラジロガシ

キリガ亜科 キリガ族 キリガ亜族
ヒマラヤハガタヨトウ
Nyctycia strigidisca
●15～16㎜●本州～九州、屋久島、奄美大島●11～12月●山●未知

キリガ亜科 キリガ族 キリガ亜族
ヤマトハガタヨトウ
Nyctycia stenoptera
●15㎜前後●本州（静岡県以西）、四国、九州●11月●低●未知●局所的

キリガ亜科
キリガ族 キリガ亜族
ヘーネアオハガタヨトウ
Nyctycia hoenei
●13～14㎜●本州（関東以西）～九州●11～1月●低～山●カシ類の新芽

キリガ亜科 キリガ族 キリガ亜族
ヨスジアカヨトウ
Pygopteryx suava
●17㎜前後●北海道～九州●9～10月●山●未知

キリガ亜科
キリガ族 ヒゲヨトウ亜族
ムラサキハガタヨトウ
Blepharita amica
●25～27㎜●北海道、本州（中部以北）●10月●山●ヨモギ

キリガ亜科
キリガ族 ヒゲヨトウ亜族
オオハガタヨトウ
Mniotype melanodonta
●23㎜前後●北海道～九州●10～11月●低～山●シオデ

外横線の後縁付近が白い

暗色の個体

ヨトウガ亜科 オルトシア族
トチュウウスクモヨトウ
Protegira songi
●17〜20㎜●本州、九州●4〜5、8〜9月●低〜山●トチュウ●2017年日本初確認の外来種

ヨトウガ亜科 ヨトウガ族
オオシラホシヨトウ
Polia nebulosa
●27㎜前後●北海道〜四国●7〜8月●山●各種草本●やや大型

ヨトウガ亜科
ヨトウガ族
オオシモフリヨトウ
Polia goliath
●27〜30㎜●北海道〜四国●7〜9月●山●コナラ、ウメ、サクラ類、ヤナギ類●大型

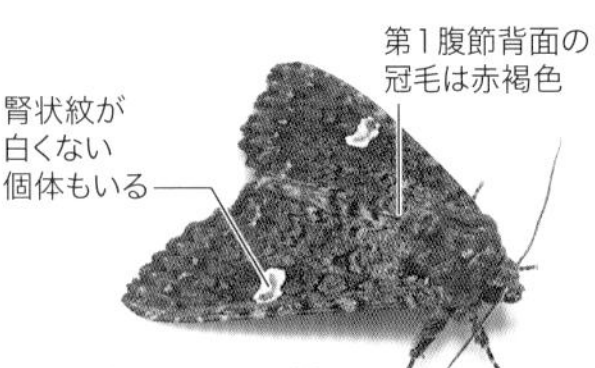

ヨトウガ亜科 ヨトウガ族
シラホシヨトウ
Melanchra persicariae
●20〜22㎜●本州〜九州●7〜8月●山●バッコヤナギ、フジウツギ、マメ科、アブラナ科、ヒユ科

ヨトウガ亜科 ヨトウガ族
オオチャイロヨトウ
Polia bombycina
●22〜28㎜●北海道、本州(中部以北)●7〜8月●山(草原)●各種草本●大型

ヨトウガ亜科
ヨトウガ族
クロヨトウ
Polia mortua
●23㎜前後●本州●8月●山●未知●局所的

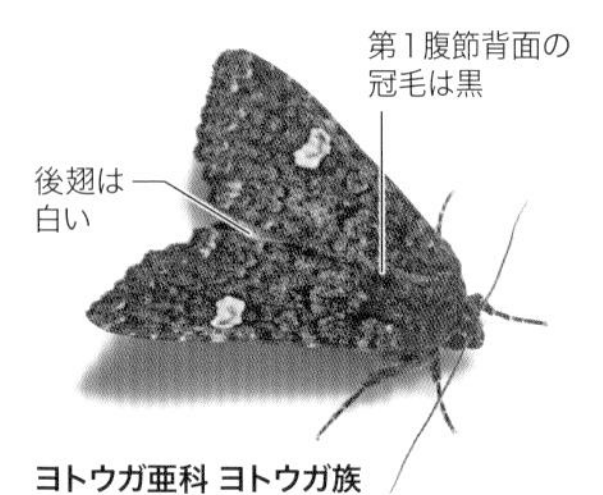

ヨトウガ亜科 ヨトウガ族
アトジロシラホシヨトウ
Melanchra postalba
●20㎜前後●北海道、本州●6〜7月●山●未知

ヨトウガ亜科 ヨトウガ族
ヨトウガ
Mamestra brassicae
●18〜22㎜●北海道〜九州、対馬●4〜5、7〜8月●低〜山●タデ科、マメ科、アブラナ科、キク科、ナス科、セリ科、ヒルガオ科、イネ科など極めて広食性

ヨトウガ亜科 ヨトウガ族
エゾチャイロヨトウ
Lacanobia splendens
●16〜17㎜●北海道、本州●5、7〜8月●草原●未知

ヨトウガ亜科 ヨトウガ族
ムラサキヨトウ
Lacanobia contigua
●17〜18㎜●北海道、本州(中部以北)●7〜8月●山●未知

ヨトウガ亜科 ヨトウガ族
ミヤマヨトウ
Lacanobia contrastata
●20〜22㎜●北海道、本州●6〜8月●山●未知

ヨトウガ亜科 ヨトウガ族
キミャクヨトウ
Dictyestra dissecta
●20㎜前後●本州〜九州、対馬、屋久島、南西諸島●6〜10月●低〜山●アマチャヅル、カラスウリ

ヨトウガ亜科 ヨトウガ族
モモイロフサクビヨトウ
Sideridis mandarina
●13〜14㎜●北海道〜九州、対馬●7〜8月●山●ナデシコ科

ヨトウガ亜科 ヨトウガ族
シロオビヨトウ
Hadena compta
●13〜14㎜●北海道、本州(中部以北)●7〜8月●湿地●カワラナデシコ●局所的

ヨトウガ亜科 ヨトウガ族
フタスジヨトウ
Protomiselia bilinea
●13〜17㎜●本州〜九州、対馬●5〜8月●低〜山●ヒノキ

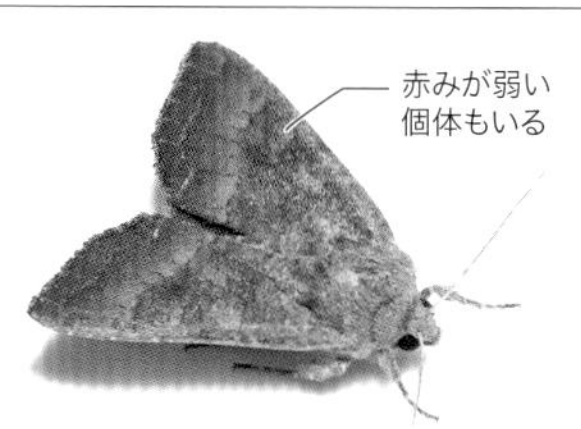

ヨトウガ亜科 キヨトウ族
シロシタヨトウ
Sarcopolia illoba
●18～19㎜●北海道～九州、対馬●5～6、9月●低～山●キク科、シソ科、マメ科、バラ科、ヒユ科、タデ科、イネ科、クワ科など極めて広食性

ヨトウガ亜科 キヨトウ族
フタオビキヨトウ
Mythimna turca
●20㎜前後●北海道～九州、対馬●5～6、9月●低●ヌマガヤ、オギ、ヨシ

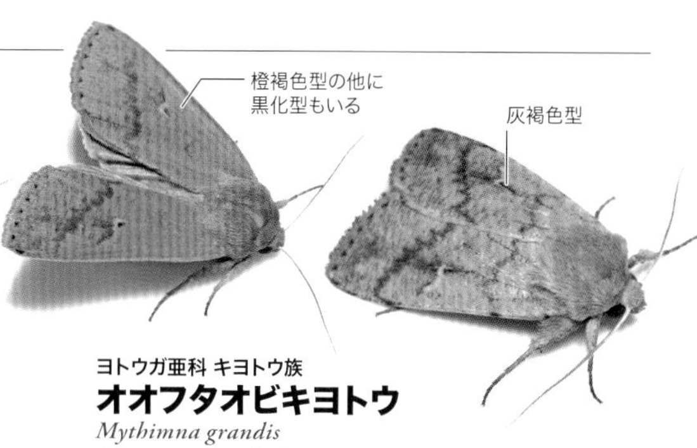

ヨトウガ亜科 キヨトウ族
オオフタオビキヨトウ
Mythimna grandis
●19～25㎜●北海道～九州●7～8月●山●イネ科など

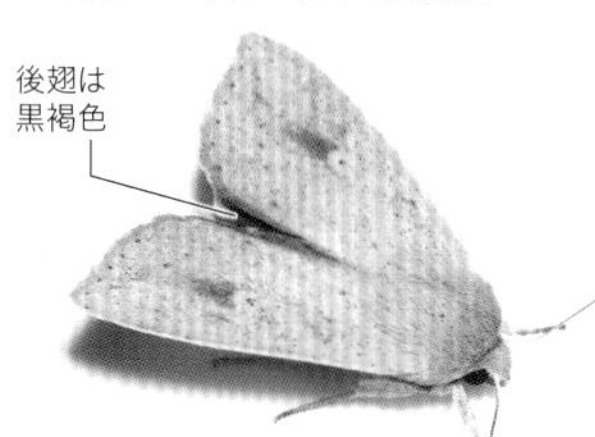

ヨトウガ亜科 キヨトウ族
クロシタキヨトウ
Mythimna placida
●20㎜前後●北海道～九州、対馬●6～8月●低～山●未知

ヨトウガ亜科 キヨトウ族
ウスベニキヨトウ
Mythimna pudorina
●20㎜前後●北海道、本州●5、7～8月●山●イネ科、カヤツリグサ科

ヨトウガ亜科 キヨトウ族
ナガフタオビキヨトウ
Mythimna divergens
●26㎜前後●北海道～九州●7～8月●山●ビロードスゲ

ヨトウガ亜科 キヨトウ族
タンポキヨトウ
Mythimna pallens
●17㎜前後●北海道、本州(中部以北)●5～6、8～9月●低～山●ハマニンニク、カモガヤ、ホッスガヤ、ススキ、カヤツリグサ科

ヨトウガ亜科 キヨトウ族
フタテンキヨトウ
Mythimna radiata
●15㎜前後●北海道～九州、対馬●4～6、8～9月●低～山●未知

ヨトウガ亜科 キヨトウ族
スジシロキヨトウ
Mythimna striata
●19㎜前後●本州～九州、対馬、屋久島●4～10月●低●トウモロコシ、ジュズダマ

ヨトウガ亜科 キヨトウ族
ノヒラキヨトウ
Mythimna obsoleta
●15㎜前後●北海道、本州●5、7～8月●湿地●未知●局所的

ヨトウガ亜科 キヨトウ族
マメチャイロキヨトウ
Mythimna stolida
●14～15㎜●本州～九州、対馬、南西諸島●4～10月●低●ヌマガヤ

ヨトウガ亜科 キヨトウ族
マダラキヨトウ
Mythimna flavostigma
●17㎜前後●北海道～九州●5～8月●低～山●未知

ヨトウガ亜科 キヨトウ族
アカスジキヨトウ
Mythimna postica
●17～18㎜●北海道～九州、対馬●5～6、8～9月●山(草原)●イネ科、カヤツリグサ科

ヨトウガ亜科 キヨトウ族
クサシロキヨトウ
Mythimna loreyi
●16～18㎜●北海道～九州、対馬、屋久島●5～6、9～12月●低●イネ科

ヨトウガ亜科 キヨトウ族
マエジロアカフキヨトウ
Mythimna pallidicosta
●18㎜前後●本州～九州、奄美大島、屋久島●7～11月●低～山●未知●北上中の南方種

ヨトウガ亜科 キヨトウ族
アワヨトウ
Mythimna separata
●19～20㎜●北海道～九州、対馬、南西諸島●4～12月●低～山●イネ科、ヒルガオ科、アブラナ科、アオイ科、タデ科など広食性●移動性が強い

ヨトウガ亜科 キヨトウ族
ウスイロキヨトウ
Mythimna inanis
●14～16㎜●北海道～九州●6月●山●未知

ヨトウガ亜科 ハマオモトヨトウ族
ハマオモトヨトウ
Brithys crini
●17～19㎜●本州～九州、種子島、屋久島●4～10月●低●ハマオモト、インドハマユウ、ヒガンバナ、タマスダレ、アマリリス

モンヤガ亜科
カブラヤガ族
ニセタマナヤガ
Peridroma saucia
●20mm前後●北海道～九州、対馬
●ほぼ通年●低～山●キク科、タデ科

モンヤガ亜科
カブラヤガ族
ホソアオバヤガ
Actebia praecox
●20～22mm●北海道～九州●6～9月
●低～山●未知●本州では少ない

モンヤガ亜科
カブラヤガ族
オオホソアオバヤガ
Actebia praecurrens
●22mm前後●北海道、本州(中部以北)
●6～9月●山●マメ科、ヒユ科、アブラナ科

色彩変異がある

モンヤガ亜科
カブラヤガ族
ウスグロヤガ
Euxoa sibirica
●23～24mm●北海道～九州●6～10月
●山●マメ科、イネ科、キク科など広食性●年1化で盛夏は高地で避暑する

モンヤガ亜科
カブラヤガ族
ムギヤガ
Euxoa karschi
●18mm前後
●北海道、
本州(中部以北)
●7～9月●山●イネ科

モンヤガ亜科
カブラヤガ族
コキマエヤガ
Albocosta triangularis
●19mm前後●北海道～九州●6～7、9月
●低～山●タデ科、キク科、ユリ科など
●年1化で盛夏は高地で避暑する

モンヤガ亜科 カブラヤガ族
クロヤガ
Euxoa nigrata
●16mm前後●本州
●7～8月●山●未知
●昼間も活動する

モンヤガ亜科 カブラヤガ族
タマナヤガ
Agrotis ipsilon
●20mm前後●本州～九州、対馬、南西諸島
●6～7、10、12月●低～山●マメ科、イネ科、ナス科、アブラナ科、アオイ科、セリ科、キク科、ウリ科など極めて広食性

モンヤガ亜科
カブラヤガ族
カブラヤガ
Agrotis segetum
●18mm前後●北海道～九州、対馬、南西諸島●4～5、7～10月●低～山●マメ科、イネ科、アブラナ科、セリ科、ナス科、ユリ科、ヒガンバナ科、サトイモ科、キク科、ヒルガオ科など極めて広食性

モンヤガ亜科
カブラヤガ族
センモンヤガ
Agrotis exclamationis
●17～19mm●北海道、本州(中部以北)
●5～6、8～9月●山●イネ科、ヒユ科、マメ類、アブラナ科、ユリ科●やや局所的

モンヤガ亜科 カブラヤガ族
オオカブラヤガ
Agrotis tokionis
●20mm前後●本州～九州、対馬●10月
●低～山●ハクサイ、ネギ●秋に見られる

モンヤガ亜科
モンヤガ族
モクメヤガ
Axylia putris
●15～16mm●北海道～九州●5～6、8～9月
●低～山●チシャ、タンポポ、シロツメクサ、ギシギシ、スカンポ、オオバコ

モンヤガ亜科
モンヤガ族
マエジロヤガ
Ochropleura plecta
●13～14mm●北海道、本州、九州●5～8月
●山●アキノウナギツカミ、タニソバ、エゾノギシギシ、アレチマツヨイグサ、セリ●小型

モンヤガ亜科
モンヤガ族
ホシボシヤガ
Hermonassa arenosa
●16mm前後●北海道～九州、対馬
●6～7、9～10月●低～山●チシマアザミ、アキタブキ、オオイタドリ、オドリコソウ、クンリンソウ●年1化で盛夏は休眠

モンヤガ亜科
モンヤガ族
クロクモヤガ
Hermonassa cecilia
●17mm前後●北海道～九州、対馬、屋久島●5～6、9～10月●低～山
●ハルジオン、ギシギシ●年1化で盛夏は休眠

♂は赤みを帯びず
触角は櫛歯状

♀

モンヤガ亜科
モンヤガ族
クシヒゲモンヤガ
Lycophotia cissigma
●17mm前後
●本州(中部山地)
●7～8月●山
●未知●局所的

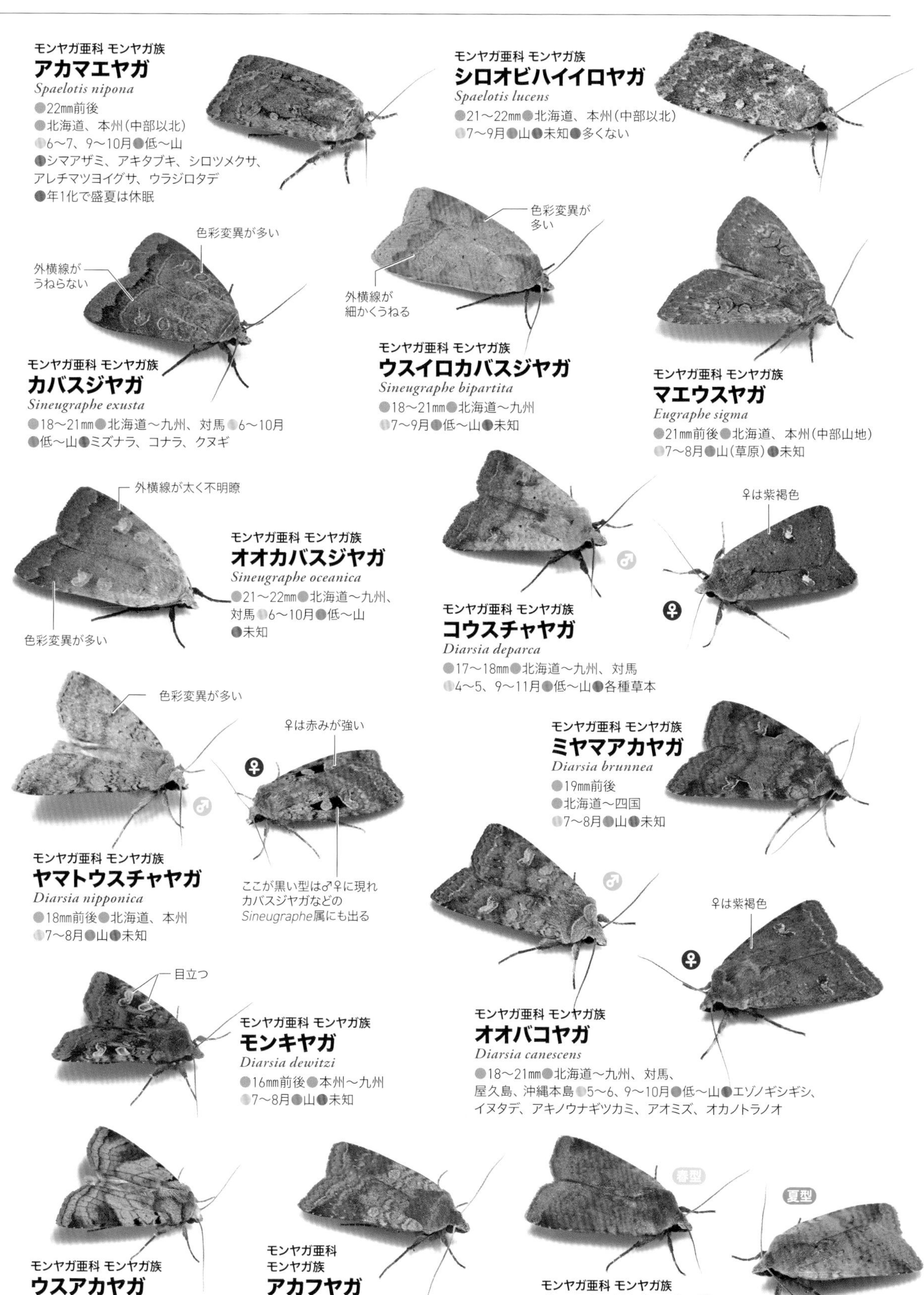

モンヤガ亜科 モンヤガ族
アカマエヤガ
Spaelotis nipona
●22㎜前後
●北海道、本州（中部以北）
●6～7、9～10月●低～山
●シマアザミ、アキタブキ、シロツメクサ、アレチマツヨイグサ、ウラジロタデ
●年1化で盛夏は休眠

モンヤガ亜科 モンヤガ族
シロオビハイイロヤガ
Spaelotis lucens
●21～22㎜●北海道、本州（中部以北）
●7～9月●山●未知●多くない

モンヤガ亜科 モンヤガ族
カバスジヤガ
Sineugraphe exusta
●18～21㎜●北海道～九州、対馬●6～10月
●低～山●ミズナラ、コナラ、クヌギ

モンヤガ亜科 モンヤガ族
ウスイロカバスジヤガ
Sineugraphe bipartita
●18～21㎜●北海道～九州
●7～9月●低～山●未知

モンヤガ亜科 モンヤガ族
マエウスヤガ
Eugraphe sigma
●21㎜前後●北海道、本州（中部山地）
●7～8月●山（草原）●未知

モンヤガ亜科 モンヤガ族
オオカバスジヤガ
Sineugraphe oceanica
●21～22㎜●北海道～九州、対馬●6～10月●低～山
●未知

モンヤガ亜科 モンヤガ族
コウスチャヤガ
Diarsia deparca
●17～18㎜●北海道～九州、対馬
●4～5、9～11月●低～山●各種草本

モンヤガ亜科 モンヤガ族
ミヤマアカヤガ
Diarsia brunnea
●19㎜前後
●北海道～四国
●7～8月●山●未知

モンヤガ亜科 モンヤガ族
ヤマトウスチャヤガ
Diarsia nipponica
●18㎜前後●北海道、本州
●7～8月●山●未知

モンヤガ亜科 モンヤガ族
モンキヤガ
Diarsia dewitzi
●16㎜前後●本州～九州
●7～8月●山●未知

モンヤガ亜科 モンヤガ族
オオバコヤガ
Diarsia canescens
●18～21㎜●北海道～九州、対馬、屋久島、沖縄本島●5～6、9～10月●低～山●エゾノギシギシ、イヌタデ、アキノウナギツカミ、アオミズ、オカノトラノオ

モンヤガ亜科 モンヤガ族
ウスアカヤガ
Diarsia albipennis
●15㎜前後●本州～九州、対馬、屋久島●5～6、9～10月●山●未知●やや局所的

モンヤガ亜科
モンヤガ族
アカフヤガ
Diarsia pacifica
●17～18㎜●本州～九州、屋久島
●5～6、9～10月●低～山●フキ、トウヤクリンドウ、ミヤマアキノキリンソウ

モンヤガ亜科 モンヤガ族
ウスイロアカフヤガ
Diarsia ruficauda
●16～17㎜●北海道～九州●3～5、8月
●低～山●オオバコ、セリ、ノダイオウ、イヌタデ

モンヤガ亜科
モンヤガ族
キミミヤガ
Xestia baja
●21㎜前後●北海道、本州（中部以北）●8～9月●山●広食性

モンヤガ亜科 モンヤガ族
タンポヤガ
Xestia ditrapezium
●20㎜前後●北海道、本州（中部以北）●6～8月●山●広食性

モンヤガ亜科
モンヤガ族
シロモンヤガ
Xestia c-nigrum
●18～22㎜●北海道～九州、対馬●5～6、8～10月●低～山●オオバコ科、イネ科、ナス科、マメ科

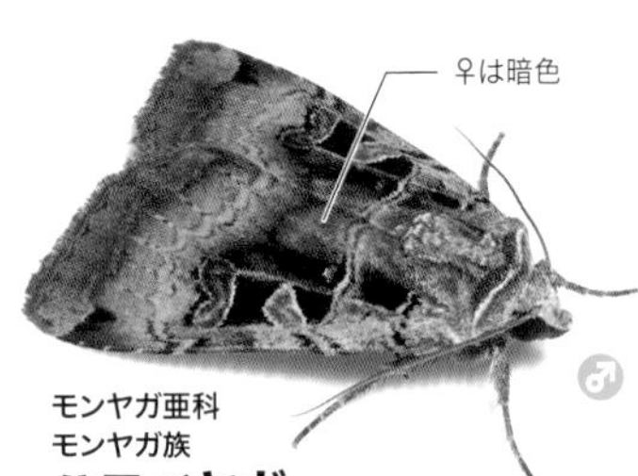

モンヤガ亜科
モンヤガ族
ハコベヤガ
Xestia kollari
●23～24㎜●北海道～九州、対馬●8～10月●低～山●未知

モンヤガ亜科 モンヤガ族
アサマウスモンヤガ
Xestia descripta
●16～18㎜●本州（中部山地）●7～8月●山●未知●局所的

モンヤガ亜科 モンヤガ族
ウスチャヤガ
Xestia dilatata
●23㎜前後●本州～九州、対馬●10～11月●低●ギシギシ、イタドリ、ヨモギ、キリ、カラスノエンドウ●秋に見られる

モンヤガ亜科
モンヤガ族
クロフトビイロヤガ
Xestia fuscostigma
●20㎜前後●北海道、本州●8～10月●山●タデ科、キク科、アカバナ科、マメ科、ユリ科、シソ科、バラ科、ゴマノハグサ科など広食性

モンヤガ亜科
モンヤガ族
ナカグロヤガ
Xestia undosa
●16～19㎜●北海道～四国●6～7、9～10月●山●コヌカグサ●年1化で盛夏は休眠

モンヤガ亜科 モンヤガ族
キシタミドリヤガ
Xestia efflorescens
●21～23㎜●北海道～九州、対馬、屋久島●7～9月●低～山●未知●山地に多い

モンヤガ亜科 モンヤガ族
ハイイロキシタヤガ
Xestia semiherbida
●22～25㎜●北海道～九州、屋久島●6～9月●低～山●未知

モンヤガ亜科 モンヤガ族
クロギシギシヤガ
Naenia contaminata
●17～21㎜●北海道～九州、対馬●5～8月●低～山●ヒユ科、アブラナ科、マメ科、セリ科

モンヤガ亜科 モンヤガ族
オオアオバヤガ
Anaplectoides virens
●26～33㎜●北海道～九州●7～8月●山●ギョウジャニンニク、バイケイソウ、オオウバユリなど

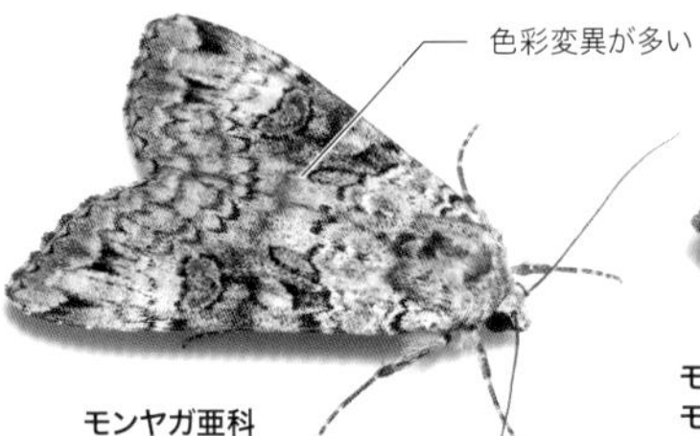

モンヤガ亜科
モンヤガ族
アオバヤガ
Anaplectoides prasinus
●28㎜前後●北海道、本州（中部以北）●7～8月●山●各種草本

モンヤガ亜科
モンヤガ族
カギモンヤガ
Cerastis pallescens
●17㎜前後●北海道～九州、対馬●3～4月●低～山●イヌサフラン科、キジカクシ科、サトイモ科●早春に見られる

モンヤガ亜科モンヤガ族
ムラサキウスモンヤガ
Cerastis leucographa
●15㎜前後●北海道、本州（中部山地）●4～5月●低～山●広食性●局所的

高山にすむヤガのなかま

氷河期に広く生息した種が、温暖になるにつれ冷涼な高山帯に押しやられて定着したなかまと考えられている。高山植物が繁茂する7〜8月頃に成虫が出現し、卵あるいは幼虫で越冬するが、幼虫の成熟に2年を要する種もいると推定される。

キンウワバ亜科 イネキンウワバ族
アルプスギンウワバ
Syngrapha ottolenguii
●16〜17㎜●北海道、本州●7〜8月●高山●クロマメノキ

キリガ亜科 カドモンヨトウ族
アルプスクロヨトウ
Apamea rubrirena
●21〜22㎜●本州（中部山地）●8月●高山●イネ科

ヨトウガ亜科 ヨトウガ族
フジシロミャクヨトウ
Sideridis kitti
●20㎜前後●本州（富士山）●7月●高山●ムラサキモメンヅル●極めて局所的

ヨトウガ亜科 ヨトウガ族
タカネハイイロヨトウ
Papestra biren
●17㎜前後●本州（中部山地）●6〜8月●高山●未知

モンヤガ亜科 カブラヤガ族
クモマウスグロヤガ
Euxoa ochrogaster
●20㎜前後●本州（中部山地）●7〜9月●亜高山〜高山●フジハタザオ、各種草本●低山に降りてくることもある

モンヤガ亜科 モンヤガ族
ナカトビヤガ
Chersotis cuprea
●15㎜前後●本州（中部山地）●8月●高山●未知●昼行性だが灯火にも来る

モンヤガ亜科 モンヤガ族
アルプスヤガ
Xestia speciosa
●19〜21㎜●北海道、本州（中部山地）●7〜8月●高山●コケモモ、エゾノツガザクラ

モンヤガ亜科 モンヤガ族
アトジロアルプスヤガ
Xestia sincera
●19㎜前後●本州●7月●高山●未知●局所的

モンヤガ亜科 モンヤガ族
ヤツガタケヤガ
Xestia yatsugadakeana
●20㎜前後●本州（中部山地）●8月●高山●未知●局所的

モンヤガ亜科 モンヤガ族
ダイセツヤガ
Xestia albuncula
●17㎜前後●北海道、本州（中部以北）●7〜8月●高山●ガンコウラン、エゾノツガザクラ、アオノツガザクラ、コケモモ、クロマメノキ

モンヤガ亜科 モンヤガ族
タカネモンヤガ
Xestia wockei
●18㎜前後●本州（中部山地）●7〜8月●高山●未知●局所的

幼虫図鑑

ガの幼虫は、成虫以上に形態や色がさまざま。主に生息環境に紛れる隠蔽的擬態をしているが、口からはいた糸で植物などを綴った巣に潜むものや、ミノガのなかまなどのように、ポータブルケースを作るものもいる。中には毒を持つものもいるため、注意が必要。

＊終齢幼虫を掲載

ヒロズコガのなかま

ヒロズコガ科
マダラマルハヒロズコガ ➡p.16
Ippa conspersa
●10㎜前後●通年●アリの卵や幼虫、その他の有機物●別名ツヅミミノムシとも呼ばれる

ミノガのなかま

ミノガ科
チャミノガ ➡p.16
Eumeta minuscula
●17〜23㎜（蓑：約40㎜）●秋〜翌初夏●チャノキなどさまざまな樹木●若齢で越冬後、初夏に老熟する

ミノガ科
オオミノガ ➡p.16
Eumeta variegata
●20〜35㎜（蓑：約50㎜）●夏〜翌春●さまざまな樹木の葉●かつて公園樹木に普通だったが近年減少

ミノガ科
クロツヤミノガ ➡p.16
Bambalina sp.
●20㎜前後（蓑：約27㎜）●夏〜翌春●樹木や蘚類など広食性●老熟後、壁や幹に固定した蓑が目立つ

コナガのなかま

コナガ科
コナガ ➡p.18
Plutella xylostella
●10〜15㎜●通年●キャベツなど（アブラナ科）●キャベツの害虫

セミヤドリガのなかま

セミヤドリガ科
ハゴロモヤドリガ ➡p.22
Epiricania hagoromo
●7㎜前後●8〜9月●カメムシ目のハゴロモ科、テングスケバ科などに寄生

幼虫は蝋状物質に覆われる

セミヤドリガ科
セミヤドリガ ➡p.22
Epipomponia nawai
●10㎜前後●8〜9月●カメムシ目のセミ科の成虫に寄生

イラガのなかま

イラガ科
イラガ ➡p.22
Monema flavescens
●23㎜前後●7〜10月●バラ科、ブナ科、カキノキ科、ヤナギ科など●里地の庭木や果樹園に多い

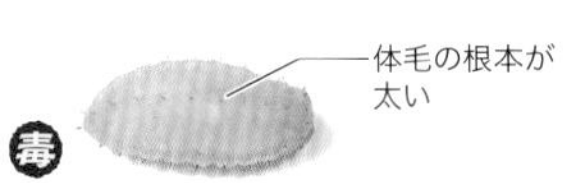

イラガ科
ウスムラサキイラガ ➡p.23
Austrapoda hepatica
●18㎜前後●7〜10月●バラ科、ブナ科、カキノキ科など●里地の庭木や果樹園に多い

体毛は全体的に太い

毒

イラガ科
ムラサキイラガ ➡p.23
Austrapoda dentata
●11㎜前後●7〜10月●バラ科、ブナ科、カキノキ科など●里地の庭木や果樹園に多い

毒

イラガ科
ナシイラガ ➡p.22
Narosoideus flavidorsalis
●23㎜前後●7〜10月●バラ科、ブナ科、カキノキ科など●里地の庭木や果樹園に多い

イラガ科
タイワンイラガ ➡p.23
Phlossa conjuncta
●25㎜前後●7〜10月●ブナ科、マメ科、クルミ科●集団性がなく、1頭で見つかる

イラガ科
アカイラガ ➡p.23
Phrixolepia sericea
●18㎜前後●7〜10月●バラ科、カバノキ科、ブナ科、ムクロジ科など●平地〜山地にかけて秋に多い。蛹化前に毒棘を落とす

毒

イラガ科
ヒメクロイラガ ➡p.22
Scopelodes contracta
●25㎜前後●7〜10月●バラ科、ブナ科、ニレ科など広食性●市街地の緑地でも発生し、群生する。蛹化前になると葉をパラシュートにして地面に降りる

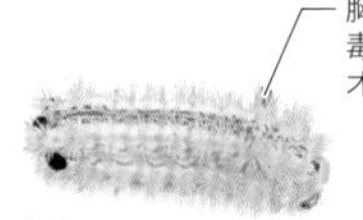

イラガ科
ヒロヘリアオイラガ ➡p.23
Parasa lepida
●23㎜前後●7〜10月●バラ科、カバノキ科、ブナ科、ムクロジ科など●外来種、都市部の街路樹や公園に多く、群生する

イラガ科
クロシタアオイラガ ➡p.23
Parasa hilarula
●18㎜前後●7〜10月●バラ科、ブナ科、カキノキ科など●里地〜山地にかけて多い

マダラガのなかま

毒

マダラガ科
タケノホソクロバ ➡p.24
Fuscartona martini
●18mm前後●初夏〜秋●ササ類やタケ類などイネ科●市街地の公園でも発生する

毒

マダラガ科
ヤホシホソマダラ ➡p.24
Balataea octomaculata
●12mm前後●初夏●ササ類やタケ類など(イネ科)●里地の草原に多い

毒

マダラガ科
シロシタホタルガ ➡p.24
Neochalcosia remota
●25mm前後●通年●サワフタギ(ハイノキ科)など●幼虫が目立つのは春。若齢期で越夏、越冬する

毒

マダラガ科
ホタルガ ➡p.24
Pidorus atratus
●23mm前後●通年●ヒサカキ、サカキなど(サカキ科)●年2化で幼虫越冬する

毒

マダラガ科
ウメスカシクロバ ➡p.24
Illiberis rotundata
●15mm前後●春〜初夏●バラ科(サクラ類、ウメなど)●里地の庭木や果樹園に多い

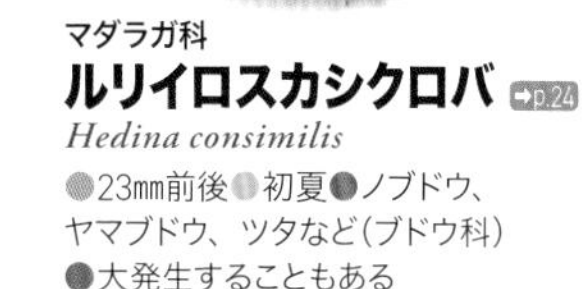

毒

マダラガ科
ルリイロスカシクロバ ➡p.24
Hedina consimilis
●23mm前後●初夏●ノブドウ、ヤマブドウ、ツタなど(ブドウ科)●大発生することもある

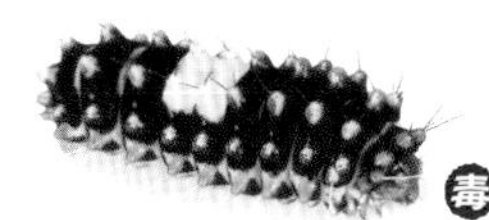

毒

マダラガ科
サツマニシキ ➡p.24
Erasmia pulchella
●30mm前後●通年●ヤマモガシ、クヌギ、ナンキンハゼ●2〜3化し、中齢で越冬する

毒

マダラガ科
オキナワルリチラシ ➡p.24
Eterusia aedea
●27mm前後●秋〜翌春●サカキ科、ツバキ科、ハイノキ科、ノボタン科●中齢で越冬する。発生地によって色彩変異がある

マダラガ科
ミノウスバ ➡p.24

毒

Pryeria sinica
●18mm前後●春〜初夏●マサキ、ニシキギなど(ニシキギ科)●市街地の公園でも発生し、集団でくらす

ハマキガのなかま

ハマキガ科
アトキハマキ ➡p.28
Archips audax
●24mm前後●冬〜翌初夏●バラ科、ブナ科など広食性●数枚の葉を綴った巣が初夏に目立つ

ハマキガ科
ビロードハマキ ➡p.29
Cerace xanthocosma
●29mm前後●ほぼ通年●バラ科、ブナ科、クスノキ科など●里地や緑地公園に多い。幼虫越冬する

メイガのなかま

メイガ科
トサカフトメイガ ➡p.36
Locastra muscosalis
●25mm前後●夏〜秋●ヌルデなど(ウルシ科)、オニグルミなど(クルミ科)●集団で枝先に糸で綴った巣を作る

カギバガのなかま

カギバガ科
ヤマトカギバ ➡p.44
Nordstromia japonica
●17mm前後●初夏、秋●クヌギ、コナラ、クリなど(ブナ科)●葉の上で「J」の字型に静止する

カギバガ科
ウコンカギバ ➡p.44
Tridrepana crocea
●25mm前後●冬〜初夏、夏●カシ類、クヌギなど(ブナ科)●冬季、カシ類の葉で若齢がゆっくりと育つ

カギバガ科
クロスジカギバ ➡p.45
Oreta turpis
●30mm前後●ほぼ通年●ガマズミ、サンゴジュなど(レンプクソウ科)●体色変異がある

クロスジカギバと比較して尾角が短い

カギバガ科
アシベニカギバ ➡p.45
Oreta pulchripes
●30mm前後●ほぼ通年●ガマズミ、サンゴジュなど(レンプクソウ科)●初夏の葉上に多い

カギバガ科
ヒトツメカギバ ➡p.45
Auzata superba
●24mm前後●ほぼ通年●ミズキ、クマノミズキ(ミズキ科)●葉の先端を綴った巣を作る

カギバガ科
ウスギヌカギバ ➡p.45
Macrocilix mysticata
●35mm前後●ほぼ通年●カシ類、クヌギなど(ブナ科)●春先にカシの葉上に多い

カギバガ科
アカウラカギバ ➡p.45
Hypsomadius insignis
●33mm前後●ほぼ通年●ユズリハ、ヒメユズリハ(ユズリハ科)●冬は若齢が葉の表面を食べながら育つ

カギバガ科
スカシカギバ ➡p.45
Macrauzata maxima
●40mm前後●ほぼ通年●カシ類、クヌギなど(ブナ科)●冬にカシ類の葉で若齢がゆっくりと育つ

カギバガ科
オオカギバ ➡p.45
Cyclidia substigmaria
●40mm前後●初夏、秋●ウリノキ(ミズキ科)●低山地のうす暗い谷筋に多い

体色に変異がある

カギバガ科
モントガリバ ➡p.46
Thyatira batis
●35mm前後●初夏〜晩秋●キイチゴ類(バラ科)●トガリバ類では身近な種。葉の表に「J」の字型で静止する

カギバガ科
マユミトガリバ ➡p.47
Neoploca arctipennis
●33mm前後●春●クヌギ、コナラなど(ブナ科)●葉を綴った巣内に潜む

カギバガ科
オオバトガリバ ➡p.46
Tethea ampliata
●45mm前後●初夏、秋●クヌギ、コナラなど(ブナ科)●葉を綴った中にいる。近似種のホソトガリバに酷似する

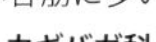

カギバガ科
ネグロトガリバ ➡p.46
Mimopsestis basalis
●38mm前後●夏●オニグルミ(クルミ科)●亜終齢までは黄色の鮮やかな色彩で、終齢になると黒っぽくなる

カギバガ科
サカハチトガリバ ➡p.46
Kurama mirabilis
●38mm前後●春●クヌギ、コナラ、カシ類など(ブナ科)●ハバチ幼虫に似る

アゲハモドキガのなかま

アゲハモドキガ科
アゲハモドキ ➡p.47
Epicopeia hainesii
●35mm前後●夏、秋
●ミズキ、クマノミズキ、ヤマボウシなど(ミズキ科)
●ミズキの葉裏で見られる

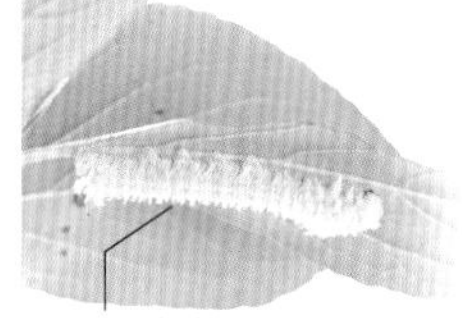
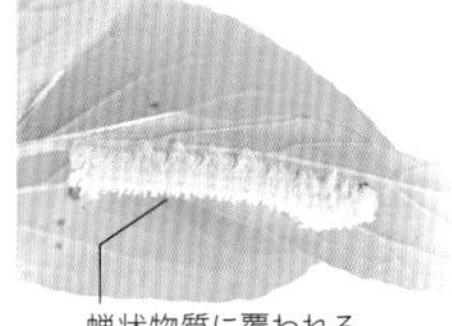

アゲハモドキガ科
フジキオビ ➡p.47
Schistomitra funeralis
●25mm前後●夏
●ナツツバキ(ツバキ科)
●山地のナツツバキの葉裏で見られる

シャクガのなかま

シャクガ科
ウスフタスジシロエダシャク ➡p.48
Lomographa subspersata
●27mm前後●初夏〜秋●サクラ類、ズミなど(バラ科)●葉の表にいることが多い

シャクガ科
クロハグルマエダシャク ➡p.49
Synegia esther
●23mm前後●春〜夏●クロガネモチ、イヌツゲなど(モチノキ科)●近縁のハグルマエダシャクに似る

褐色型

シャクガ科
ツマジロエダシャク ➡p.49
Krananda latimarginaria
●38mm前後●ほぼ通年●クスノキなど(クスノキ科)●緑色型も見られる

黒い紋は長方形

シャクガ科
トンボエダシャク ➡p.50
Cystidia stratonice
●40mm前後●春〜初夏●ツルウメモドキ(ニシキギ科)●春先に食草周辺で目立つ

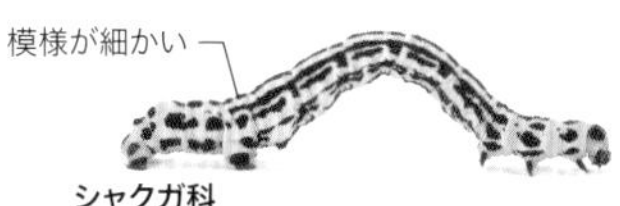

シャクガ科
ヒロオビトンボエダシャク ➡p.50
Cystidia truncangulata
●40mm前後●春〜初夏●ツルウメモドキ(ニシキギ科)●山地の林縁部で見られる

黒い紋には変異がある

シャクガ科
ウメエダシャク ➡p.50
Cystidia couaggaria
●38mm前後●春〜初夏●バラ科、ニシキギ科など●公園や果樹園などに普通

後胸から第1腹節にかけて膨れる。

シャクガ科
ヨツメエダシャク ➡p.53
Ophthalmitis albosignaria
●50mm前後●初夏〜秋●オニグルミ(クルミ科)●里地〜山地にかけて見られる

突起が目立つ

シャクガ科
コヨツメエダシャク ➡p.53
Ophthalmitis irrorataria
●40mm前後●初夏〜秋●ズミ、リンゴなど(バラ科)●里地〜山地にかけて見られる

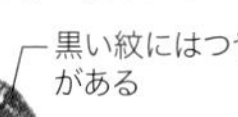
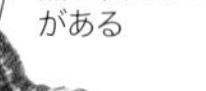

シャクガ科
ユウマダラエダシャク ➡p.50
Abraxas miranda
●33mm前後●ほぼ通年●マサキなど(ニシキギ科)●マサキに多い。中齢で越冬する

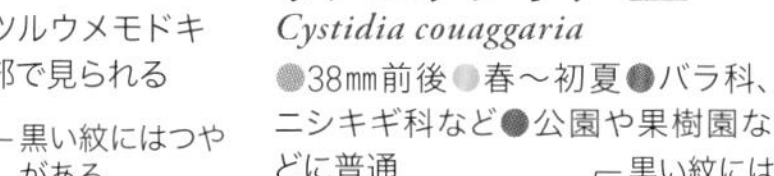

シャクガ科
ヒョウモンエダシャク ➡p.50
Arichanna gaschkevitchii
●40mm前後●初夏●アセビ、レンゲツツジなど(ツツジ科)●体色変異がある

シャクガ科
オオゴマダラエダシャク ➡p.50
Parapercnia giraffata
●55mm前後●夏、秋●カキノキなど(カキノキ科)●良好な里地に生息

褐色型

シャクガ科
ヨモギエダシャク ➡p.52
Ascotis selenaria
●50mm前後●春〜秋●バラ科、マメ科、キク科、イチョウ科など極めて広食性●秋に目立つ大型種

第2腹節背面の隆起が目立つ

シャクガ科
ハミスジエダシャク ➡p.52
Hypomecis roboraria
●45mm前後●ほぼ通年●ブナ科、バラ科など●枝先で幼虫越冬する

緑色型

シャクガ科
クロクモエダシャク ➡p.51
Apocleora rimosa
●40mm前後●ほぼ通年●ヒノキ、サワラなど(ヒノキ科)●褐色型もあり

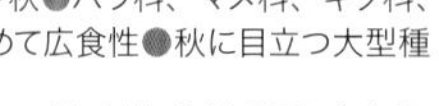
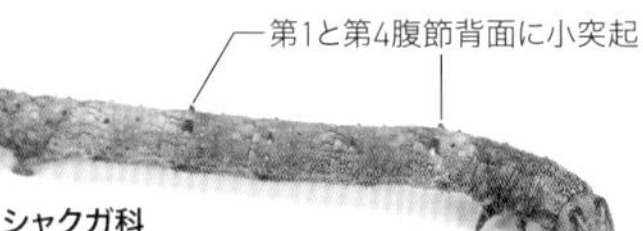

シャクガ科
リンゴツノエダシャク ➡p.53
Phthonosema tendinosarium
●55mm前後●初夏〜秋●バラ科、ブナ科、キク科など広食性●秋に目立つ大型種

白い紋

シャクガ科
チャエダシャク ➡p.54
Megabiston plumosaria
●38mm前後●春〜初夏●バラ科、ブナ科など広食性●里地〜山地にかけて普通

第8腹節背面に
一対の突起が目立つ

シャクガ科
ハスオビエダシャク ➡p.54
Descoreba simplex
●50mm前後●春〜初夏●バラ科、ブナ科など広食性●平地から山地にかけて見られる

シャクガ科
クワエダシャク ➡p.56
Phthonandria atrilineata
●60mm前後●ほぼ通年●マグワ、ヤマグワ(クワ科)
●桑畑に多い

小さな突起

シャクガ科
ウスキツバメエダシャク ➡p.59
Ourapteryx nivea
●55mm前後●ほぼ通年●バラ科、ブナ科など広食性●平地から山地にかけて普通

シャクガ科
トビモンオオエダシャク ➡p.55
Biston robusta
●80mm前後●春〜夏●バラ科、ブナ科など広食性●幼虫期間が長い

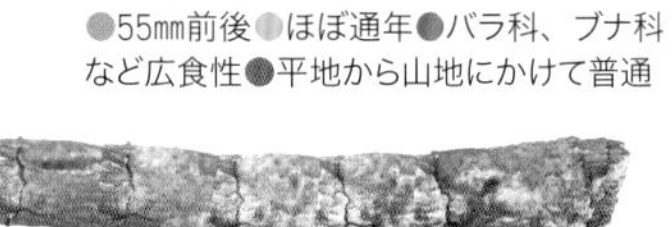

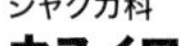

シャクガ科
ウスイロオオエダシャク ➡p.55
Amraica superans
●60mm前後●夏〜秋●マユミ、マサキなど(ニシキギ科)
●里地〜山地にかけて見られる

第2腹節の左右にこぶ

シャクガ科
ヒロバフユエダシャク ➡p.66
Larerannis miracula
●27㎜前後●春～初夏●バラ科、カバノキ科、ブナ科●体色変異あり

第8腹節背面に突起

シャクガ科
トギレフユエダシャク ➡p.66
Protalcis concinnata
●30㎜前後●春～初夏●アブラチャン、サクラ類、アワブキなど●里地～山地にかけて見られる

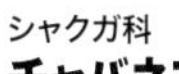

シャクガ科
チャバネフユエダシャク ➡p.67
Erannis golda
●38㎜前後●春～初夏●バラ科、ブナ科など広食性●里地～山地の葉上で見られる

シャクガ科
オオチャバネフユエダシャク ➡p.67
Erannis gigantea
●38㎜前後●初夏●モミ、カラマツなど（マツ科）●山地で見られる

刺毛がやや目立つ

シャクガ科
シモフリトゲエダシャク ➡p.67
Phigalia sinuosaria
●40㎜前後●春～初夏●バラ科、ブナ科など広食性●里地～山地にかけて見られる

刺毛が目立つ

シャクガ科
シロトゲエダシャク ➡p.67
Phigalia verecundaria
●40㎜前後●春～初夏●バラ科、ブナ科など広食性●里地～山地にかけて見られる

シャクガ科
フチグロトゲエダシャク ➡p.67
Nyssiodes lefuarius
●40㎜前後●晩春●タデ科、キク科、マメ科など●河川敷の土手など明るい草原

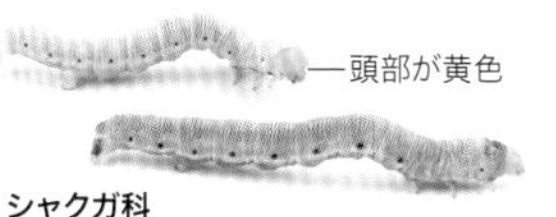

頭部が黄色

シャクガ科
ニトベエダシャク ➡p.55
Wilemania nitobei
●35㎜前後●春～初夏●バラ科、ブナ科など広食性●平地～低山地の林で見られ、ハバチ類の幼虫に似る

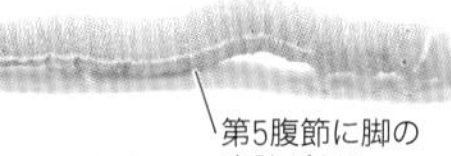

第5腹節に脚の痕跡がある

シャクガ科
アトジロエダシャク ➡p.55
Pachyligia dolosa
●38㎜前後●春～初夏●バラ科、ブナ科など広食性●里地～山地にかけて普通

第2～4、9腹節の突起が目立つ

シャクガ科
サラサエダシャク ➡p.57
Epholca arenosa
●20㎜前後●夏～秋●ブナ科、クルミ科、バラ科など広食性●山地の林縁葉裏に多い

シャクガ科
オカモトトゲエダシャク ➡p.54
Apochima juglansiaria
●38㎜前後●春～初夏●バラ科、ブナ科など広食性●里地～山地にかけて普通で、鳥のふんに擬態する

第3腹節に枝分かれした突起

シャクガ科
ヒメノコメエダシャク ➡p.57
Acrodontis kotshubeji
●42㎜前後●初夏●バラ科、ブナ科など広食性●里地に多い

シャクガ科
クロモンキリバエダシャク ➡p.56
Psyra bluethgeni
●35㎜前後●初夏～夏●バラ科、ブナ科など広食性●山地に多く葉裏に見られる

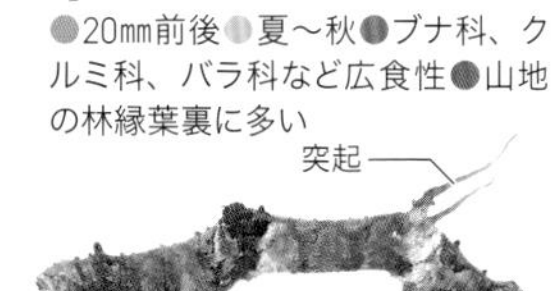

突起

シャクガ科
フタキスジエダシャク ➡p.51
Gigantalcis flavolinearia
●45㎜前後●初夏●サクラ類、ズミなど（バラ科）●突起を動かして歩く

腹節背面に小さな突起が並ぶ

シャクガ科
ムラサキエダシャク ➡p.58
Selenia tetralunaria
●34㎜前後●初夏～秋●バラ科、ブナ科など広食性●低山地～山地にかけて見られる

シャクガ科
ウラベニエダシャク ➡p.58
Heterolocha aristonaria
●18㎜前後●初夏～秋●スイカズラ（スイカズラ科）●平地の緑地に見られる

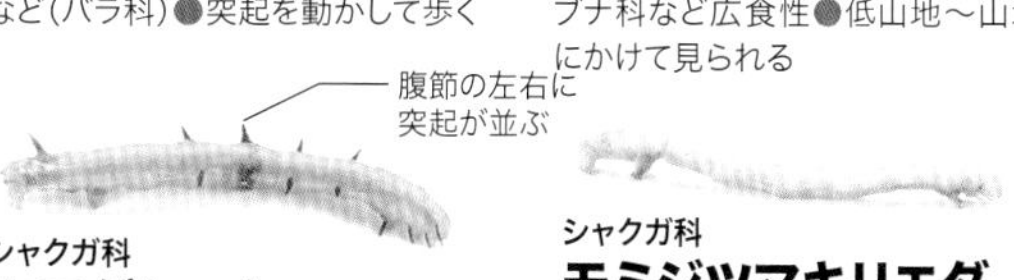

腹節の左右に突起が並ぶ

シャクガ科
キエダシャク ➡p.57
Auaxa sulphurea
●39㎜前後●初夏●ノイバラ（バラ科）●平地から山地にかけて普通

シャクガ科
モミジツマキリエダシャク ➡p.58
Endropiodes indictinaria
●38㎜前後●初夏～秋●カエデ類（ムクロジ科）、シデ類（カバノキ科）●低山地～山地にかけて普通

シャクガ科
エグリヅマエダシャク ➡p.57
Odontopera arida
●50㎜前後●ほぼ通年●バラ科、ブナ科など広食性●平地から山地にかけて普通、体色変異が多い

棘毛が目立つ

シャクガ科
ホシシャク ➡p.59
Naxa seriaria
●30㎜前後●夏～翌初夏●ネズミモチ、イボタノキ（モクセイ科）●里地～低山地に見られる。集団性あり

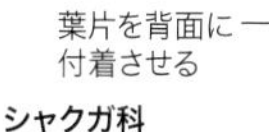

シロオビフユシャクに似る

シャクガ科
クロバネフユシャク ➡p.68
Alsophila foedata
●23㎜前後●クヌギやコナラなど（ブナ科）●春～初夏●平地から山地にかけて普通

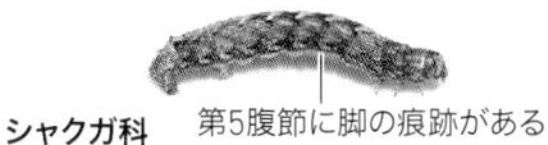

第5腹節に脚の痕跡がある

シャクガ科
シロオビフユシャク ➡p.68
Alsophila japonensis
●23㎜前後●バラ科、ブナ科など広食性●春～初夏●平地から山地にかけて普通

葉片を背面に付着させる

シャクガ科
ヨツメアオシャク ➡p.61
Thetidia albocostaria
●21㎜前後●ほぼ通年●ヨモギ、キク類（キク科）●里地の林縁や草地

頭部がとがる

シャクガ科
オオアヤシャク ➡p.59
Pachista superans
●45㎜前後●夏、秋～春●コブシ、ホオノキなど（モクレン科）●平地から山地にかけて普通

シャクガ科
カギバアオシャク ➡p.60
Tanaorhinus reciprocata
●35㎜前後●夏、秋～春●カシ類、クヌギなど（ブナ科）●平地の緑地公園～山地に普通

左右一対の突起が並ぶ

シャクガ科
カギシロスジアオシャク ➡p.60
Geometra dieckmanni
●12～30㎜●夏、秋～春●クヌギ、コナラなど（ブナ科）●平地から山地にかけて普通、春型は大型

シャクガ科
キマエアオシャク ➡p.60
Neohipparchus vallata
●28㎜前後●秋～春、夏●クヌギ、コナラなど（ブナ科）●里地～低山地に見られる

カレハガのなかま

毒針毛　毛束

カレハガ科
毒 カレハガ ➡p.70
Gastropacha orientalis
●90㎜前後●ほぼ通年●サクラ類（バラ科）、ヤナギ類（ヤナギ科）●里地～低山地の並木や果樹園に見られる

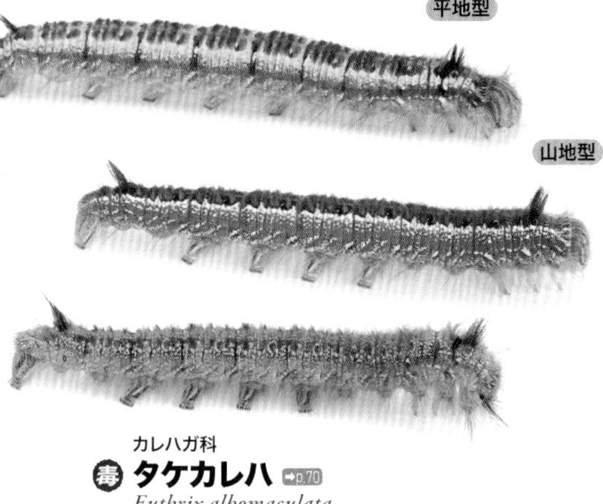

カレハガ科
毒 タケカレハ ➡p.70
Euthrix albomaculata
●80㎜前後●ほぼ通年●ササ類、ススキなど（イネ科）●里地～山地に見られる

カレハガ科
毒 ホシカレハ ➡p.70
Gastropacha populifolia
●90㎜前後●ほぼ通年●ヤナギ類（ヤナギ科）●里地～山地の湿地周辺に見られる

カレハガ科
毒 ヤマダカレハ ➡p.71
Kunugia yamadai
●95㎜前後●春～夏●クヌギ、コナラなど（ブナ科）●里地の緑地に見られるが局所的

カレハガ科
毒 マツカレハ ➡p.70
Dendrolimus spectabilis
●80㎜前後●ほぼ通年●マツ類（マツ科）●平地の緑地公園～低山地に普通

カレハガ科
オビカレハ ➡p.71
Malacosoma neustrium
●60㎜前後●春～初夏●バラ科、ヤナギ科など●平地では近年少ないが山地では普通

毒針毛　毛束

カレハガ科
毒 クヌギカレハ ➡p.71
Kunugia undans
●90㎜前後●春～夏●バラ科、ブナ科、マメ科など●里地の緑地に普通

カイコガのなかま

カイコガ科
オオクワゴモドキ ➡p.71
Oberthueria falcigera
●45㎜前後
●初夏～秋
●カエデ類（ムクロジ科）
●低山地～山地に見られる

カイコガ科
クワコ ➡p.71
Bombyx mandarina
●35～70㎜●初夏～秋●ヤマグワ、マグワ（クワ科）●桑畑に多い

ヤママユガのなかま

ヤママユガ科
ヤママユ ➡p.72
Antheraea yamamai
●80㎜前後●春〜夏●クヌギ、コナラ(ブナ科)サクラ類(バラ科)など●里地〜山地に見られる

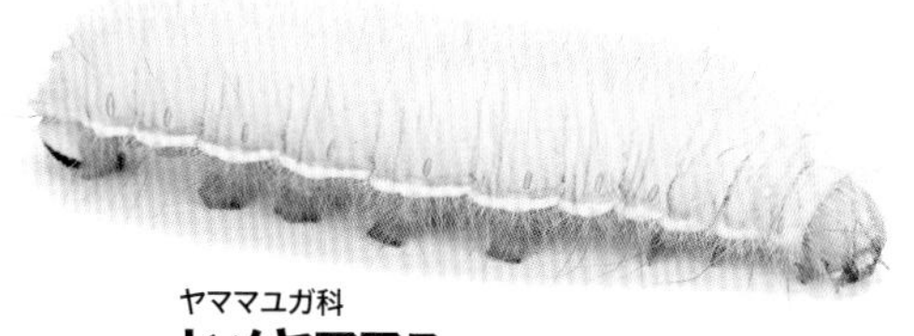

ヤママユガ科
ヒメヤママユ ➡p.73
Rinaca jonasii
●65㎜前後●春〜初夏●バラ科、ブナ科など広食性●里地〜山地に普通

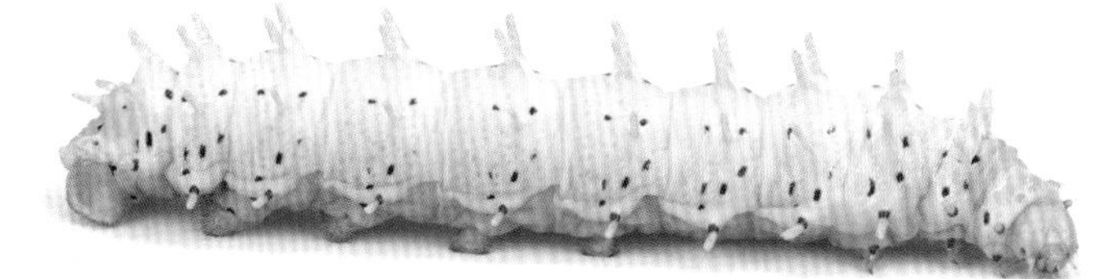

ヤママユガ科
シンジュサン ➡p.74
Samia cynthia
●80㎜前後●初夏〜秋●ニガキ科、ミカン科など●里地〜低山地に見られる

ヤママユガ科
クスサン ➡p.73
Rinaca japonica
●85㎜前後●春〜初夏●ブナ科、クルミ科など広食性●里地〜山地に普通

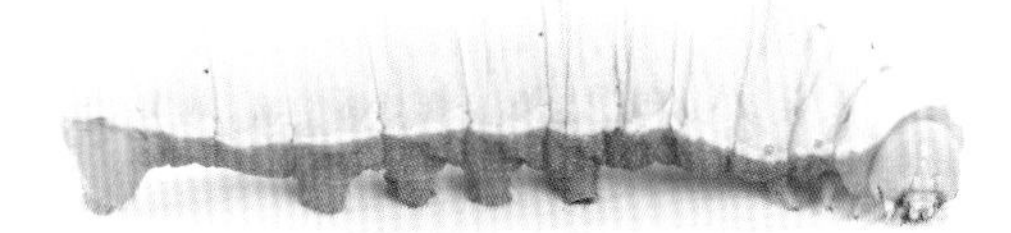

ヤママユガ科
ウスタビガ ➡p.75
Rhodinia fugax
●65㎜前後●春〜初夏●ブナ科、ニレ科など広食性●里地〜山地に見られる

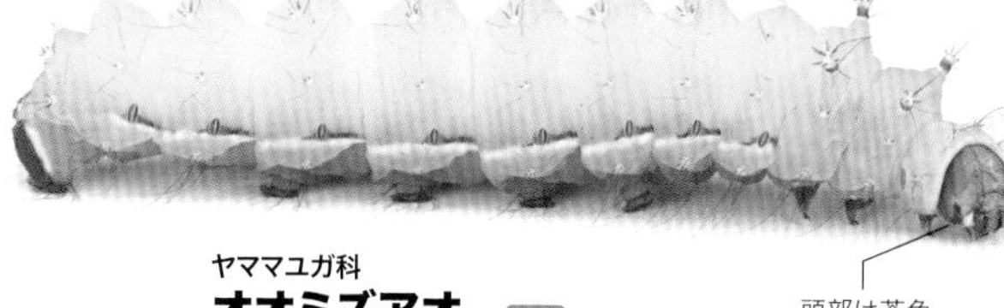

ヤママユガ科
オオミズアオ ➡p.74
Actias aliena
●75㎜前後●初夏〜秋●バラ科、ブナ科など広食性●平地の緑地公園〜山地に普通

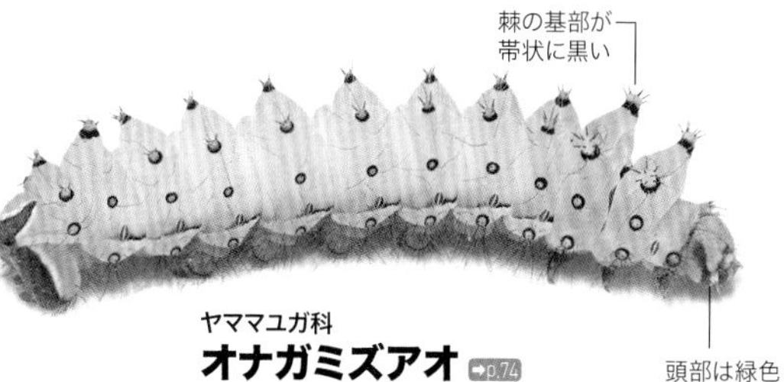

ヤママユガ科
オナガミズアオ ➡p.74
Actias gnoma
●75㎜前後●初夏〜秋●ハンノキ属(カバノキ科)●平地の緑地公園〜山地に普通だがやや局所的

3齢幼虫

ヤママユガ科
エゾヨツメ ➡p.75
Aglia japonica
●60㎜前後●春〜初夏●カバノキ科、ブナ科など広食性●低山地〜山地に見られる

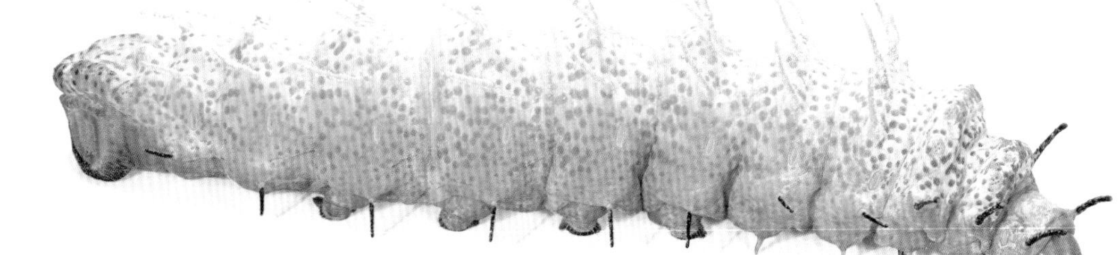

ヤママユガ科
ヨナグニサン ➡p.96
Attacus atlas
●100〜130㎜●4〜11月●アカギ、キールンカンコノキ(コミカンソウ科)など●日本最大級イモムシ

スズメガのなかま

スズメガ科
コエビガラスズメ ➡p.76
Sphinx constricta
●80mm前後●夏～秋●イボタノキ、ユキヤナギ、イヌツゲなど●平地から山地にかけて見られる

スズメガ科
エビガラスズメ ➡p.76
Agrius convolvuli
●85mm前後●夏～秋●ヒルガオ科、ゴマ科、マメ科、ナス科など●平地、里地に普通

スズメガ科
シモフリスズメ ➡p.76
Psilogramma increta
●100mm前後●夏～秋●クサギ(シソ科)、モクセイ科など●平地、里地に普通

スズメガ科
ヒサゴスズメ ➡p.77
Mimas christophi
●50mm前後●夏●ハンノキ、ヤシャブシなど(カバノキ科)●カバノキ科食のスズメガ科は本種のみ

スズメガ科
クロメンガタスズメ ➡p.76
Acherontia lachesis
●110mm前後●夏～秋●ナス、トマト(ナス科)、クサギ(シソ科)など●温暖地に多いが、北上傾向

スズメガ科
オオシモフリスズメ ➡p.77
Langia zenzeroides
●130mm前後●春～初夏●サクラ類、ウメなど(バラ科)●中部地方以西の良好な里地に生息

スズメガ科
クロスズメ ➡p.76
Sphinx caliginea
●65mm前後●初夏～秋●マツ類(マツ科)●平地から低山地に見られる

スズメガ科
サザナミスズメ ➡p.76
Dolbina tancrei
●65mm前後●春～秋●イボタノキ、オリーブなど(モクセイ科)●平地から低山地に見られる

スズメガ科
トビイロスズメ ➡p.77
Clanis bilineata
●85mm前後●夏～秋●フジ、クズ、ハリエンジュなど(マメ科)●平地から低山地に見られる。幼虫で土中越冬後に蛹化

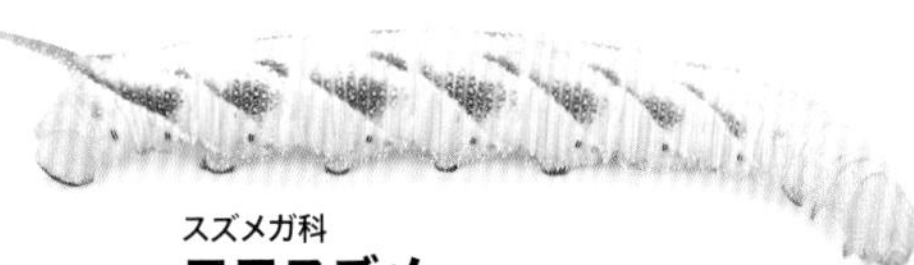

スズメガ科
モモスズメ ➡p.77
Marumba gaschkewitschii
●75mm前後●夏～秋●サクラ類(バラ科)、ニシキギ科、ツゲ科、スイカズラ科など●平地から低山地に普通

スズメガ科
クチバスズメ ➡p.77
Marumba sperchius
●85mm前後●夏～秋●カシ類、クヌギ、コナラやシナノキなど●平地から低山地に普通

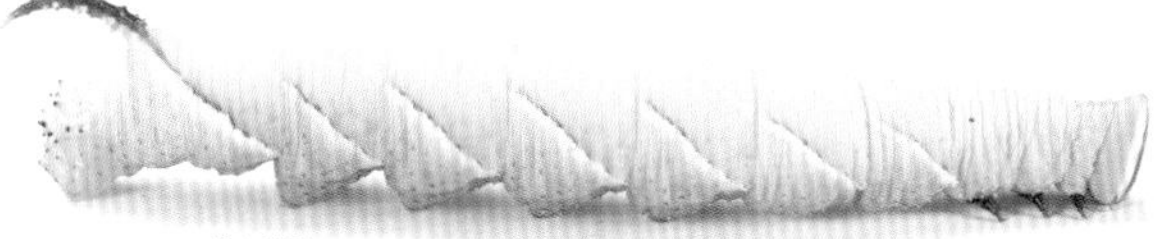

スズメガ科
エゾスズメ ➡p.77
Phyllosphingia dissimilis
●90㎜前後●夏〜秋●オニグルミ（クルミ科）
●幼虫、蛹は「シューシュー」と発音する

色彩変異あり

スズメガ科
オオスカシバ ➡p.78
Cephonodes hylas
●63㎜前後●夏〜秋●クチナシなど（アカネ科）
●植栽のクチナシに依存する身近なスズメガ科代表種

スズメガ科
コウチスズメ ➡p.77
Smerinthus tokyonis
●40㎜前後●夏〜秋●ドウダンツツジなど（ツツジ科）
●都市部の植栽から山地の自然林まで広く見られる

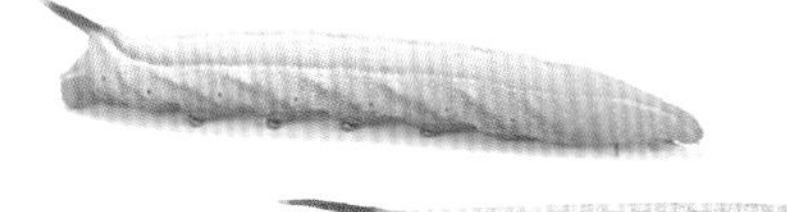

スズメガ科
ホシホウジャク ➡p.78
Macroglossum pyrrhosticta
●52㎜前後●夏〜秋●ヘクソカズラ（アカネ科）●秋に目立つ身近な種

白い紋

スズメガ科
キイロスズメ ➡p.79
Theretra nessus
●90㎜前後●夏〜秋●ヤマノイモ、ナガイモ（ヤマノイモ科）●ヤマノイモ科食のスズメガ科は本種のみ

眼状紋が並ぶ

スズメガ科
セスジスズメ ➡p.79
Theretra oldenlandiae
●75㎜前後●夏〜秋●ヤブガラシ（ブドウ科）、サトイモ科、ツリフネソウ科など●路上を移動する姿をよく見かける

赤い斑点が出る個体もいる

スズメガ科
ウチスズメ ➡p.77
Smerinthus planus
●75㎜前後●夏〜秋●ヤナギ類（ヤナギ科）など
●平地のヤナギにいれば本種

赤い斑点が出る個体もいる

スズメガ科
ウンモンスズメ ➡p.77
Callambulyx tatarinovii
●65㎜前後●夏〜秋●ケヤキ、ハルニレなど（ニレ科）●ニレ科食のスズメガ科は本種のみ

スズメガ科
ブドウスズメ ➡p.78
Acosmeryx castanea
●80㎜前後●夏〜秋●ノブドウ、エビヅルなど（ブドウ科）●胸部を膨らませて威嚇する

スズメガ科
ホシヒメホウジャク ➡p.78
Neogurelca himachala
●50㎜前後●夏〜秋●ヘクソカズラ（アカネ科）
●スズメガ科では珍しく、食草上で蛹室を作る

尾角が反り返る

体色が茶色い個体もいる

スズメガ科
コスズメ ➡p.79
Theretra japonica
●70㎜前後●夏〜秋●ヤブガラシ、ノブドウなど（ブドウ科）●ヤブガラシに多い身近な種

亜終齢幼虫

尾角が短い

眼状紋が2対

スズメガ科
ベニスズメ ➡p.79
Deilephila elpenor
●70㎜前後●夏〜秋●ツリフネソウ科、ミソハギ科など
●亜終齢まではコスズメに酷似する

スズメガ科
ビロードスズメ ➡p.79
Rhagastis mongoliana
●70㎜前後●夏〜秋●テンナンショウ類（サトイモ科）、ブドウ科など
●蛇の顔に似た胸部模様で、からだを左右に振って威嚇する

シャチホコガのなかま

シャチホコガ科
セグロシャチホコ ➡p.80
Clostera anastomosis
●33㎜前後●ほぼ通年●ヤナギ類(ヤナギ科)●ドクガ科に似る

シャチホコガ科
クロテンシャチホコ ➡p.81
Ellida branickii
●43㎜前後●初夏〜秋●クヌギ、コナラなど(ブナ科)●背面の模様に変異がある

シャチホコガ科
ムクツマキシャチホコ ➡p.82
Phalera angustipennis
●48㎜前後●夏〜秋●ムクノキ(アサ科)、ケヤキなど(ニレ科)●河川敷など局所的に発生

シャチホコガ科
アオバシャチホコ ➡p.84
Zaranga permagna
●50㎜前後●初夏〜秋●ミズキ、クマノミズキ(ミズキ科)●刺激すると反り返り舟形になる

シャチホコガ科
ギンシャチホコ ➡p.85
Harpyia umbrosa
●43㎜前後●初夏〜秋●クヌギ、コナラなど(ブナ科)●葉の虫食いに擬態して見つけにくい

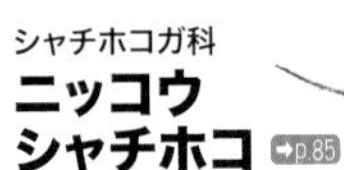

シャチホコガ科
ニッコウシャチホコ ➡p.85
Shachia circumscripta
●35㎜前後●初夏〜夏●オニグルミ、サワグルミ(クルミ科)●蛹化準備で尾脚を自切する

シャチホコガ科
ナカグロモクメシャチホコ ➡p.85
Furcula furcula
●37㎜前後●初夏〜秋●ヤナギ類(ヤナギ科)●葉の表に静止

シャチホコガ科
ユミモンシャチホコ ➡p.81
Ellida arcuata
●45㎜前後●初夏〜夏●ハルニレ、ケヤキ(ニレ科)●葉裏にJの字姿勢でいる

シャチホコガ科
カバイロモクメシャチホコ ➡p.81
Hupodonta corticalis
●45㎜前後●春〜初夏●サクラ類、ズミ(バラ科)●葉裏の葉脈(主脈)につく

シャチホコガ科
ツマキシャチホコ ➡p.82
Phalera assimilis
●48㎜前後●夏〜秋●クヌギ、コナラなど(ブナ科)●集団性が強い

シャチホコガ科
オオアオシャチホコ ➡p.84
Syntypistis cyanea
●35㎜前後●初夏〜秋●エゴノキ、ハクウンボク(エゴノキ科)●葉裏に張りつく

シャチホコガ科
ムラサキシャチホコ ➡p.83
Uropyia meticulodina
●42㎜前後●夏〜秋●オニグルミなど(クルミ科)●葉の斑点枯に見事に擬態

シャチホコガ科
シロシャチホコ ➡p.84
Cnethodonta japonica
●35㎜前後●夏〜秋●カバノキ科、ブナ科など広食性●体色は黄色から茶褐色まで変異がある

シャチホコガ科
オオモクメシャチホコ ➡p.85
Cerura erminea
●55㎜前後●初夏〜秋●セイヨウハコヤナギなど(ヤナギ科)●ポプラ並木に多い

シャチホコガ科
ギンモンスズメモドキ ➡p.81
Tarsolepis japonica
●50㎜前後●夏〜秋●カエデ類(ムクロジ科)●褐色型あり

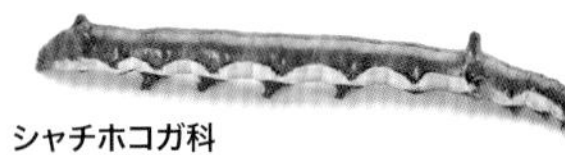

シャチホコガ科
ギンモンシャチホコ ➡p.82
Spatalia dives
●50㎜前後●初夏〜秋●ハルニレ、ケヤキなど(ニレ科)●背面につやがあり、配色が美しい

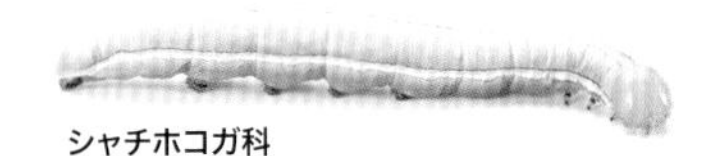

シャチホコガ科
オオエグリシャチホコ ➡p.82
Pterostoma gigantinum
●48㎜前後●初夏〜秋●フジ、ハリエンジュなど(マメ科)●マメ科に普通

シャチホコガ科
タカサゴツマキシャチホコ ➡p.82
Phalera takasagoensis
●50㎜前後●夏〜秋●クヌギ、コナラなど(ブナ科)●カレハガ科に似る

シャチホコガ科
シャチホコガ ➡p.84
Stauropus fagi
●47㎜前後●初夏〜秋●クルミ科、カバノキ科、ブナ科、ヤナギ科●英名はロブスターモス

シャチホコガ科
ヒメシャチホコ ➡p.84
Stauropus basalis
●45㎜前後●初夏〜秋●ハギ類など(マメ科)●若齢は集団性あり

シャチホコガ科
モンクロギンシャチホコ ➡p.80
Wilemanus bidentatus
●35㎜前後●夏〜秋●サクラ類、トキワサンザシなど(バラ科)●公園、庭木に多い

シャチホコガ科
ホソバシャチホコ ➡p.80
Fentonia ocypete
●40㎜前後●初夏〜秋●クヌギ、コナラ、カシ類など(ブナ科)●アートな隠蔽色

シャチホコガ科
クビワシャチホコ ➡p.86
Shaka atrovittatus
●48㎜前後●初夏〜秋●カエデ類（ムクロジ科）●頭胸部を反らせて威嚇

シャチホコガ科
ナカスジシャチホコ ➡p.86
Nerice bipartita
●30㎜前後●初夏〜秋●サクラ類、ナナカマドなど（バラ科）●葉の鋸歯に擬態

シャチホコガ科
タテスジシャチホコ ➡p.86
Togepteryx velutina
●35㎜前後●初夏〜秋●カエデ類（ムクロジ科）●派手な体色は目立つ

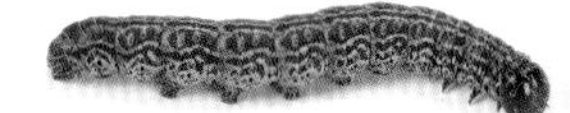

シャチホコガ科
オオトビモンシャチホコ ➡p.86
Phalerodonta manleyi
●48㎜前後●春〜初夏●クヌギ、コナラ、カシ類など（ブナ科）●中齢期まで群れが目立つ

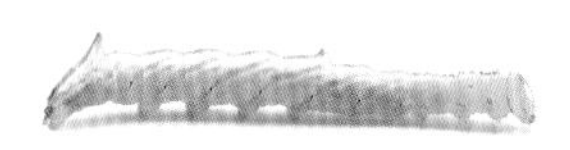

シャチホコガ科
ツマジロシャチホコ ➡p.87
Hexafrenum leucodera
●38㎜前後●初夏〜秋●クヌギ、コナラなど（ブナ科）、シデ類（カバノキ科）●葉脈に擬態

ドクガのなかま

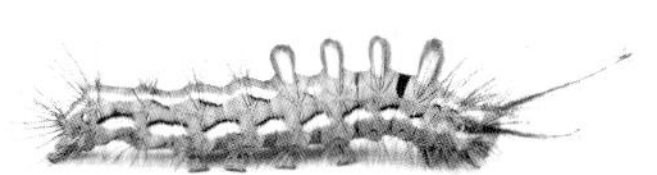

ドクガ科
スギドクガ ➡p.88
Calliteara argentata
●30〜45㎜●ほぼ通年●スギ、ヒノキなど（スギ科）●スギやヒノキ林は多いがなかなか見つからない

ドクガ科
アカヒゲドクガ ➡p.88
Calliteara lunulata
●43㎜前後●初夏〜秋●クヌギ、コナラなど（ブナ科）●秋に幹で目立つ

ドクガ科
リンゴドクガ ➡p.88
Calliteara pseudabietis
●37㎜前後●初夏〜秋●バラ科、ブナ科など広食性●美麗種。白や赤い個体もいる

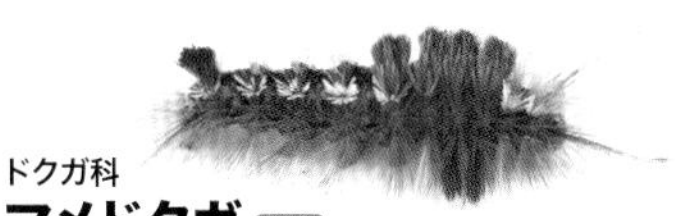

ドクガ科
マメドクガ ➡p.88
Cifuna locuples
●35㎜前後●ほぼ通年●マメ科、バラ科、ニレ科など●平地の緑地で普通

ドクガ科
エルモンドクガ ➡p.89
Arctornis l-nigrum
●30㎜前後●ほぼ通年●ケヤキ、ハルニレなど（ニレ科）●中齢期で越冬

ドクガ科
ニワトコドクガ ➡p.89
Topomesoides jonasii
●25㎜前後●夏〜秋●バラ科、ブナ科、レンプクソウ科●驚くと葉から跳び落ちる

ドクガ科
ヒメシロモンドクガ ➡p.88
Orgyia thyellina
●26㎜前後●初夏〜秋●バラ科、クワ科、ブナ科など●平地の緑地で普通

ドクガ科
キアシドクガ ➡p.89
Ivela auripes
●37㎜前後●春〜初夏●ミズキなど（ミズキ科）●大発生することがある

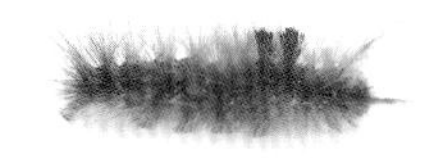

ドクガ科
クロモンドクガ ➡p.89
Kuromondokuga niphonis
●30㎜前後●春〜秋●シデ類（カバノキ科）、サクラ類（バラ科）●落下した個体が下草にいることが多い

ドクガ科
キドクガ ➡p.89 毒
Kidokuga piperita
●27㎜前後●夏〜秋●バラ科、ブナ科など広食性●市街地には少ない

ドクガ科
マイマイガ ➡p.90 毒
Lymantria dispar
●65㎜前後●春〜初夏●バラ科、ブナ科など広食性●1齢幼虫のときは有毒

ドクガ科
ドクガ ➡p.89 毒
Artaxa subflava
●27㎜前後●秋〜翌初夏●バラ科、ブナ科など広食性●毒毛虫の代表種、中齢まで群れる

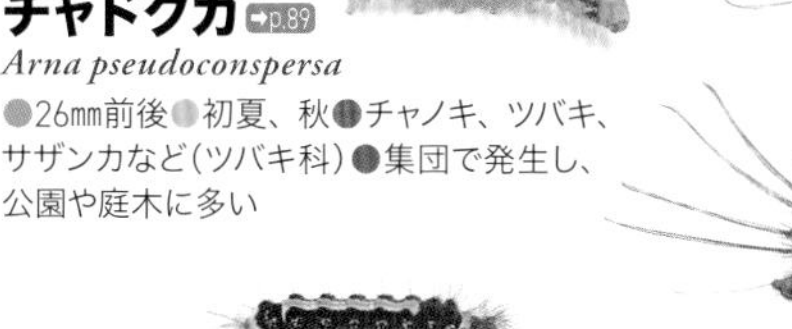

ドクガ科
チャドクガ ➡p.89 毒
Arna pseudoconspersa
●26㎜前後●初夏、秋●チャノキ、ツバキ、サザンカなど（ツバキ科）●集団で発生し、公園や庭木に多い

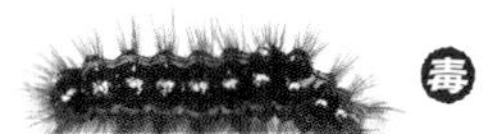

ドクガ科
モンシロドクガ ➡p.89 毒
Sphrageidus similis
●27㎜前後●ほぼ通年●バラ科、ブナ科など広食性●クワノキンケムシとも呼ばれる

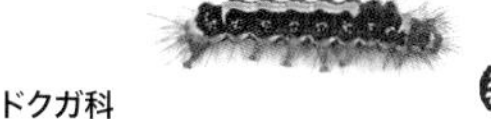

ドクガ科
ゴマフリドクガ ➡p.89 毒
Somena pulverea
●23㎜前後●ほぼ通年●バラ科、ブナ科など広食性●秋に目立つ

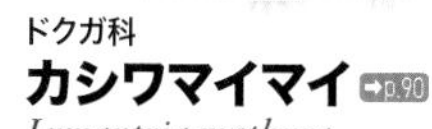

ドクガ科
カシワマイマイ ➡p.90
Lymantria mathura
●35〜78㎜●春〜初夏●バラ科、ブナ科など広食性●終齢が幹に張りつくことが多い

ヒトリガのなかま

ヒトリガ科
キシタホソバ ➡p.92
Eilema vetusta
●25㎜前後●ほぼ通年
●地衣類や苔など
●壁などの人工物にいることが多い

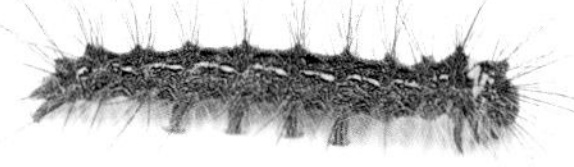

ヒトリガ科
クビワウスグロホソバ ➡p.92
Macrobrochis staudingeri
●38㎜前後●春〜秋●地衣類や苔など●幹で見つかる

ヒトリガ科
アメリカシロヒトリ ➡p.93
Hyphantria cunea
●28㎜前後●初夏〜秋●バラ科、クワ科など広食性●外来種、桑畑、街路樹の大害虫として有名

ヒトリガ科
カノコガ ➡p.94
Amata fortunei
●23㎜前後●ほぼ通年●キク科、タデ科、マメ科、枯葉など●明るい草地を徘徊

ヒトリガ科
シロヒトリ ➡p.93
Chionarctia nivea
●56㎜前後●秋〜翌初夏
●タデ科、キク科など
●初夏に目立つクマケムシ

ヒトリガ科
ヨツボシホソバ ➡p.92
Lithosia quadra
●40㎜前後●ほぼ通年●地衣類や苔など●幹で見つかる

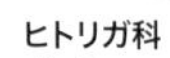

ヒトリガ科
ホシベニシタヒトリ ➡p.93
Rhyparioides amurensis
●37㎜前後●春〜夏●スイバ、イタドリ、ギシギシ(タデ科)
●林縁部の下草付近で見つかる

ヒトリガ科
スジモンヒトリ ➡p.94
Spilarctia seriatopunctata
●35㎜前後●初夏〜秋●クワ科、ニレ科、バラ科など●林縁部の低木や下草に多い

ヒトリガ科
マエアカヒトリ ➡p.93
Aloa lactinea
●56㎜前後●春〜秋
●イネ科、ヒガンバナ科、マメ科など●農作物の害虫だったが現在は減少

ヒトリガ科
ヒトリガ ➡p.93
Arctia caja
●56㎜前後●秋〜翌初夏●タデ科、クワ科、オオバコ科など
●初夏に山地で目立つクマケムシ

ヒトリガ科
キハラゴマダラヒトリ ➡p.93
Spilosoma lubricipedum
●32㎜前後●初夏〜秋●クワ科、バラ科など●徘徊性が強い

ヒトリガ科
クワゴマダラヒトリ ➡p.94
Lemyra imparilis
●45㎜前後●夏〜翌春●バラ科、クワ科など広食性●春に目立ち、中齢幼虫が集団越冬

コブガのなかま

コブガ科
リンゴコブガ ➡p.98
Evonima mandschuriana
●17㎜前後●春〜秋
●クヌギ、コナラなど(ブナ科)、サクラ類(バラ科)●葉の表にいる

コブガ科
カマフリンガ ➡p.98
Macrochthonia fervens
●26㎜前後●春〜秋●ケヤキ、ハルニレなど(ニレ科)●葉裏にいて見つけにくい

コブガ科
アカスジアオリンガ ➡p.98
Pseudoips sylpha
●30㎜前後●初夏〜秋●クヌギ、コナラなど(ブナ科)●背面に赤い線があるタイプもいる

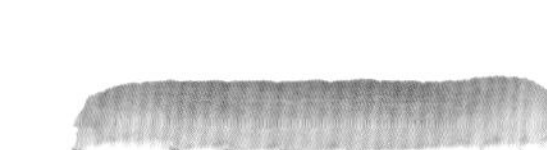

コブガ科
キノカワガ ➡p.99
Blenina senex
●37㎜前後●初夏〜秋●カキノキ(カキノキ科)、ニワウルシ(ニガキ科)など●カキノキに多い

コブガ科
ナンキンキノカワガ ➡p.99
Gadirtha impingens
●30㎜前後●初夏〜秋●シラキ、ナンキンハゼ(トウダイグサ科)●平地ではナンキンハゼ、山地ではシラキで見つかる

コブガ科
アミメリンガ ➡p.99
Sinna extrema
●25㎜前後●初夏〜夏●オニグルミ、サワグルミ(クルミ科)●山地で見られる種。葉裏で見つかる

コブガ科
クロスジコブガ ➡p.98
Meganola fumosa
●12㎜前後●春〜初夏●クヌギ、コナラなど(ブナ科)●葉を合わせた巣の中にいる

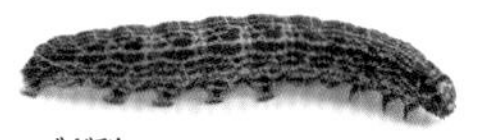

コブガ科
サラサリンガ ➡p.99
Camptoloma interioratum
●35㎜前後●秋〜翌初夏●クヌギ、コナラなど(ブナ科)●越冬時、ドーム型の巣を形成し大集団を作る

コブガ科
マルバネキノカワガ ➡p.97
Selepa celtis
●20㎜前後●初夏〜秋●アカギ、アカメガシワ、トウゴマ、ホルトノキサ科●南西諸島の照葉樹林林縁部で見つかる

ヤガのなかま

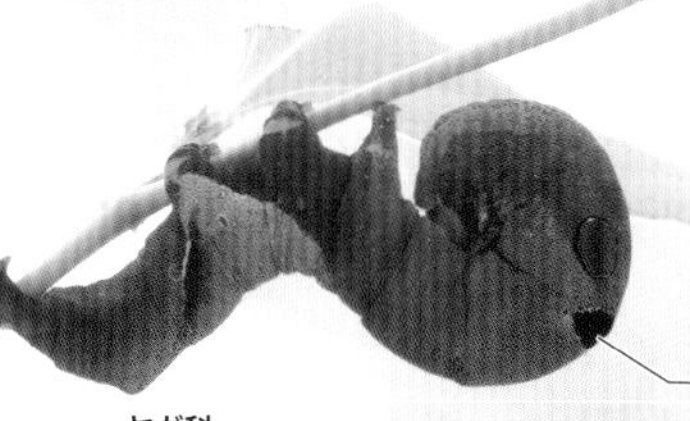

ヤガ科
オオトモエ →p.104
Erebus ephesperis
●73㎜前後●夏～秋●サルトリイバラ、シオデなど（サルトリイバラ科）●胸部の黒い紋で威嚇

ヤガ科
ムラサキアツバ →p.100
Diomea cremata
●30㎜前後●初夏～秋●タコウキン科、マンネンタケ科など●キノコ類で見つかる

ヤガ科
クロキシタアツバ →p.101
Hypena amica
●28㎜前後●初夏～秋●ヤブマオ、カラムシなど（イラクサ科）●葉上に目立つ。タイワンキシタアツバと酷似する。体色変異あり

ヤガ科
リンゴツマキリアツバ →p.102
Pangrapta obscurata
●30㎜前後●夏～秋●サクラ類、ウメなど（バラ科）●緑地公園にも見られる。緑色の個体もいる

ヤガ科
モモイロツマキリコヤガ →p.100
Eugnathia pulcherrima
●28㎜前後●初夏～秋●サルトリイバラなど（サルトリイバラ科）●葉裏か茎にいる

ヤガ科
アカエグリバ →p.105
Oraesia excavata
●50㎜前後●初夏～秋●アオツヅラフジ（ツヅラフジ科）●林縁部に多い

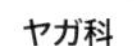

ヤガ科
アケビコノハ →p.105
Eudocima tyrannus
●63㎜前後●初夏～秋●アケビ科、ツヅラフジ科、メギ科●林縁部に多いが、庭木のヒイラギナンテンで稀に発生

ヤガ科
シロモンフサヤガ →p.111
Phalga clarirena
●30㎜前後●春～秋●ヤマウルシ、ハゼノキ（ウルシ科）●葉裏にいる。晩夏に見つけやすい

ヤガ科
キクキンウワバ →p.110
Thysanoplusia intermixta
●40㎜前後●春～秋●キク科、アブラナ科など●草地、畑に普通

ヤガ科
ニッコウフサヤガ →p.111
Atacira grabczewskii
●16㎜前後●夏～秋●オオモミジ（ムクロジ科）●山地性で、少ない

ヤガ科
フサヤガ →p.111
Eutelia geyeri
●35㎜前後●春～秋●ヤマウルシなど（ウルシ科）、クヌギなど（ブナ科）●初夏のヤマウルシに多い

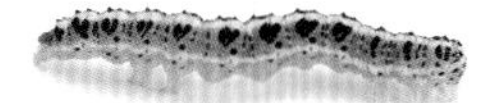

ヤガ科
フタトガリアオイガ →p.111
Xanthodes transversa
●36㎜前後●春～秋●フヨウ、オクラなど（アオイ科）●オクラによくつく、体色変異あり

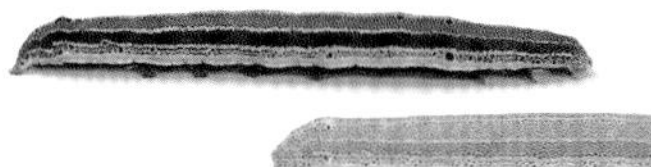

ヤガ科
ナカジロシタバ →p.111
Aedia leucomelas
●45㎜前後●初夏～秋●サツマイモ、ノアサガオ（ヒルガオ科）●サツマイモによくつく。体色変異あり

ヤガ科
コトラガ →p.114
Mimeusemia persimilis
●42㎜前後●初夏～夏●ヤマブドウなど（ブドウ科）、マタタビ（マタタビ科）●林縁部に多い

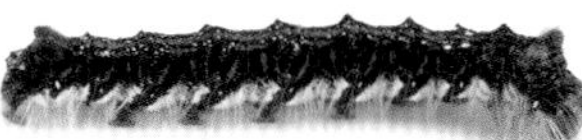

ヤガ科
キバラケンモン →p.112
Trichosea champa
●40～50㎜●初夏～晩秋●バラ科、ツバキ科、ツツジ科など●亜終齢までは群れる

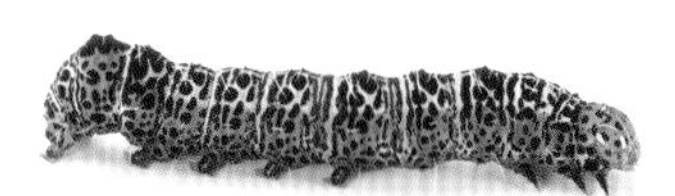

ヤガ科
トビイロトラガ →p.114
Sarbanissa subflava
●45㎜前後●初夏～秋●ブドウ科（ヤマブドウ、ツタなど）●市街地にも普通

ヤガ科
トラガ →p.114
Chelonomorpha japana
●50㎜前後●初夏～夏●シオデ、サルトリイバラ（サルトリイバラ科）●林縁部にいるが、コトラガほど多くない

ヤガ科
フクラススズメ →p.112
Arcte coerula
●65㎜前後●初夏～秋●カラムシなど（イラクサ科）●頭を振って威嚇する

ヤガ科
ゴマシオキシタバ ➡p.107
Catocala nubila

●50㎜前後●初夏●ブナ、イヌブナ(ブナ科)●山地性、葉裏にいる

ヤガ科
ハイモンキシタバ ➡p.107
Catocala mabella

●62㎜前後●初夏●ズミなど(バラ科)●山地性で個体数は多い

ヤガ科
コシロシタバ ➡p.106
Catocala actaea

●53㎜前後●初夏●クヌギ、コナラなど(ブナ科)●平地から低山に見られるが少ない

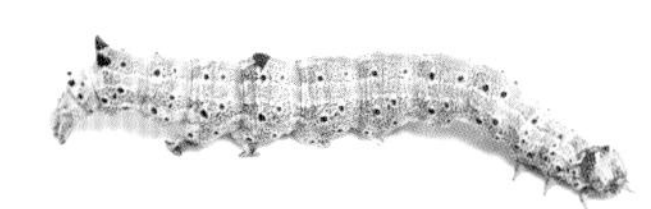

ヤガ科
アサマキシタバ ➡p.107
Catocala streckeri

●50㎜前後●初夏●クヌギ、コナラなど(ブナ科)●カトカラで唯一、葉を綴って樹上に蛹室を作る

ヤガ科
ノコメキシタバ ➡p.107
Catocala bella

●55㎜前後●初夏●ズミなど(バラ科)●山地性、終齢初期は色が濃い

ヤガ科
エゾシロシタバ ➡p.106
Catocala dissimilis

●45㎜前後●初夏●ミズナラ、カシワなど(ブナ科)●山地性、中齢までは葉裏で目立つ

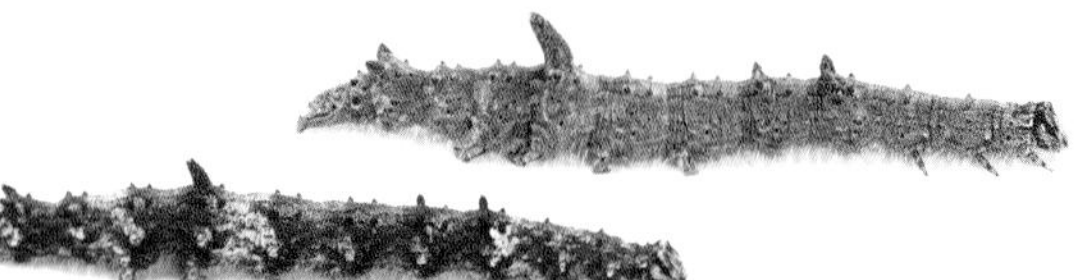

ヤガ科
ワモンキシタバ ➡p.107
Catocala xarippe

●53㎜前後●初夏●サクラ類、ウメなど(バラ科)●果樹園や梅林でも見つかる

ヤガ科
ベニシタバ ➡p.106
Catocala electa

●70㎜前後●初夏●ヤナギ類(ヤナギ科)●山地性が強い

ヤガ科
オニベニシタバ ➡p.106
Catocala dula

●55㎜前後●初夏●クヌギ、コナラなど(ブナ科)●昼間は枝や幹に静止して見つけづらい

ヤガ科
マメキシタバ ➡p.107
Catocala duplicata

●45㎜前後●初夏●クヌギ、コナラなど(ブナ科)●平地から低山に見られる

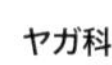

ヤガ科
ジョナスキシタバ ➡p.107
Catocala jonasii

●60㎜前後●初夏●ケヤキ(ニレ科)●終齢幼虫は昼間根元に下りる

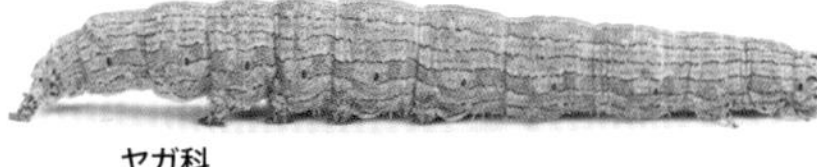

ヤガ科
キシタバ ➡p.107
Catocala patala

●63㎜前後●初夏●フジ(マメ科)●中齢までは黄色地に黒の縦縞があり目立つ

ヤガ科
ケンモンキシタバ ➡p.106
Catocala deuteronympha

●57㎜前後●初夏●ハルニレ、オヒョウ(ニレ科)●山地性

ヤガ科
フシキキシタバ ➡p.106
Catocala separans

●50㎜前後●初夏●クヌギ、コナラなど(ブナ科)●良好な雑木林に生息

ヤガ科
ムラサキシタバ ➡p.106
Catocala fraxini

●80㎜前後●初夏〜夏●ヤマナラシ、ポプラ(ヤナギ科)●カトカラで最大

ヤガ科
モンシロムラサキクチバ ➡p.108
Ercheia niveostrigata

●50㎜前後●初夏〜秋●ボタンヅル(キンポウゲ科)●林縁部に多い

ヤガ科
シロシタバ ➡p.106
Catocala nivea

●75㎜前後●初夏●ウワミズザクラ(バラ科)●山地性が強い

ヤガ科
ムクゲコノハ ➡p.109
Thyas juno

●80㎜前後●初夏●クヌギなど(ブナ科)、オニグルミなど(クルミ科)〜秋●昼間は幹に静止する

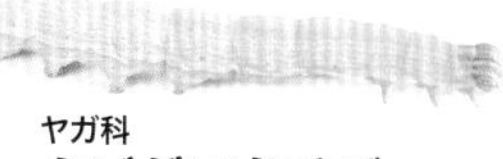

ヤガ科
クビグロクチバ ➡p.108
Lygephila maxima

●50㎜前後●秋〜翌春●イネ科、カヤツリグサ科●草原性の大型種

ヤガ科
ゴマケンモン ➡p.112
Moma alpium
●30㎜前後●春～秋●クヌギ、コナラなど(ブナ科)、カンバ類(カバノキ科)●ドクガ科に似る。体色変異あり

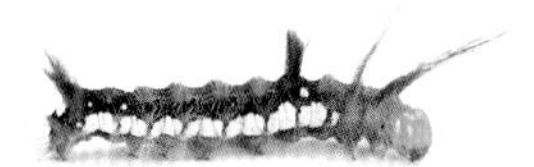

ヤガ科
キクビゴマケンモン ➡p.112
Moma kolthoffi
●30㎜前後●春～秋●シデ類(カバノキ科)●谷筋の沢沿いを好む

ヤガ科
リンゴケンモン ➡p.113
Acronicta intermedia
●40㎜前後●春～秋●サクラ類(バラ科)●キドクガに酷似する

ヤガ科
ナシケンモン ➡p.113
Acronicta rumicis
●35㎜前後●初夏～晩秋●バラ科、ヤナギ科など広食性●普通だが赤いタイプは少ない

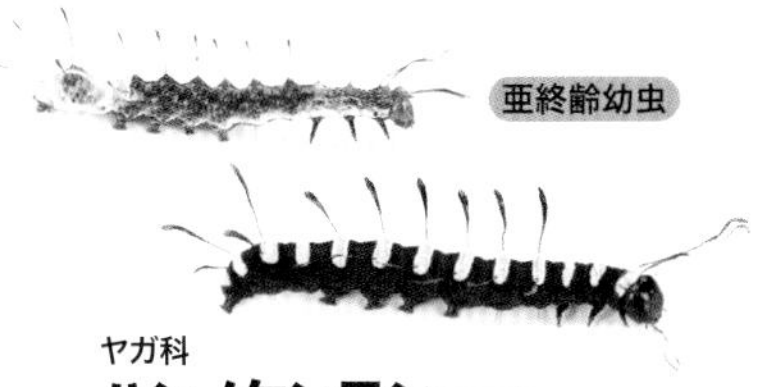

ヤガ科
ハンノケンモン ➡p.113
Acronicta alni
●35㎜前後●夏～秋●ブナ科、ムクロジ科、ヤナギ科など●中齢までは鳥のふん擬態

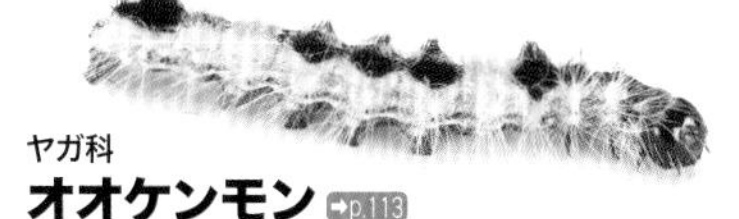

ヤガ科
オオケンモン ➡p.113
Acronicta major
●50㎜前後●春～秋●カエデ類(ムクロジ科)、サクラ類(バラ科)●秋に目立つ大型種

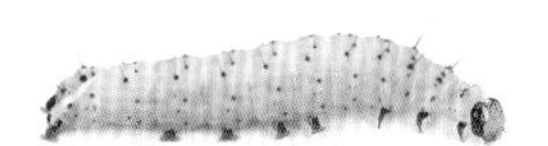

ヤガ科
シマケンモン ➡p.113
Craniophora fasciata
●35㎜前後●初夏～晩秋●ネズミモチ、オリーブなど(モクセイ科)●庭木のシマトネリコにつく

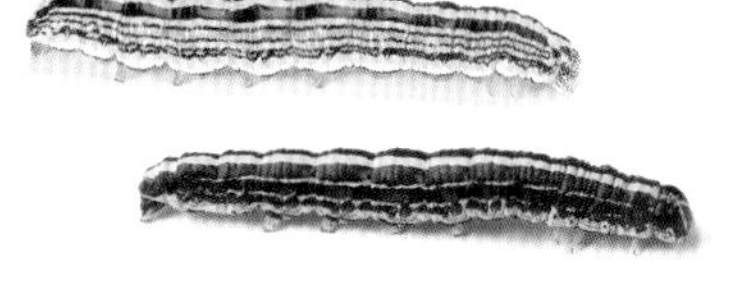

ヤガ科
キクセダカモクメ ➡p.114
Cucullia kurilullia
●43㎜前後●初夏～秋●ヨメナ、セイタカアワダチソウなど(キク科)●山地の土手に多い

ヤガ科
ハイイロセダカモクメ ➡p.114
Cucullia maculosa
●35㎜前後●秋●ヨモギ類の花穂(キク科)●道路脇や荒地が探すポイント

ヤガ科
オオシマカラスヨトウ ➡p.114
Amphipyra monolitha
●45㎜前後●春～初夏●ブナ科、バラ科、ムクロジ科など●春先の枝先に見られる大型種

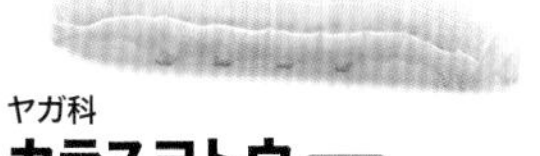

ヤガ科
カラスヨトウ ➡p.114
Amphipyra livida
●35㎜前後●春～初夏●キク科、バラ科など広食性●草本類にいることが多い

第8-9腹節がやや盛り上がる

ヤガ科
ケンモンミドリキリガ ➡p.122
Daseochaeta viridis
●35㎜前後●春～初夏●サクラ類(バラ科)など●似た種が多い

ヤガ科
イチモジキノコヨトウ ➡p.115
Bryophila granitalis
●21㎜前後●初夏●地衣類、蘚苔類●苔むした塀などで見られる

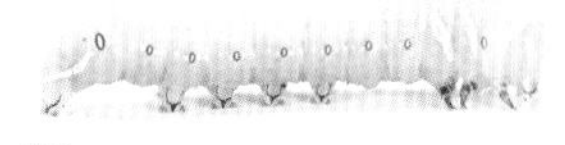

ヤガ科
エゾモクメキリガ ➡p.120
Brachionycha nubeculosa
●40㎜前後●春～初夏●ブナ科、ニレ科、クルミ科など●シャチホコガ科を思わせる威嚇ポーズをとる

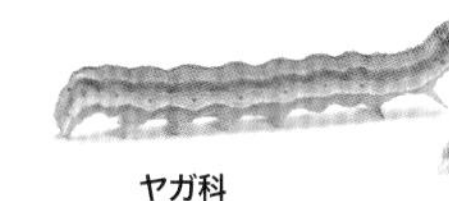

ヤガ科
オオタバコガ ➡p.115
Helicoverpa armigera
●35㎜前後●初夏～秋●イネ科、マメ科、ナス科、アブラナ科など広食性●畑に普通。実や花まで食べる

ヤガ科
ハスモンヨトウ ➡p.116
Spodoptera litura
●38㎜前後●ほぼ通年●トマト、ナス(ナス科)、ダイズ(マメ科)●関東以北では冬に死滅する

ヤガ科
シロスジアオヨトウ ➡p.116
Trachea atriplicis
●43㎜前後●初夏～秋●イタドリ、ギシギシなど(タデ科)●昼間は根際に潜む

ヤガ科
ノコメセダカヨトウ ➡p.117
Orthogonia sera
●55㎜前後●春～初夏●イタドリ、ギシギシなど(タデ科)●巨大なヨトウムシ

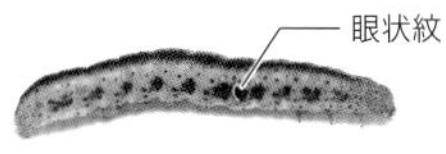

ヤガ科
ツマナミツマキリヨトウ ➡p.115
Data clava
●30㎜前後●初夏～秋●ノキシノブ、マメヅタなど(ウラボシ科)●神社や並木の老木に見られる

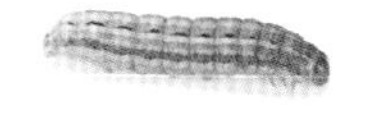

ヤガ科
スジキリヨトウ ➡p.116
Spodoptera depravata
●25㎜前後●ほぼ通年●シバ類(イネ科)●昼間は根際や石の下にいる

ヤガ科
マダラツマキリヨトウ ➡p.115
Callopistria repleta
●25㎜前後●初夏～秋●シダ類(チャセンシダ科、オシダ科など)●秋に目立つ

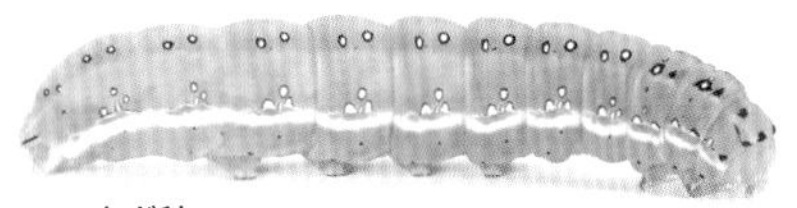

ヤガ科
アヤモクメキリガ ➡p.122
Xylena fumosa
●60㎜前後●春～初夏●バラ科、マメ科、ナス科、アブラナ科など●昼間、茎に下向きで静止する

ヤガ科
ナワキリガ ➡p.124
Agrocholorta nawae
●40㎜前後●春～初夏●カシ類（ブナ科）、サクラ類（バラ科）●照葉樹林に生息

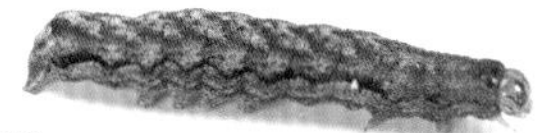

ヤガ科
スモモキリガ ➡p.120
Anorthoa munda
●38㎜前後●春～初夏●ブナ科、バラ科、カバノキ科など広食性●もっとも普通、終齢は幹に静止する

ヤガ科
ブナキリガ ➡p.121
Orthosia paromoea
●35㎜前後●春～初夏●ブナ科、バラ科など広食性●体色変異が著しい。ホソバキリガ、クロテンキリガと似る

ヤガ科
チャイロキリガ ➡p.121
Orthosia odiosa
●35㎜前後●春～初夏●ブナ科、バラ科など広食性●白色が特徴

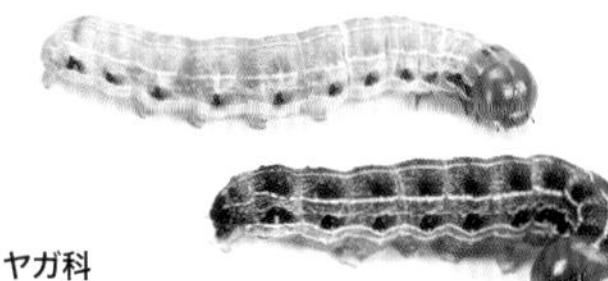

ヤガ科
アカバキリガ ➡p.121
Orthosia carnipennis
●40㎜前後●春～初夏●ブナ科、バラ科など広食性●葉をしっかりと綴った巣内に潜む

ヤガ科
カブラヤガ ➡p.128
Agrotis segetum
●43㎜前後●ほぼ通年●マメ科、イネ科、キク科、タデ科など●畑の害虫として有名。ネキリムシの通称

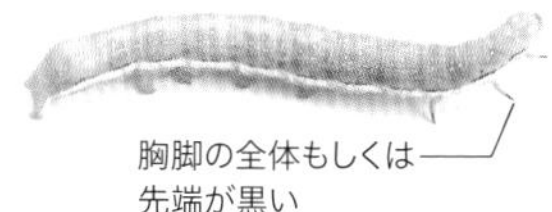

ヤガ科
アオバハガタヨトウ ➡p.125
Antivaleria viridimacula
●37㎜前後●春～初夏●ブナ科、バラ科、エゴノキ科など●似た種が多い

ヤガ科
ヨスジノコメキリガ ➡p.123
Eupsilia quadrilinea
●35㎜前後●春～初夏●サクラ類（バラ科）など●模様が薄く黒っぽい体色

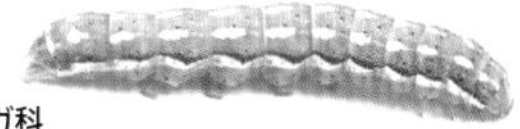

ヤガ科
ケンモンキリガ ➡p.120
Egira saxea
●33㎜前後●春～初夏●ヒノキ、スギなど（ヒノキ科）●目立たない体色で見つけづらい

ヤガ科
ヨモギキリガ ➡p.121
Orthosia ella
●38㎜前後●春～初夏●ヨモギ（キク科）、イタドリ（タデ科）など●葉を綴った巣内に潜む

ヤガ科
ホソバキリガ ➡p.120
Anorthoa angustipennis
●38㎜前後●春～初夏●バラ科など●体色変異あり、同属クロミミキリガに酷似する

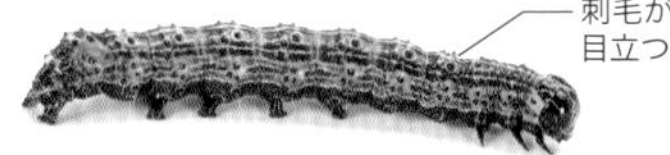

ヤガ科
シロヘリキリガ ➡p.121
Orthosia limbata
●38㎜前後●春～初夏●ブナ科、バラ科など広食性●目立つ色彩で、体を反らせて威嚇する

ヤガ科
ヨトウガ ➡p.126
Mamestra brassicae
●40㎜前後●春～秋●ナス科、アブラナ科、ユリ科、キク科など●畑の害虫として有名

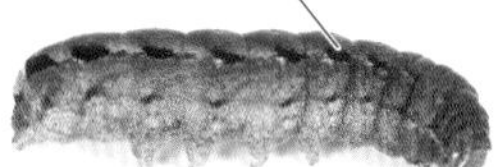

ヤガ科
オオバコヤガ ➡p.129
Diarsia canescens
●38㎜前後●初冬～翌春●タデ科、キク科など●春先にギシギシの葉の下で見つかる

ヤガ科
キバラモクメキリガ ➡p.122
Xylena formosa
●55㎜前後●春～初夏●ブナ科、バラ科、マメ科など広食性●初夏に目立つ

ヤガ科
ハンノキリガ ➡p.123
Lithophane ustulata
●35㎜前後●春～初夏●ミズナラ、カシワなど（ブナ科）●亜終齢までは緑色

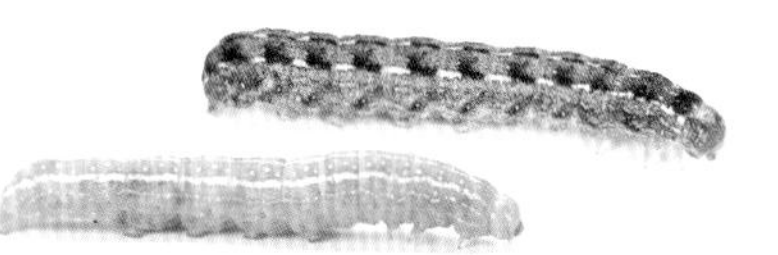

ヤガ科
ウスミミモンキリガ ➡p.123
Eupsilia contracta
●40㎜前後●春～初夏●ハンノキ（カバノキ科）●昼間は幹に静止する。体色変異あり

ヤガ科
シラオビキリガ ➡p.119
Cosmia camptostigma
●35㎜前後●春～初夏●クヌギ、コナラなど（ブナ科）●葉を綴った巣を作る

ヤガ科
カバキリガ ➡p.121
Orthosia evanida
●38㎜前後●春～初夏●ブナ科、バラ科など●細かい黄色い点が目立つ

ヤガ科
ハマオモトヨトウ ➡p.127
Brithys crini
●40㎜前後●夏～秋●ヒガンバナ科●穿孔性。北上傾向あり

ヤガ科
クロクモヤガ ➡p.128
Hermonassa cecilia
●38㎜前後●初冬～翌春●タデ科、キク科など●春先にギシギシの葉の下で見つかる

さくいん

本書に登場するガの和名を、50音順に並べました。太字は成虫を詳しく解説したページで、細字は幼虫を詳しく解説したページです。イタリックはコラムなどで画像が掲載されたページです。

■参考文献

『日本産蛾類標準図鑑Ⅰ』岸田泰則編 他（学研プラス）
『日本産蛾類標準図鑑Ⅱ』岸田泰則編 他（学研プラス）
『日本産蛾類標準図鑑Ⅲ』広渡俊哉編 他（学研プラス）
『日本産蛾類標準図鑑Ⅳ』那須義次編 他（学研プラス）
『日本の鱗翅類 ―系統と多様性』駒井古実編 他（東海大学出版会）
『小学館の図鑑NEOイモムシとケムシ ―チョウ・ガの幼虫図鑑』筒井学・横田光邦著 他（小学館）
『月刊むし・昆虫図説シリーズ8 日本の冬夜蛾』小林秀紀編 他（むし社）
『月刊むし・昆虫図説シリーズ11 日本の冬尺蛾』中島秀雄著・小林秀紀著（むし社）

監修・写真　横田光邦

1967年、埼玉県生まれ。電気メーカ勤務。日本鱗翅学会、日本蛾類学会等に所属。ガの多様性に興味を持ち、その幼虫と植物との関わり合いを調べることをライフワークとしている。主な著書に『小学館の図鑑NEOイモムシとケムシ ―チョウ・ガの幼虫図鑑』(小学館)などがある。

写真・文　諸岡範澄

1961年、東京都生まれ。国立音楽大学器楽科卒業。チェロ奏者・指揮者。1993年ベルギー・ブルージュ国際古楽コンクール第1位受賞。『バッハ・コレギウム・ジャパン』を始め数多くの内外の演奏家との演奏会、CDレコーディングに参加。ピリオド楽器を用いた『オーケストラ・シンポシオン』指揮者として古典派、ロマン派のCDをリリース。『東京五美術大学管弦楽団』『東京五美術大学OBOG管弦楽団』『オーケストラ・Mzima』指揮者、『オーケストラ・シンポシオン』音楽監督、『カルテット・シンポシオン』メンバー。主な著書に『くらべてわかる甲虫』(山と溪谷社)などがある。日本蛾類学会会員。

写真・文　筒井 学

1965年、北海道生まれ。1990年より東京豊島園昆虫館に勤務。1995年から1997年まで昆虫館施設長を務める。その後、群馬県立ぐんま昆虫の森の建設に携わり、現在、同園に勤務する。昆虫の生態・飼育・展示に造詣が深く、昆虫写真家としても活躍する。主な著書に『虫の飼い方・観察のしかた（全6巻）』（偕成社）、『クワガタムシ観察辞典』（偕成社）、『小学館の図鑑NEO昆虫』『小学館の図鑑NEO飼育と観察』『小学館の図鑑NEOイモムシとケムシ ―チョウ・ガの幼虫図鑑』『オオムラサキと里山の一年 夏の雑木林にかがやく、日本の国蝶』（小学館）など多数ある。

写真・文　阿部浩志

1974年、東京都生まれ。自然科学系の図鑑や絵本などの編集・執筆を行う傍ら、環境学習プログラム作成や、ナチュラリストとして自然観察会や学校の講師を務める。主な著書に『はじめてのちいさないきもののしいくとかんさつ』（学研プラス）、『しぜんしおだまり』（フレーベル館）、『くらべてわかる甲虫』(山と溪谷社)、監修協力をした小学館の図鑑NEO『危険生物』『動物』『鳥』付録DVD（小学館）、翻訳査読をした『ミクロの森１㎡の原生林が語る 生命・進化・地球』（築地書館）、小学校教科書の指導など多数ある。

装幀・本文レイアウト――ニシ工芸㈱（西山克之）
編集――阿部浩志（ruderal Inc.）
写真協力――奥山清市
撮影協力――阿部万純・境 洋次郎・永田隆・三上晃誌

くらべてわかる 蛾 1704種

2023年7月5日　初版第1刷発行

監修・写真――横田光邦
写真・文――諸岡範澄／筒井 学／阿部浩志
発行人――川崎深雪
発行所――株式会社 山と溪谷社
〒101-0051東京都千代田区神田神保町1丁目105番地
https：//www.yamakei.co.jp/

■乱丁・落丁、及び内容に関するお問合せ先
山と溪谷社自動応答サービス　TEL.03-6744-1900
受付時間／11：00-16：00（土日、祝日を除く）
メールもご利用ください。
【乱丁・落丁】service@yamakei.co.jp
【内容】info@yamakei.co.jp
■書店・取次様からのご注文先　山と溪谷社受注センター
TEL.048-458-3455　FAX.048-421-0513
■書店・取次様からのご注文以外のお問合せ先　eigyo@yamakei.co.jp

印刷・製本――図書印刷株式会社

＊定価はカバーに表示してあります。
＊乱丁・落丁などの不良品は送料小社負担でお取り替えいたします。

ISBN978-4-635-06357-9